中央党校（国家行政学院）
离退休人员科研成果资助出版项目

科技体制和科学素质现代化：思考与调查

程萍　著

人民东方出版传媒
People's Oriental Publishing & Media
東方出版社
The Oriental Press

图书在版编目（CIP）数据

科技体制和科学素质现代化：思考与调查 / 程萍著. --
北京：东方出版社，2022.3
ISBN 978-7-5207-1423-5

I.①科… II.①程… III.①科技体制改革－中国－
文集 IV.①G322-53

中国版本图书馆CIP数据核字（2021）第277377号

科技体制和科学素质现代化：思考与调查
（KEJI TIZHI HE KEXUE SUZHI XIANDAIHUA: SIKAO YU DIAOCHA）

责任编辑： 张晓雪
出　　版： 东方出版社
发　　行： 人民东方出版传媒有限公司
地　　址： 北京市西城区北三环中路6号
邮　　编： 100120
印　　刷： 北京汇林印务有限公司
版　　次： 2022年3月第1版
印　　次： 2022年3月北京第1次印刷
开　　本： 787毫米×1092毫米 1/16
印　　张： 22.75
字　　数： 301千字
书　　号： ISBN 978-7-5207-1423-5
定　　价： 78.00元
发行电话：（010）85924738

序

迈向创新制胜新征程

在知识经济时代，经济发展和现代化建设具有新特征。许多学者相信，创新是知识经济的原动力，是国家现代化的核动力。科技体制和科学素质，不仅塑造国家创新能力，而且影响社会创新文化。科技体制和科学素质的现代化，将直接影响创新能力和创新文化。科技体制和科学素质研究，深具理论和实践意义。

根据党的十九大报告，未来 30 年我国将进入全面建设社会主义现代化强国的新时代，将开启现代化建设的新征程。在 2020－2035 年期间，我国将基本实现现代化；在 2035－2050 年期间，我国将全面建成现代化强国。这是一个史无前例的战略构想和发展蓝图。十九大报告强调，加快建设创新型国家。加强国家创新体系建设，深化科技体制改革，倡导创新文化，培养造就一大批具有国际水平的战略科技人才、科技领军人才、青年科技人才和高水平创新团队。

全面落实十九大报告精神，我国将走向和开启创新制胜新征程。

程萍教授的新作《科技体制和科学素质现代化：思考与调查》既是一场及时雨，也是作者长期研究和探索的成果荟萃。论文集分上下两篇。上篇聚焦科技创新和科技体制改革，下篇关注领导干部和公务员科学素质。作者认为，人的现代化（包括科学素质现代化）是体制和制度现代化的前提条件和最终目标。

有理由相信，程萍教授的新著，可以在多个方面推进中国现代化建设和创新制胜的新征程，包括创新型国家建设、科技改革与现代化、创新文化与文化现代化、领导干部和公务员现代化，以及人的现代化等。中国现代化是一项造福世界的伟大事业，需要全体人民的共同努力，需要全体学人的群策群力。

 **教授**

国际欧亚科学院院士

中国科学院中国现代化研究中心主任、研究员

2021 年 10 月 20 日

前　言

改革开放的40年，恰巧是我们这代人风华正茂的40年，几乎经历了整个过程。40年后的今天，当我终于停下匆忙的脚步坐下来写这篇前言的时候，正是中国再次经历磨难，经受重大考验的时刻——新型冠状病毒让本应欢乐祥和的春节，成为全体中国人刻骨铭心、必将载入史册的日子。在这样的日子里，我惟有阅读和沉重地思考。

坐在写字台前敲动键盘的刹那，我忽然惊觉，此时此刻，大脑中所思所想竟然和20多年前如此相似：在感受到科技创新与可持续发展研究领域超前性的同时，再次深切地感受到了它的沉重！2000年的元旦，我在博士论文开篇写下这样的话："任何理论的建立都不是没有因由的。现代可持续发展理论的产生和建立，开始于人类经历了惨痛教训之后的反思"。是的，科学和技术的进步，在带给人类巨大福祉的同时，也带来了更加难以预料的风险。相比于自然界的传统风险，这些风险显示出极为突出的特性——人类行为的主导已成为风险酝酿、形成和爆发的主要因素。如何使未来的科技创新纳入可持续发展的轨道，最大限度地减少风险，是今天被飞速发展的科技创新鼓舞着的人们必须冷静思考的命题。这本论文集中收录的论文，就是在这样的背景下和思考中，开始写作和发表的。跨越了20年的时空，再度审视这些文章，不仅可以看到一位学者的思考和研究历程，更重要的是，可以看到我国科技体制改革的基本轨迹。作为一位研究者，我以第一手的调查研究数据与资料为依据，进行了理性的分析和思考，在为后人和历史留下比较真实、客观记录的同时，也留下了或许可以给后人以启发的一家之言。也许，这正是本论文集的价值所在。

本论文集分上下两个部分。第一部分选取的论文集中于与科技体制改革直接相关的话题。第二部分的论文侧重于领导干部和公务员科学素质调查与分析研究以及科技人才及其评价指标体系的研究，主要来自于本人2002—2007年间承担的多项中国科协招标课题的研究成果。两部分看似各自独立，其实是包含关系，从宏观视角审视，都是科技体制改革与现代化的题中之义。由于领导干部和公务员的科学素质研究与科技人才及其评价指标体系的研究，在整个科技体制改革研究中相对独立，也是本人研究成果中被同行专家认为独树一帜的部分，所以在本论文集中单独列为一个部分。同时，在论文集的标题中与科技体制现代化并列为科学素质现代化，不仅突出研究成果的领域界定和特色，而且特别强调的是：人的现代化（包括科学素质的现代化）是一切体制机制和制度现代化的前提条件和最终目标。没有包括科学素质现代化在内的人的现代化，一切所谓的现代化都是无本之木，终将枯萎。

论文集第一部分开始于“科技创新与可持续发展关系”的哲学思考与“可持续科技创新”的指标体系研究。这部分论文在本论文集中收入了6篇，其中有3篇分别被《中国人民大学复印报刊资料·科技管理》全文收录，可见当时研究的超前性。时至今日，党的十九届四中全会提出推进中国特色的国家治理体系和治理能力现代化的制度体系建设，生态文明制度体系建设作为新时代党对政府的新要求，成为最需要研究和完善的领域，科技创新和可持续发展关系再次受到前所未有的重视。站在这一高度审视20年前发表的这6篇研究成果，我可以欣慰地说：尽管论文提出的一些概念与构想，都还有待于继续研究探讨，但主要观点目前仍然站在这一领域的理论和实践前沿，为建立健全以可持续发展为目标的科技创新制度体系和生态文明制度体系以及与之相匹配的科技体制机制，提供了创新思路和路径选择。钱正英先生曾于 2003 年 6 月予以评价:“程萍同志作为一名年轻的科学工作者，凭借其理论基础和科研能力，以及她的创新思维与进取精神，在可持续发展理论的探索道路上，提出这样一个选题，写出这样一本书，不仅是对可持续发展理论探索的一个贡献，是对我们许多从事这方面工作人员的一种启发和激励。”

随着改革开放的深入以及国家行政学院教学和研究工作的需要，科技体制改革中的热点问题逐步走入我的研究视野，研究选题从理论化的科技哲学视角为主转向对政府科技管理实践中问题的关注。论文集上篇中收入的 2 篇关于国家高新区的论文，就是 2002 年底受国家科技部委托，在对我国国家级高新区进行专项调研之后提交的研究报告中的主要内容。

为了最大限度地把科技成果转化为现实生产力，1988 年 8 月，国务院开始批准建立国家高新技术产业开发区，旨在通过集聚创新资源，集中实施高新技术产业的优惠政策和各项改革措施，实现软硬环境的局部优化，推动高新技术产业快速发展。这是我国科技体制改革的重要举措，更是党中央、国务院为发展我国高新技术产业、调整产业结构、推动传统产业改造、增强国际竞争力作出的重大战略部署。关于高新区的 2 篇论文，客观描述了 53 个国家级高新区在建立早期的 12 年间的发展状况以及形成的管理模式;比较客观地分析了作为改革开放的新生事物，高新区与传统的科技管理体制之间因发生碰撞而显示出的突出矛盾。同时，归纳总结了高新区在产权制度、分配制度、劳动人事制度、社会保障制度、转变政府职能和带动区域经济发展等方面形成的体制机制优势和经验;提出我国国家级高新区初步形成了适应社会主义市场经济和高新技术产业发展需要、具有中国特色管理体制框架和运行机制的“科技特区”管理模式，完成了“中国新、中国高”的第一次创业目标，应该向“世界新、世界高”的“二次创业”升华的判断和建议。

2010 年，我作为课题主持人承担了国家行政学院招标课题“科技与文化融合的体制机制障碍和创新研究”，在党的十七届六中全会和十八大提出“深化文化体制改革、推动社会主义文化大发展大繁荣”，将科技与文化融合提升到党和国家重要战略地位的高度来认识的背景下，从科技与文化关系、我国科技体制与文化体制改革比较、我国科技与文化融合的体制机制障碍和我国科技与文化融合的体制机制创新4个方面进行了梳理、分析和阐释。课题成果首先受到相关专家重视，特别是对于我国自改革开放以来的科技体制与文化体制改革的比较研究，是一个此前很少有人关注的话题。《中国科技论坛》的一位资深编辑在听到我的一个演讲后，立刻邀约了《我国科技体制和文化体制改革比较》这篇论文，撤掉已经发排了的文章，在当期杂志“争鸣”栏目换上这篇论文，从一个侧面反映了此项研究视角的独特。

本论文集上篇中收入的4篇论文，反映了这个课题研究报告的主要内容，重点围绕我国科技和文化相结合的体制机制障碍，分析了我国科技管理体制机制和文化管理体制机制分别存在的突出问题和共性问题，提出了科技与文化深度融合的目标、重点、共性规律和使命，以及促进科技与文化融合的体制机制创新的5个方面的对策建议。

2019年4月，科技部组织“十四五”国家科技创新规划科普专项规划研究，作为课题组成员，在组长徐善衍（中国科协原副主席、党组副书记，全国政协十届教科文卫体委员会副主任、中国自然博物馆协会理事长）指导下，深化了新时代科普工作的一些思考，这些思考中的主要观点源于2011-2013年我主持完成的国家软科学课题“科技普及与科技创新关系研究”。“从‘五位一体’总体布局理解科学普及与科技创新‘同等重要’，是新时代提升科普工作地位的新视角”、“在新技术逐渐改变人类生存方式的过程中，科普正在从后台走向前台，成为社会创新与发展的‘主角’”、“应对‘以新知识新技术普及新知识新技术’带来的挑战及潜在风险，是未来科普工作必须重视的新课题”等观点，始于这项国家级课题，6年后呈现于《新时代科普工作的新理念》一文，部分弥补了研究报告不能公开发表的些许遗憾。

上篇中收入的《中国科学传播与科技创新发展机制格局与特点》《从“互联网+”透视科技体制机制障碍》等论文，也是紧密围绕我国科技体制机制改革和创新发展、逐步走向现代化过程中反映出的方方面面的问题进行调查研究后的思考，摘自本人主持完成的相关课题报告。《改革开放40年：我国科技体制改革的经验和启示》一篇，则是恰逢改革开放40年之际，应北京市委前线杂志社邀请完成的一篇专稿，回顾了自1978年开始我国科技体制改革的历程，总结了相关经验和带给我们的启示，是一篇比较完整反映我国科技体制改革40年变迁的文章。2019年10月24日首发于“人民智库”的文章《大数据识人断事能胜过人的经验吗？》是应人民日报社《人民论坛》杂志邀请撰写的专稿。编辑部收到文章的第二天，即在“人民智库”发出网络版全文。经过精编，纸质版刊发于《人民论坛》主办的、在我国哲学社会科学研究领域具有较高影响因子的中文核心期刊《学术前沿》。

《关于提升香港科技创新能力和水平的建议》和《提升我国民用大飞机关键技术研发水平》是两篇内参，涉及的问题在当时不宜公开发表。以2014年“占中”为标志的香港问题的爆发，已经证实了写于2010年的《关于提升香港科技创新能力和水平的建议》中分析的原因和可能导致的结果；我国自主研发的首架C919大型客机也突破关键技术壁垒，于张德江副总理对《提升我国民用大飞机关键技术研发水平》一文批示6年后的2017年5月5日完成首飞，本论文集编辑之际，已无秘密可言。现决定收录这两篇内参，记录下与祖国发展息息相关的研究之路，留下思考者的超前观察与分析。

下篇中的论文来自于4个中国科协的招标课题：2002年度“我国高中级公务员科普教育理论研究”、2003年度“我国地厅级公务员科学素养调查及对策研究”、2004年度“我国县处级公务员科学素养调查与分析研究”和2007年度“我国科技人才评价指标体系研究”。话题集中于两个方面，一是对我国高中级公务员科学素质现状调查分析及其提升培训的研究；二是我国科技人才评价及其指标体系分析研究。两方面内容都与科技体制改革中最重要最根本的决定性因素——改革中的人相关。

国家行政学院的建立，是伴随着我国公务员制度的实施，借鉴国际经验而实行的一项干部培训制度和培训体制改革，没有既定模式，在探索中前行。开设的培训课程是否适应政府工作和改革的需要？是否有利于公务员素质和治理能力的提高？很多问题都需要在实践中摸索、总结、提升和系统化、理论化。借鉴中央党校同时期开设的“五个当代”课程系统，国家行政学院也开设了“现代科技”系列讲座，为了分析公务员特别是领导干部接受“现代科技”培训的目的、作用和重点到底是什么，在国家行政学院和中国科协领导的支持下，我作为主持人承担起“我国高中级公务员科普教育理论研究”课题。论文《我国高中级公务员科普教育理论研究》就是这个课题报告的精缩。

该论文的数据都是第一手资料。一是来自课题组 2002 年 6 月向全国 47 所省区市及计划单列市行政学院发放的调查问卷统计结果；二是来自国家行政学院 2002 年 3 月至 2003 年 7 月在校的 3 个地厅级主体班次的《教学综合评估》调查问卷、入学知识摸底测试、部分学员座谈会等内容和结果。以这些数据为依据完成的该项研究，是对我国高中级公务员科普教育需求情况进行的特定范围内的典型调查分析，客观地反映了这一群体通过“现代科技”系列讲座形式接受科普教育的现状、特点、需求和效果，也发现了不足和问题。在这一基础上提出的我国高中级公务员科普教育的意义、作用、基本目标、任务与对策建议，为开展我国高中级公务员科普教育提供了有力的理论支撑，得到课题委托方的高度评价，认为具有重要的决策参考价值。这一成果，不仅指导国家行政学院主体班次的“现代科技”系列讲座越办越好，曾一度成为最受学员欢迎的品牌模块，更重要的是，为将领导干部确定为“全民科学素质行动计划纲要（2006—2010—2020 年）”中四类重点人群之一提供了重要参考。

公民科学素质调查是科学评估公众科学素质水平、为国家制定相关教育培训政策提供依据的有效工具和基础性研究。为便于进行国际比较，我国学者引进美国学者 J.D. 米勒教授的评价指标体系，1992 年完成了第一次中国公民科学素质调查与分析。此后于 1994 年、1996 年、2001 年、2003 年、

2005年、2008年、2010年、2015年、2018年进行了连续10次全国性的调查研究。在研读前3次调查数据和结论等成果时，我发现在中国公民的调查中，对领导干部和公务员的调查基本缺席，主要原因是难以获得调查数据。据此，我利用在国家行政学院工作的优势，申请进行专项研究，分别于2003年和2004年获准主持中国科协公开招标项目，对我国地厅级和县处级公务员科学素质进行调查分析研究，相关数据和研究分析成果得到专家学者和社会各界普遍关注，也引起国际社会关注，形成热点，2007年6月8日出版的《SCIENCE》杂志介绍了相关研究成果。2007年中组部邀请我参加“新时期我国党政领导干部思想政治工作研究”课题，发表的相关论文荣获中组部2007年度优秀调研成果奖。此间各媒体邀约刊发的论文较多，本论文集仅收录了数据保留比较完整的4篇论文。

关于科技人才及其评价指标体系的研究集中在我的专著《卢曼理论视角下的我国科技人才评价指标体系解析》一书中。这是一项难度很高的研究，一是涉及的概念既有理论层面的，也有改革进程中社会各界关注度很高的现实问题；二是相关研究较多，研究方法和研究视角很难有新的突破。面对挑战，研究几乎陷入停滞。正在艰难之时，恰逢我获得国家留学基金委全额资助，赴德国比勒菲尔德大学科学技术与社会研究所访学。此间，我有幸读到当代德国著名社会学家尼克拉斯·卢曼的著作，心中豁然开朗，找到一把打开研究思路的钥匙。

跳出我国传统的人才测评理论的视角，以卢曼经典的全社会功能分化理论为指导，从我国尚处于改革开放和向现代化迈进的过程中，社会体制、机制和利益格局尚处于大分化、大调整的重构过程中这一现实出发，分析我国科技人才评价在这样一个历史背景之下，不可避免地带有鲜明的时代特征。我认为：一方面，由于科技和教育系统与其他社会系统一样处在实现功能自我形塑、自我完善的过程中，过程的动态性、探索性、阶段性导致科技人才评价不可能不同样具有动态性、探索性、阶段性等特征；另一方面，科技和教育系统受到除自身之外其他系统，特别是政治、经济系统“权力”和“金钱”符码有形或无形的干扰和干涉，难免不出现违背系统自身运行规律的问题与弊端。这正是人们之所以对我国科技人才评价活动及其指标体系不满的根本原因所在。据此提出：在功能分化的法治国家，一个系统本身的“合法性”必须通过一定的程序来完成，没有程序正义，就谈不上结果的“合法化”。也就是说，无论评价结果如何“正确”，也不具有合法的地位，不能够得到公认，因为它很可能是“人为”的结果。

时任中国科协副主席、党组副书记、书记处书记的徐善衍研究员看到我的研究报告后说：“程萍研究员将卢曼的全社会功能分化理论引入对我国科技人才评价及其指标体系的研究，具有重要的理论开创意义和实践指导意义，丰富了我国相关理论，开阔了研究视野，开辟了新的研究方向，打开了对我国科技人才评价及其指标体系认识的新思路，是一次重要的理论探索和创新，为我国科技人才评价及其指标体系的理论与实践研究做出了贡献”。本论文集收录了以这项研究成果为来源撰写的 5 篇论文，从我国科技人才界定、甄拔、培养和使用，以及评价指标体系的改革与完善的视角，为深化我国科技体制改革进行基础理论探索和建言献策。

将十几年以来我对国家科技体制改革的思考与研究成果汇编成集，记录下一名研究者的探索足迹，也记录下我国科技体制改革时段性的历史侧面，是我多年的心愿。感谢中共中央党校（国家行政学院）为我提供了编辑出版这本论文集的机会，它让我更深刻地体会到，个人的成长和发展，永远离不开时代的大背景，离不开党和国家的培养。个人的命运永远与祖国的命运息息相关。

作者：程萍

二〇二〇年二月十八日

目　录

上编

科技体制现代化：思考与创新　1

科技进步对传统认知的挑战　2

可持续发展与科技创新成果转化　7

把可持续发展作为科技创新的价值尺度　14

建立推动可持续发展的“可持续科技创新”评价体系构想　20

高新区管理模式与发展目标的矛盾　36

国家高新区现行管理模式分析　53

“可持续科技创新”评价指标体系研究现状与问题　61

试论人与自然和谐发展思想的人权本质　69

我国科技政策存在的八大问题　78

关于提升香港科技创新能力和水平的建议　84

提升我国民用大飞机关键技术研发水平　92

——中国民用大飞机发展战略及产业政策研究之四

我国科技体制和文化体制改革比较　99

科技文化：融合、趋势与思考　108

我国科技和文化融合的障碍与创新　121

实施科技带动战略，推动文化产业发展繁荣　130

我国科学传播与科技创新发展机制格局与特点 137
科学技术与风险社会 147
从“互联网 +”透视科技体制机制障碍 170
改革开放 40 年：我国科技体制改革的经验和启示 180
新时代科普工作的新理念 190
大数据识人断事能胜过人的经验吗？ 196

下编

科学素质现代化：调查与分析 207

我国高中级公务员科普教育理论研究 208
我国地厅级公务员对环境与科学技术问题的态度 259
我国县处级公务员科学素养现状及国内比较 274
我国县处级公务员对科技信息感兴趣程度和获取渠道 294
治理官员迷信，两个对策很重要 310
德国科技人才评价怎样做到公开公平公正 317
科技人才评价是束缚创新型人才成长的枷锁吗？ 323
对我国科技人才评价的几点思考 328
我国科技人才评价存在的突出问题 333
以制度理性规范科技人才评价 339
从卢曼理论看科技人才评价 343

后记 ／ **347**

上

编

科技体制现代化：思考与创新

科技进步对传统认知的挑战①

程　萍

20世纪后半叶，科技进步之光为人类带来前所未有的新成果，计算机、核电站、人造卫星、激光和网络通讯等相继诞生。科技飞速发展，不仅整个地改变着人类的物质世界，而且对人们思想观念和思维方式的影响，亦远远超过了现实的物质利益，它不断动摇、瓦解着传统观念，推动着新的科学技术革命向前发展。

一、对东西方思维方式的思考

近代五百年来科学技术走过的道路，实际上是沿着古希腊—伽利略—牛顿—爱因斯坦的方向发展的。20世纪科学技术的进步曾使西方充满自豪。他们认为，现代科技所取得的飞跃性进步，正是西方传统的长于分析的思维模式的胜利。但是，从分子、原子到粒子和胶子，这种似乎永无止境的分解研究，已使实验越来越困难，正像有的学者所说，分解式的研究已经走到了尽头，使物理学的后继研究难以进行。一些西方学者发现中国古代“整体和谐”及“自发的自组织世界”的深邃见解与现代西方科学结合，将会导致新

---

① 本文原载《中国物流与采购》2002年第24期。

的自然哲学和自然观。东西方思想的整合，可能把当代科学推向一个全新的境界。

中国早在几千年前所开始研究的河图洛书、周易八卦、太极阴阳学说等，无不注重整体关联、有无转化、演化发展的思考。这正是西方科学向东方思维方式寻找基础研究借力的原因所在，也是东西方思维方式整合的主要嫁接点。

中国古代思维方式虽长于整体观、发展观的研究，却在逻辑化、数学化、理论化能力等方面不及西方。而长期停留在整体性、宏观性的中国古代思维，在形成了许多永恒的真知灼见之后，许多年来未能进一步对事物变化的机理做深入的科学分解和分析——不仅做定性分析，而且做定量的表述，不仅是直觉和猜测，而且在观测、实验基础上，做系统的、严格的验证，像文艺复兴以后西方近代科学所做的那样。这是中国几百年来固步自封、思想停滞造成的差距。

二、对人与自然关系的思考

21 世纪，没有人再相信，无限制地向自然索取和掠夺会使人类成为真正的胜利者。当人类为了自身短暂的利益而不顾一切时，自然会无情地捉弄人类。当大自然通过不同的方式表达它的愤怒时，人类是否应该反思自己的行为方式，建立与自然和谐共处的新格局

以牛顿力学和技术革命为先导的工业文明使一部分人自认为已经能够彻底摆脱自然的束缚，成为主宰地球的精灵。以培根和笛卡儿为代表提出的“驾驭自然，作自然的主人”的机械论思想开始影响全球，鼓舞着一代又一代人企图征服大自然，创造新文明。在这一时代，人们把自然环境同人类社会、把客观世界同主观世界形而上学地分割开来，没有意识到人类同环境之

间存在着协同发展的客观规律。直到威胁人类生存和发展的环境问题不断地在全球显现，这才引起人们的震惊与正视。而在原先的价值取向下，人们的主观能动性会脱离人的受动性而盲目膨胀，以至祸及自身。早在一个多世纪之前，恩格斯就指出："我们不要过分陶醉于我们对自然界的胜利。对于每一次这样的胜利，自然界都报复了我们。"当人类受到自然界的报复的时候，也就受到了自然界的教育。马克思说："人作为对象的感性动物，是一个受动的存在物。"即作为主体的人必然要受到客体的制约。在改造自然的过程中，人并不能以纯粹自我规定的活动来实现自己的主观愿望，不能对人所具有的能动性无限制地发挥。

无论是大气污染和水污染、水土流失和土地荒漠化、酸雨和有毒化学品污染，各式各样的环境问题几乎都是人类文明进程中的伴生物。从 20 世纪中叶以来处理环境问题的实践中，人们又进一步认识到，单靠科学技术手段和用工业文明的思维定式去修补环境，是不可能从根本上解决问题的，必须在各个层次上去调控人类的社会行为和改变支配人类社会行为的思想。也就是说，人类终于认识到，环境问题也是一个发展问题，是一个社会问题，是一个涉及到人类社会文明的问题。

人类经过了多少个世纪的探索和努力，终于逐步认识到，必须走可持续发展之路。这是人类文明发展的一个新阶段。

三、对科技进步与可持续发展关系的思考

人类文明起源距今已有五六千年。在漫长的历史进程中，人类很早就有了许多技术发明与科学发现，但由于受观念、手段、认识水平、宗教信仰、生产关系等历史因素制约，难以在社会生产和生活中得到广泛应用。真正把科学技术广泛应用于生产，并引起社会生产、生活巨大变化的历史，还不到

300 年。令人们不得不惊叹与正视的是，最近 50 余年来，科学技术对人类社会进步所起的巨大推动作用，已经到了使人类自己也难以相信与适应的地步。

科学技术犹如不断加速前进的火车头，迅速地改变着世界的面貌，加快了世界变化的节奏，致使人类对环境的适应速率远远落后于世界的变化速率，处于严重的失衡状态之中。在科学技术急剧发展的背景下，世界国民生产总值以 15 年翻一番的速度增长，世界人口以每年 8000 万—1 亿的速度增加；社会财富的积累同环境污染和资源的过度消耗，生活水平的提高同生活质量的下降形成巨大反差；知识更新周期由过去的几百年、几十年缩短为 5—10 年，在学校里学到一辈子都管用的知识的时代一去不复返了。

现代科学技术的急剧发展，超过了人类对其管理和控制的能力，产生了一系列消极后果，带来的自然对人类的“报复效应”，使科学技术成为人们抨击的对象，甚至被一些极端主义者认为是“万恶之源”，有一天会吞噬整个世界。这一悲观认识的代表之一、普林斯顿大学历史学家爱德华·泰纳在他的文章中写道：就在我们欢庆又把自然界的混乱削减了几分之时，我们制造的新机器开始脱离我们的控制，获得自身生命，通过“报复效应”让我们尝到屈辱的教训。

任何理论的建立，都不是没有因由的。现代可持续发展理论的产生与建立，开始于人类经受了惨痛的教训之后的反思。

由于可持续发展思想的形成与可持续发展理论的建立，使得人类思维跳出了以往的观察与思考模式，人们不再仅仅注重追求经济发展速度并仅以经济发展速度作为人类进步与否的主要衡量标准，追求经济、社会和自然的和谐与共进，成为人们关心的问题。

在肯定了科技进步为人类带来的福祉的同时，科技进步的负面影响也越来越得到人们的重视。如何最大限度地发挥科技进步的正面效应，最大限度地减少科技进步的负面影响，成为所有关心人类自身命运的人们的共同思考与追求。

参考文献

［1］［英］尔纳：《历史上的科学》，科学出版社 1981 年版。

［2］余文涛、袁清林、毛文永：《中国的环境保护》，科学出版社 1987 年版。

［3］［英］阿·汤因比：《历史研究》，上海人民出版社 1986 年版。

［4］段炼：《可持续发展的历史透视，可持续发展之路》，北京大学出版社 1994 年版。

［5］《马克思恩格斯全集》第 20 卷，人民出版社 1971 年版。

［6］《马克思恩格斯全集》第 42 卷，人民出版社 1979 年版。

［7］张坤民等：《可持续发展论》，中国环境科学出版社 1997 年版。

［8］张云飞：《天人合一——儒学与生态环境》，四川人民出版社 1995 年版。

［9］《中国环境年鉴》编委会：《中国环境年鉴 1990》，中国环境科学出版社 1990 年版。

［10］张坤民：《可持续发展从概念到行动》，《世界环境》1996 年第 1 期。

［11］［英］皮尔斯·沃福德：《世界无末日——经济学·环境与可持续发展》，张世秋等译，中国财经出版社 1996 年版。

［12］贾放：《报应——人与自然的失衡》，中国林业出版社 1999 年版。

［13］［苏］E. 费道洛夫：《人与自然——生态危机和社会进步》，王炎庠、赵瑞全译，中国环境科学出版社 1986 年版。

［14］［美］A. 托夫勒：《未来的冲击》，孟广均等译，中国对外翻译出版公司 1985 年版。

［15］［美］L. S. 斯塔夫里阿诺斯：《远古以来的人类生命线》，吴象婴等译，中国社会科学出版社 1992 年版。

［16］Edward W.Manning，Global Issues：Responding to the Need to Maintain Biodiversity，Associate Director，Centre for a Sustainable Future Foundation for International Training，1993.

可持续发展与科技创新成果转化①

程萍

当前，在把“可持续发展”作为人类共同发展准则的前提下，对科技创新成果评价的内涵与外延都无可避免地需要增加符合时代要求的内容——对资源、环境与生态的影响如何？对社会、经济、自然协调发展的影响如何？……理所当然，对科技创新成果转化的过程与形成的新产品、新工艺、新材料、新产业也应以可持续发展的眼光进行衡量，把“可持续科技创新”成果的转化变为推动可持续发展的现实生产力。

为区别于传统的科技创新，我们把既可减少资源损耗、提高资源综合利用率、减少环境污染和保护生态环境，又具有直接促进经济发展可能性的科技创新称为“可持续科技创新”。这一创新带来的成果，称为“可持续科技创新成果”，用以区别于传统的科技成果。据此，“可持续科技创新成果”应为：在可持续发展思想指导下产生的、为可持续发展服务的科技创新的成果。这一“成果”显然不仅包含着一般意义上的先进性、创新性，更主要的是包含着有利于可持续发展的创新思路与创新内容、其技术或工艺的被采用，产品的生产和使用，都将对全人类的可持续发展产生正面影响和推动。当然，这个影响与推动决不会是一朝一夕完成的，需经过日积月累甚至

① 本文原载《中国科技产业》2002年第11期。《中国人民大学复印报刊资料·科技管理》2003年第1期全文收录。

几代人不懈的艰苦努力，才有可能建立起社会、经济、自然协调发展的理想社会。

一、“可持续科技创新成果”转化的社会经济意义决不仅仅表现为经济增长，更应强调的是对全社会可持续发展的影响与推动

科技创新的复杂性和高投入与科技复制的低成本决定了科技创新成果转化的经济性。就社会经济效益而言，一项重大科技创新成果只有当它形成产业规模以后，才能产生巨大的效益，而形成产业的过程，必然是科技创新成果在产业内转化的过程。因此，就整个社会来说，科技创新成果转化是技术进步、生产率提高的基本途径。

可持续发展是人类社会发展进程中的一次历史性转变，是人类生产、消费及思维方式的最大改变；它又是一项复杂的巨系统工程，牵涉到人口、资源、环境、经济等自然和社会因素的方方面面，而各因素无一例外地都受到科学技术进步的影响，这一影响是巨大而深刻的。科技创新在解决人类社会发展进程中面临的日益严重的生存与发展问题中所表现出来的无穷威力，促进了科学技术对现代社会的广泛渗透，与此同时，科技创新本身也发生着重大的、带有革命性的变化——科学技术特别是科技成果转化，开始跳出单纯追求经济高增长的狭隘视界，站在可持续发展的高度，使科学技术创新服务于人类的更高目标，寻求自然、经济、社会与人类自身的和谐完美，用更加科学的手段与技术达到“天人合一”的境界。因此，“可持续科技创新成果”的社会经济效益，决不是仅仅表现为经济增长，同时表现出的是对自然资源与能源的节约，对生态环境的保护，对人口素质的提高等更复杂层面的综合效益。

二、“可持续科技创新成果”转化率实质上表达的是科技创新成果对可持续发展的贡献率

“可持续科技创新成果”转化为生产力的程度，首先要看“可持续科技创新成果”转化率。所谓“可持续科技创新成果转化率”，是指转化的“可持续科技创新成果”数量与取得的“可持续科技创新成果”总数量之比，这个比率越高，说明“可持续科技创新成果”转化为现实生产力的程度越大，对经济、社会的可持续发展的贡献率就越高。

一般而言，科学技术进步对经济增长、社会发展的贡献率，指经济增长中除去劳动投入和资本投入贡献后的余值。最早提出关于科学技术对经济增长的贡献率的测算方法是美国经济学家索洛，他在《技术进步与聚合生产函数》中把技术进步纳入大经济增长的函数中去。20 世纪 80 年代，美国经济学家罗默和卢卡斯提出了新经济理论，认为科学技术的进步将使经济体系的内部力量发生变化，而经济增长正是经济体系内部力量变化的结果。我国从 20 世纪 80 年代初开始研究科学技术进步对经济增长的贡献率问题，1992 年国家计委、国家统计局联合发出《关于开展经济增长中技术进步作用测算工作的通知》，要求把定量评价科技进步的贡献作为经济发展的重要内容。

科学技术对经济增长的贡献率，既能测定科技成果转化的情况，又能反映科学技术对经济增长的作用。目前，我国科技成果转化对经济增长的贡献率已接近 40%，为我国经济发展做出了重要贡献。以高新区为例，2000 年，我国 53 个高新区技工贸总收入 9209.3 亿元，比 1991 年增长了 105.5 倍；工业总产值 7942 亿元，增长 111.5 倍；实交税费 460.2 亿元，增长 118 倍；年出口创汇 185.8 亿美元，增长 103.2 倍。高新区在地方经济中所占的位置越来越显著，相当一批高新区的工业增加值在其所在城市工业增加值中占有较大份额，如苏州市为 46%，绵阳市为 31%，北京市为 27%，长春市为 23%，西安市为 22%，中山市为 20.5%，哈尔滨市为 10.6%。

由于可持续发展的思想形成时间尚短，其理论尚在研究探索之中，“可持续科技创新成果”的概念仅处于萌芽状态，因此，对“可持续科技创新成果转化率”的研究也仅仅是一种思路。对于这一比率的计算，首先取决于建立对“可持续科技创新成果”的专项认定与统计系统，在取得对“可持续科技创新成果”总量与转化量定量数据的前提下，“可持续科技创新成果”转化数除以“可持续科技创新成果”总数，即为“可持续科技创新成果”转化率。

无疑，在这个比率中，所得数值越高，“可持续科技创新成果”对人类社会可持续发展的贡献就越大，同时，这一比率也从科技创新成果转化角度反映出某一国家或地区对可持续发展的重视程度和实施情况。根据这个公式，很容易计算出“可持续科技创新成果”对可持续发展的贡献程度，并可以方便地根据时间或地区的不同取得不同的数值，并将计算结果进行纵向（时间）或横向（区域）比较、鉴别，对比出可持续发展程度在时间与区域上的变化与差异。但是，对“可持续科技创新成果”的评价与认定，是“可持续科技创新贡献率”计算的难点，目前，尚没有一套完整的指标体系，可对“可持续科技创新成果”予以科学评价。

三、对“可持续科技创新成果”转化的测度，过程评价的定量指标将变得越来越有可能

对“可持续科技创新成果”转化状况的评价，是人们普遍关心的问题，但目前也是一个比较困难的问题，主要原因是“可持续科技创新成果”转化的概念难以严格定义，“可持续科技创新成果”转化率具有一定局限性——转化率高并不一定意味着转化的状况好。在国外，一般不直接关注科技创新成果的转化率，而是试图发展较全面的评价指标。

（一）“可持续科技创新成果”转化指标体系

根据国内外研究成果，对科技创新成果转化的评价，大约有几百种潜在指标，可以将其分成三大类。此处，可借作为“可持续科技创新成果”转化指标体系的参考。

1. 投入指标

· 货币和实物资源的投入

· 能力投入

· 技术投入

2. 产出指标

· R&D 产出

· 商业化产出

· 货币和资源产出

3. 过程指标

· 新的发展联系

· 能力转移利用

· 新的开发组织

许多研究认为，科技创新成果转化存在着不同阶段，有着不同的组织界面，不同的界面可能有不同的转化机制等。因此，科技成果转化指标应区分不同的转化机制与渠道。目前，大多数研究强调三种渠道：合同研究开发、R&D 联盟和创办新公司。在这三种渠道中，都要考虑投入指标、产出指标和过程指标，组成完整的指标体系。

该指标体系的投入、产出指标大多能够进行定量测度，但也有一些需要定性分析给予补充。和投入、产出指标相比，过程指标的一个重要特点是更面向未来，它关注的是如何使用研究与开发投资，如何组织和进行研究开发活动等，这些特征常常难以用数量测度，不得不主要依靠定性评价。因此，目前测度评价指标仍然以投入、产出指标为主，并随着对过程指标的进一步研究与实践，过程评价的定量指标将变得越来越有可能。

（二）“可持续科技创新成果”转化的测度与评价

由于“可持续科技创新成果”转化是科技活动的重要组成部分，同时也是建立可持续发展系统的重要组成部分，与科技活动的其他内容暂时很难区分，因此，现有的测度和评价科技创新成果转化的方法，主要是以投入、产出指标为基础，和科技活动总的测度与评价密切联系起来进行的，其测度评价与科技活动的其他方面内容的测度与评价不可分割。一般从科技进步对经济增长的贡献率，R&D 创新投资收益，科技创新对生产率、贸易和就业的影响等三个方面进行评价。科技进步对经济增长的贡献率已经成为世界各国普遍使用的方法，此处不再赘述，仅简略介绍一下另外两种测度方法。

1. 测度 R&D 创新投资收益

在发达国家，R&D 投资不断增加是基于一种长期形成的认识，R&D 投资越高，技术创新的速率就越高，创造的财富就越多，其国际科技竞争力也就越强。

在评价 R&D 投资效益时，目前采用的指标主要是企业收益率和社会收益率。企业收益率是指企业从 R&D 投资中得到的利润与 R&D 投资之比。社会收益率则是社会以 R&D 投资得到的收益与 R&D 投资之比。这方面比较有代表性的是美国的曼斯菲尔德，20 世纪 80 年代，他测算了 17 项科技创新投资收益率，平均企业收益率为 25%，社会收益率为 56%。90 年代，福斯特等人测算的 20 项科技创新的平均企业收益率为 24%，社会收益率为 99%。

这一方法是比较典型的 R&D 投入与产出评价方法，它比测度科技进步贡献率更为微观和具体，其结果更能反映科技成果转化的效果。

2 测度科技创新对生产率、贸易和就业的影响

科技创新对生产率的影响，是科技成果转化对经济发展作用的重要方面。生产率一般指产出与投入之比。根据投入，生产率可表示为劳动力生产率、资金生产率和全要素生产率。提高生产率，就是要用最少的投入得到最大的产出。科技创新在减少投入和增加产出方面常常起着决定性的作用，越来越多

的跨国经济研究显示，R&D 支出对劳动力生产率和总要素生产率有重要影响。

科技创新对生产率的影响也必然反映在对国际贸易的影响上。生产率高，国际竞争能力就强，出口就多。近年来，高新技术产品出口比例的增加，是技术创新对国际贸易影响的重要表现。自 20 世纪 70 年代以来，发达国家高新技术产品出口占全部工业产品出口比例由 20% 上升到 80% 左右。

科技创新对就业的影响是对经济发展作用的另一个重要方面。增加就业是国家或地区社会经济发展的重要目标之一。大量研究显示，科技创新提高了劳动生产率，但对就业却未形成不利影响，相反增加了就业机会。弗里曼分析了经济发展长波中科技创新与就业的机会，科技创新高峰与就业高峰十分相关。德国对 5000 家制造业企业 1979—1996 年的调查显示，科技创新投资高于平均值的企业，就业率增加较快；科技创新投资低于平均值的企业，就业率增长缓慢，甚至下降。科技创新对增长就业的作用，尤其表现在新产品、新企业和新产业的发展为劳动者就业提供了更多的机会。

参考文献

[1] 孟庆国等:《可持续发展问题的技术根源与创新抉择》,《中国人口·资源与环境》2001 年第 2 期。

[2] 潘家华:《持续发展途径的经济学分析》，中国人民大学出版社 1997 年版。

[3] 姚愉芳等:《中国经济增长与可持续发展—理论、模型与应用》，社会科学文献出版社 1998 年版。

[4] 王慧炯等:《可持续发展与经济结构》，科学出版社 1999 年版。

[5] 曾珍香、顾培亮:《可持续发展的系统分析与评价》，科学出版社 2000 年版。

[6] 刘斌、连燕华:《科技成果转化的信息经济学探讨》,《科技进步与对策》2001 年第 11 期。

把可持续发展作为科技创新的价值尺度[①]

程 萍

人类发展的历史表明：科技创新在改变人类命运过程中具有伟大而神奇的力量。在今天人类面临保护资源、环境与经济发展处于两难境地，不得不寻求可持续发展的新的历史关头时，希望被再一次寄托在科学技术的创新、发展上，与新时代、新问题相适应的，建立在可持续发展思想基础上的新的科学技术观逐渐形成。

一、新世纪科技创新将统一于可持续发展的最终要求

传统的科技创新体系与可持续发展在本质内涵、行为主体、追求目标等方面存在显著的差异性。比如在内涵上，可持续发展追求经济、社会的发展与良好生态环境的统一，努力使社会、经济和自然环境达到全面和谐与提高；传统的科技创新则注重对自然和物质世界的不断探索与认识，以便更有效地把握其运行规律，使之听从人类的安排，同时注重对生产要素、生产条件、生产组织的重新组合，以建立效能更好、效率更高的新的生产体系，获得更大的经济利益。在行为主体上，可持续发展的行为主体是国际组织、政

① 本文原载《中国物流与采购》2002 年第 8 期。

府、企业和公众，其行为方式是通过系统论证，充分运用经济的、公约的、合作的、行政的、法律的等手段建立为子孙后代长期发展服务的一种系统战略；传统的科技创新的最终行为主体则主要是科研机构和企业。在追求目标上，可持续发展追求社会、经济和自然三者的协调统一，而传统的科技创新所追求的最直接的目标，着重是直接的经济效益，往往忽略对生态环境的负面影响乃至可能产生的灾难性后果。

人类对“发展”的认识是伴随着人们的社会实践及其后果、相关效应不断充实、更替和延展的。当人类已深刻认识到其消极不利一面将可能导致人类走向毁灭时，可持续发展的思想、理论应运而生，并对新一轮的科技创新提出不同的要求与评判原则。站在可持续发展的高度，用可持续发展的眼光去衡量科技创新，使新一轮科技创新统一于可持续发展的最终要求，是人类在经历了失误与教训之后的正确选择。

为使科技创新满足可持续发展的需要，尽可能争取最大化的正效应，减少其负面作用，从而适应社会、经济、自然协同发展的需要，必须从观念、作用、评价标准、应用效果等方面对科技创新进行全面的再认识。

为区别于传统的科技创新，我们把在可持续发展思想指导下产生的新的科技创新称为“可持续科技创新（Sustainable Science and Technology Innovation）”。

二、“可持续科技创新”的促进与协调作用

可持续发展的核心是在今后人类社会的发展进程中，努力恢复和达到社会、经济和自然的协调发展，“可持续科技创新”只有达到了社会效益、经济效益和自然效益的协同统一，才能从根本上保证可持续发展目标的实现。

这包含了两方面含义：一是“可持续科技创新”应受社会、经济、自然等子系统的约束，同时能够不断推动各个子系统自身的发展，体现出“可持

续科技创新”对整个社会—经济—自然复杂系统的促进功能；二是“可持续科技创新”应能协调社会、经济和自然等诸子系统的发展关系，使它们始终处于互相支持、互相增强、互促发展的协同互动之中，体现出“可持续科技创新”对整个系统的协调功能。有了这种协调，整个系统才可能有发展的持续性。

（一）“可持续科技创新”对可持续发展的促进

1.“可持续科技创新”应能促进经济系统的持续发展。“可持续科技创新”应促进经济系统的可持续增长，而经济系统的可持续增长，要求“可持续科技创新”能创造以经济效益为基础的、包括社会和生态在内的广义的经济价值，并以此作为整个经济系统活动的目标。另外，“可持续科技创新”应使传统产业在自然承载力的基础上逐步更新。

2.“可持续科技创新”应能保证自然系统的持续利用。“可持续科技创新”不仅不能污染和破坏自然，而且必须维持和保护自然资源，恢复和再造理想的生态环境，并使二者协调一致。具体讲，一是“可持续科技创新”所带来的发展应控制在自然资源和能源的可更新范围之内，应在低消耗、少投入上下功夫；二是所带来的发展不能超出自然生态系统的可承载能力，应向少污染甚至是零排放、可更新的方向努力。也就是说，“可持续科技创新”必须建立在促进自然生态系统的可持续利用上，“可持续科技创新”成果应具有资源投入少、能源消耗低、污染程度轻等特征。

3.“可持续科技创新”应能促进社会系统的持续进步。“可持续科技创新”成果是直接面向人类日益增长的各种需要，以及不断推进社会的发展与进步。因此，“可持续科技创新”应能促进人类社会关系逐步走向和谐、公平，能够不断地提高全人类的素质和道德风尚，最终使全社会结构优化。

（二）“可持续科技创新”对可持续发展的协调

“可持续科技创新”不仅能促进社会—经济—自然复杂系统的发展，还应能协调各子系统之间的关系。只有建立在可持续发展意义上的相互协调，才能使社会、经济和自然各子系统的发展关系趋于和谐，从根本上保证整个系统实现互动式发展。

1. 对经济增长与自然系统持续利用的协调。“可持续科技创新”应能协调发展经济与保护环境的关系，保证自然系统在不超越自然资源和生态环境承载力的情况下为经济系统提供发展所需的资源，尽量减少经济系统产出的废弃物对自然系统的污染和破坏。“可持续科技创新”应能改变单纯经济增长忽视生态环境保护的传统发展模式，由粗放式、资源型经济向生态化、知识型经济转换。

2. 对社会发展与保护生态环境关系的协调。“可持续科技创新”应在社会系统和自然系统间建立桥梁，在提供满足人类各种需要的同时，促使人们的生活方式和消费行为沿着生态化的方向发展，同时，又为人类社会的生存和发展提供更适宜的物质条件和生态空间，为社会系统与生态系统的协调提供越来越先进、成熟的科技支持。

3. 对经济增长与社会发展双重需要的协调。社会系统和经济系统的和谐关系体现了以“人”为中心的社会经济发展观，即经济发展的最终目的不是“物”而是“人”，是人的生存质量的提高。经济系统为社会系统提供了丰富的、高质量的物品，而社会系统则为经济系统提供公平、和谐、有效的保证和支撑。“可持续科技创新”以其客观性与先进性促进二者和谐关系的加强，保障社会系统对经济系统的支撑作用，同时促进经济系统对社会发展做出更大贡献。

由以上不难看出，“可持续科技创新”事实上有助于促使社会、经济和自然之间形成一种互补互进的循环结构。在这种结构中，“可持续科技创新”是关键手段，自然系统的持续利用是基础，经济系统的持续发展是条件，社会系统的持续进步是目的，只有使“可持续科技创新”成为促进社会—经济—自然复杂系统协调发展的主要手段，甚至是唯一准则，才可能保证社会—经济—自然复杂系统在发展中逐步实现协同，达到可持续发展的目的。

三、“可持续科技创新”的价值准则

“可持续科技创新”是国家、政府、企业和公众采用最新的高新科技手段，在合理开发利用资源、防止环境污染和维持生态平衡的基础上，推动包括社会效益和生态效益在内的广义经济价值的增长，实现社会、经济、自然复合系统可持续发展的过程。“可持续科技创新”不仅包括了传统意义上的创新内容，如生产技术创新、生产工艺和装备创新、原材料创新、生产组织结构创新等内容和途径，更重要的是把与经济、社会发展相适应的保护自然资源和环境方面的创新作为创新的最重要的内容和价值准则。从这一价值准则中可以看出，“可持续科技创新”具有四重价值。

1. 科技价值。“可持续科技创新”推动现有科学技术的不断演进，带来科学技术的新一轮革命和进步，为人类社会的全面发展提供更先进、更可靠、更有价值的科学依据与技术手段。

2. 资源和生态环境价值。“可持续科技创新“因着重于从保护生态环境和节约自然资源的角度去进行科技探索与创新，其成果必须能够改善目前自然资源大量损耗和生态环境污染严重的现状，并逐步解决自然资源损耗和环境污染问题，为人类构造更美好的生存和发展环境，提供可持续发展的空间和物质基础，因此，其环境和资源价值十分重要，是“可持续科技创新”区别于传统科技创新的最重要的价值标准。

3. 经济价值。“可持续科技创新”的各项成果通过迅速转化为现实生产力，能够使生产力在原有基础上不断得到更大幅度的提高。在生产力不断提高的过程中大幅提高劳动生产率，创造更多的经济效益，使经济实力不断增强，推动经济健康、稳定、持续增长。

4. 社会价值。“可持续科技创新”通过向公众提供最新科技成果，得到最广泛的公众认可与参与，从而使可持续发展的思想观念深入人心，成为人们的自觉行动准则，促进整个人类社会公平、和谐、有序发展，树立积极向上的社会风貌，建立更加文明、完善的人类社会。

合乎完整价值准则的“可持续科技创新”，应该兼顾以上四重价值的协调和同步实现，片面追求任何单一价值的最大化都会造成创新的失衡，最终导致全部创新价值的消失或逆转。这就是“可持续科技创新”区别于传统科技创新的根本不同之处。

建立推动可持续发展的“可持续科技创新”评价体系构想①

程 萍

人类社会在解决自身发展的过程中，科学技术表现出了无穷威力。与此同时，科学技术本身也发生着重大的、带有革命性的变化——科学技术开始跳出单纯追求经济高增长的狭隘视界，站在可持续发展的高度，使科学技术创新服务于人类的更高目标，寻求自然、经济、社会与人类自身的和谐完美，用更加科学的手段与技术达到“天人合一”的境界。

一、可持续发展理论把科技创新推向新境界

可持续发展思想与理论的确立，是人类在对科学技术发展两面性的认识基础上，向科学技术提出的一系列理论和技术的难题。从基础科学到应用技术，从理论研究到技术的创新与开发，都将从可持续发展的需要中获得创新力与推动力，从而达到新的境界。

---

① 本文原载《武汉大学学报（社会科学版）》2003 年第 3 期。《中国人民大学复印报刊资料·科技管理》2003 年第 7 期全文收录。

可持续发展主要从三个方面表现出对科学技术发展的促进：

（一）站在“自然系统”的高度，不断开拓新的更广阔的科学研究与技术创新领域

可持续发展问题带来的思考，就其涉及的科学技术内容而言，已经远远超出了传统科学技术的范围，在可持续发展思想与理论的直接或间接影响下，科学技术不但陆续开拓出许多新的科研方向，不断形成新的研究领域，并逐渐发展了一批新的学科，如环境科学、生态科学以及一批交叉性学科，如环境化学、环境地质学等，特别是一批自然科学与社会科学相交叉的学科，如生态经济学、海洋经济学、生态伦理等，都将成为21世纪的热门学科。

最为重要的是，“自然系统”作为一个新的科学概念被提了出来，并且不同等级的自然系统已经成为基于不同目标的研究对象。从全球尺度上看，人类赖以生存的地球是由相互关联和相互作用的各具特色的地核、地幔、地壳、水圈、生物圈、人类圈和地球空间诸圈层综合集成的、连续开放的复杂系统，在这一复杂系统中，牵一发将动全身。对科学技术研究的开拓、建立与发展，必将沿着不断探索并使之更趋于符合“自然系统”的内在规律的方向前进，向宇宙、海洋和地球的深部进军，探索生命和宇宙的起源与变化，探索人类新的发展空间和资源。

（二）为传统学科与技术带来新的发展机遇

可持续发展观使人们对科学研究获得一种新的视野，达到一种新的理解和更高的境界。例如，传统的地球科学是以认识地球为目的、揭示地球的形成、组成、构造和演化的科学，当代地球科学则把如何保护人类永续生存的地球环境作为研究重点，给21世纪的地球科学带来了新的机遇与活力。再如土壤学，是一门老学科，过去主要研究土壤本身的组成和性质，而站在可持续农业和人类环境与资源的角度，则需要从土壤参与全球物质循环的大系统去进行研究，探讨土壤圈与大气圈、水圈、生物圈以及人类活动的相互作用，使这一学科的内涵和外延都有了新的拓展。

（三）科学技术将开创人与自然、社会协调发展的新纪元

中国科学院院长路甬祥明确提出，在我国，应优先发展与农业、人口与健康、资源与环境、能源、信息、经济与国家安全等重大问题相应的基础性研究，优先部署生命科学、信息科学、材料科学、能源科学、环境科学、空间科学和海洋科学，以及相应的数理科学和技术科学中的基础性研究。可以肯定，无论是在中国还是在全世界范围内，未来的科学技术将向着综合和系统的方向发展，进一步系统地、深入地认识自然，进一步树立起人与自然协调、可持续发展的科学观念，创造可持续发展的生产模式、生活方式和相应的知识和技术体系，从根本上解决人口问题、粮食问题、能源问题和环境问题，实现社会资源的合理利用和公平分配，使人类走上可持续发展的道路。可以想见，21 世纪的科学技术将开创一个人与自然、社会协调发展的新世纪，为人类文明的可持续发展做出更大的贡献。

二、科技创新是实现可持续发展的必要条件

可持续发展战略的实施，需要政治、经济、文化、教育、科学技术、法律、道德等诸多社会力量的协同配合，其中科学技术能力居于重要的甚至是关键性的地位。发展高水平的“可持续科技”，是实现可持续发展不可缺少的必要条件。

人类 300 多年的科技发展史和工业发展史已经证明，在工业发展进程中，一个国家的科技水平越高，其抗御科技本身负面影响的能力就越强，这不仅反映在对资源与能源的利用、对污染的控制水平上，同时反映在对资源与能源的替代和节约、对生态与环境的保护和治理等方面，反之亦然。

从未来社会发展趋势看，21 世纪占主导地位的，不再是一般的劳动力，

而是脑力劳动的生产力，以人类智力创新为发展基础的科学技术，正在产生从未有过的强大的生产力。21世纪将更加依靠领先科技特别是依靠高新技术，因为科技将渗透一切、影响一切、控制一切！在这一强大生产力推动下的未来世界，层次越来越高的科技创新和不断提高的科技应用水平，日益成为解决可持续发展制约因素的关键所在，成为实现经济可持续增长的根本动力源，成为解决自身所带来的负面影响的重要手段，成为政府管理现代化的有力支持。

（一）科技创新是实现经济可持续增长的根本动力源

现代经济学的研究表明，科技创新与各种经济波动周期表现出一定的相关性，科学发展带来技术发明、技术创新、技术扩散，已经成为促进经济增长和社会进步的主要推动力。没有科技的创新，经济增长就失去了从一个周期跨越到另一个周期的根本动力源。工业革命以来，世界已经出现过四个经济增长长波，分别对应于机械化、铁路化、电气化和电子化的科技创新。从1993年开始将要到2043年完成的世界经济第五个长波，所对应的核心技术是数字化的科技创新活动。刚刚过去的20世纪，世界上发达国家经济发展的历史说明，经济增长对科技创新的依赖程度呈现出日益增强的趋势。正确处理科技创新与经济增长关系，已经成为世界各国正在着力研究探索的课题，成为各国政府制定政策时特别关注的焦点问题之一。

（二）科技创新是解决科技自身所带来的负面影响的重要手段

在历史发展进程中，人类依靠科学技术认识世界、改造世界，既在一定程度上改善了自然环境，极大地提高了生存质量，同时也在局部甚至是大规模范围内破坏了自然生态环境。世界跨入工业化时代，尤其是近半个世纪以来，全球规模的大气、海洋、陆地污染以及生态环境破坏已成为祸及当代、殃及未来的最严重问题之一。用科技手段制造的毁灭性武器在两次世界大战中给人类造成的灾难，更是人们世世代代难以忘却的沉痛记忆。要解决上述矛盾，需要科学精神与人文精神的融合，需要自然科学、工程技术和社会科学的结合。只有这样，人类才能与自然和谐共处，才能正确处理人与人的关系，妥善地把握人类社会的未来。

（三）科技创新是政府管理现代化的有力支持

没有政府管理的现代化，就不可能有社会经济的可持续发展。政府管理水平落后，必然成为可持续发展的最大制约因素。国家的宏观决策和重大战略部署需要现代化科技的有力支撑。国民经济和社会发展规划、计划的制定与实施，既需要以现代科技手段获取全面、准确的信息资料，又需要依靠先进的科学技术完成和实现。我国加入WTO以后，社会经济在更深的程度上和更广阔的领域内面对“两种资源、两个市场”，负有宏观调控职责的各级政府更加需要依靠现代信息技术快捷、系统地掌握国内外政治、经济动态。我国社会主义市场经济的健康、有序运行，也需要政府建立完善的电子政务系统与之相适应。

进行大规模的生态建设、预报和防治严重的自然灾害，就必须广泛应用先进的计算机、网络和3S（遥感、全球定位系统和地理信息系统）等现代科学技术，大力推进政府行政方式的现代化。只有政府管理插上现代科技的翅膀，与时俱进，国家的可持续发展战略才能真正得以实现。

这一切说明，实现可持续发展，离不开科学技术。21世纪，科学技术将愈益社会化，社会也将愈益科学技术化，以至科学技术将演变成为经济增长、社会发展的支配力量，从而进一步改变人类的思维方式、生存方式，使人类社会逐步走上可持续发展的道路。

三、未来的科技创新必将统一于可持续发展的最终目标

对于传统认识而言，由于科技创新与可持续发展在本质内涵、行为主体及追求目标等方面存在一定的差异，使得它们之间存在一定的矛盾甚至是对

立。正是由于这些矛盾的作用，使得传统的科技创新在现实中表现出对人类社会进步的双重性效应，既存在积极有利的一面，又存在消极不利的一面。

为使科技创新满足可持续发展的需要，我们要从各方面对科技创新进行全面的再认识，特别是建立新的、适合可持续发展需要的评价体系，用具有普遍意义与科学依据的“评价标准”摒弃可能会对可持续发展产生的不良影响，保证科技创新沿着可持续发展的轨道造福于人类。

我们把在可持续发展思想指导下产生的新的科技创新称为“可持续科技创新”。“可持续科技创新”与社会—经济—自然复杂系统之间的关系首先是一种关联互动关系；其次，“可持续科技创新”是推动社会—经济—自然复杂系统可持续发展的动力；再次，社会—经济—自然复杂系统决定“可持续科技创新”的能力和水平；第四，“可持续科技创新”具有自增强效应；第五，“可持续科技创新”与社会—经济—自然复杂系统在互动中前进，实现可持续发展。

以上五点包含了两方面含义：一是“可持续科技创新”应受社会、经济、自然等子系统的约束，同时能够不断推动各个子系统自身的发展，体现出“可持续科技创新”对整个社会—经济—自然复杂系统的促进功能；二是“可持续科技创新”应能协调社会、经济和自然等诸子系统的发展关系，使它们始终处于互相支持、互相增强、互促发展的协同互动之中，体现出“可持续科技创新”对整个系统的协调功能。有了这种协调，整个系统才可能有发展的持续性。

四、“可持续科技创新”及其价值准则

无论是从可持续发展思想的出发点去认识，还是从其归宿点去衡量，可持续发展思想的内涵主要包括以下 7 条目标：（1）实现“人与自然”之间的

平衡和“人与人”之间的和谐；（2）营造“合理、优化、有序、文明”的自然环境和社会环境；（3）寻求“发展度、协调度、持续度”的最佳匹配；（4）实现“自然资本、人力资本、生产资本、社会资本”的科学组合；（5）有序地控制并达到“人口的自然增长率、资源能源的消耗速率、生态环境的退化速率”三个“零增长”；（6）既满足当代人不断增长的需求，又泽及后代并为他们提供更多的发展机会；（7）既满足一个地区不断增长的需求，又不损害其他地区不断增长的需求，消除贫困和不合理的区域差异。

可持续发展思想的这 7 条目标，为“可持续科技创新”界定了“科技创新”的范围，凡站在可持续发展的思想高度、创新成果的应用效能符合以上 7 条目标要求的，可以判定为“可持续科技创新”，反之，则是“不可持续”的科技创新，或称之为传统的科技创新。

如果我们更深入地加以理解，可以认为“可持续科技创新”是国家、政府、企业和公众采用最新的高新科技手段，在合理开发利用资源、防止环境污染和维持生态平衡的基础上，推动包括社会效益和生态效益在内的广义经济价值的增长，实现社会、经济、自然复合系统可持续发展的过程。“可持续科技创新”不仅包括了传统意义上的创新内容，如生产技术创新、生产工艺和装备创新、原材料创新、生产组织结构创新等内容和途径，更重要的是把与经济、社会发展相适应的保护自然资源和环境方面的创新作为创新的最重要的内容和价值准则。

从这一价值准则中可以看出“可持续科技创新”具有四重价值：

1. 科技价值。“可持续科技创新”推动现有科学技术的不断演进，带来科学技术的新一轮革命和进步，为人类社会的全面发展提供更先进、更可靠、更有价值的科学依据与技术手段。

2. 资源和生态环境价值。“可持续科技创新”因着重于从保护生态环境和节约自然资源的角度去进行科技探索与创新，其成果必须能够改善目前自然资源大量损耗和生态环境污染严重的现状，并逐步解决自然资源损耗和环境污染问题，为人类构造更美好的生存和发展环境，提供可持续发展的空间和物质基础，因此，其环境和资源价值十分重要，是“可持续科技创新”区别于传统科技创新的最重要的价值标准。

3. 经济价值。“可持续科技创新”的各项成果通过迅速转化为现实生产力，能够使生产力在原有基础上不断得到更大幅度的提高。在生产力不断提高的过程中大幅提高劳动生产率，创造更多的经济效益，使经济实力不断增强，推动经济健康、稳定、持续增长。

4. 社会价值。“可持续科技创新”通过向公众提供最新科技成果，得到最广泛的公众认可与参与，从而使可持续发展的思想观念深入人心，成为人们的自觉行动准则，促进整个人类社会公平、和谐、有序地发展，树立积极向上的社会风貌，建立更加文明、完善的人类社会。

合乎完整价值准则的“可持续科技创新”应该兼顾以上四重价值的协调和同步实现，片面追求任何单一价值的最大化都会造成创新的失衡，最终导致全部创新价值的消失或逆转。这就是“可持续科技创新”区别于传统科技创新的根本不同之处。

五、“可持续科技创新”评价指标体系框架

根据以上原则，“可持续科技创新评价指标体系”框架思路的提出，主要考虑“可持续科技创新”成果的价值含量，在其价值标准基础上考虑增加对科技创新能力的评价，并在考虑这一指标体系现实影响力的同时，考虑其潜在影响力、左右影响力变化的因素以及一定时期内影响力变化的趋势等方面。

“可持续科技创新评价指标体系”试图担负起对于可持续科技创新成果的鉴定、监测和推广使用的功能。根据经济学投入产出原理，并参考中国科学院可持续发展战略研究组的有关研究，本文提出的“可持续科技创新评价

指标体系”所应包含的主要内容可形成一个包括三级 174 项指标的指标群，这一指标群可初步形成“可持续科技创新指标体系”的主题框架，其构想如下：

可持续科技创新的科技价值指标

· 可持续科技创新投入指数

· · R & D 经费投入总量及状况

· · · R & D 支出占区域 GDP 的比例

· · · R & D 支出占科技投入总数的比例

· · · 每千名科学家、工程师的 R & D 经费支出

· · · R & D 支出占总产品收入的比例

· · · 用于解决人口、资源、生态环境问题的 R & D 占全社会 R & D 的比例

· · · 科技事业费、科技三项费占财政支出的比例

· · 人力资源投入总量及状况

· · · 科学家、工程师占人力资源投入总数之比

· · · 每万人科学家、工程师之比

· · · 科学家、工程师专业结构及特点

· · 资源投入结构及特点

· 可持续科技创新产出指数

· · 完成项目总数

· · 项目获奖数及占完成项目总数的比例

· · 发表论文、专著数

· · 每千名科学家、工程师论文数

· · 专利产出能力

· · 发明专利申请量

· · 发明专利占总专利的比例

· 可持续科技创新对可持续发展的贡献指数

· · 技术或成果的市场化能力

· · · 区域或全国市场成交额

· · · 与上年金额的比较

· · 企业转化能力

· · · 大型企业技术开发支出与销售收入之比

· · · 新产品收入与总产品收入之比

· · · 人均创造新产品的销售收入

· · · 新产品收入与企业 R & D 经费投入之比

· · · 单位支出与新产品收入之比

可持续科技创新的资源和生态环境价值指标

· 产品生产过程对生态环境的影响

· · 对生态环境可能产生的危害程度

· · 对可能产生的危害的控制程度

· 自然资源开发

· · 自然资源利用率

· · 对自然资源的替代率

· 大气污染状况

· · CO_2 排放量

· · · 人均 CO_2 排放量

· · · 单位面积 CO_2 排放量

· · SO_2 排放

· · · 人均 SO_2 排放量

· · · 单位面积 SO_2 排放量

· · 烟尘排放量

· · · 人均烟尘排放量

· · · 单位面积烟尘排放量

· 废物回收

· · 人均固体废物量

· · 无害化处理率

· 生态水平

· · 生物多样性保护状况

· · 水土流失及治理率

· · 森林覆盖率

· · 受灾率

· · 荒漠化的防治状况

可持续科技创新的经济价值指标

· 经济发展规模与速度

· · 国民生产总值

· · GDP 增长率

· · 人均 GDP 增长率

· 工业生产状况

· · 工业生产总值

· · · 人均产值

· · · 产值增长率

· · 工业总产值占 GDP 的比例

· · 工业企业就业人数占全部就业人数的比例

· 交通发达程度

· · 道路及交通基础设施投资状况

· · · 年投资净额

· · · 年投资增长率

· · · 单位面积投资额

· · · 占区域基础设施投资的比例

· · · 与相邻区域的比较

· · 交通密度

· · · 人均拥有道路面积

· · · 千人拥有交通设施情况

· · · 千人拥有交通工具数量

· · 距中心城市距离

· · 距最近出海口距离

· · 单位面积货运周转量

· 通讯业发达程度

· · 通讯基础设施投资状况

· · · 年投资净额

· · · 年投资增长率

· · · 单位面积投资额

· · · 占区域基础设施投资的比例

· · · 与相邻区域的比较

· · 通讯密度

· · · 区域电话（无线电话）总数

· · · 百人拥有电话（无线电话）数

· 能源生产与消费状况

· · 能源密集度

· · 年能源消费总量

· · 人均能源消费量

· 高新技术产品总产值

· · 高新技术产品产值与区域国民生产总值之比

· · 高新技术产品产值与区域人均 GDP 之比

· · 高新技术产品出口创汇总额

· · 高新技术产品出口创汇占全部出口创汇的比例

· 产业结构优化程度

· · 第一二三产业的比例

· · · 第一二三产业产值比例

· · · 第一二三产业分别人均产值

· · · 第一二三产业分别就业人数

· · 传统产业与高新产业比例

· · · 传统产业与高新产业的产值比例

· · · 传统产业与高新产业的人均产值

· · · 传统产业与高新产业的就业比例

· · 产业协调度

· 对农业与农村的影响

· · 农业投入水平

· · · 单位面积农机总动力

· · · 单位面积用电量

· · · 单位面积化肥使用量

· · · 单位面积投入的劳动力

· · · 单位面积农业财政支出

· · 农业产出能力

· · · 单位面积产量

· · · 单位面积产量增长率

· · · 单位面积收入额

· · 农业分配状况

· · · 城乡收入差距

· · · 城乡消费水平差距

· · · 贫困率

可持续科技创新的社会价值指标

·公众社会意识

· ·对污染的认识与敏感程度

· ·对节约资源与保护环境的认识程度

· ·打破传统观念的程度

· ·科学素养状况

对法律法规的了解程度

·文化教育状况

· ·文化教育经费

· · ·占 GDP 的比例

· · ·人均文化教育经费

· ·学校数量

· · ·大学数量

· · ·中学数量

· · ·小学数量

· ·成人识字率

· ·综合入学率

· ·综合升学率

· ·大学毕业生占总人口的比例

· ·万人拥有大学教师数

· ·文化基础设施数量

· · ·图书馆数量及万人拥有量

· · ·影剧院数量及万人拥有量

· · ·文化宫数量及万人拥有量

· · ·体育场馆数量及万人拥有量

· ·文化消费水平

· · · 文化消费占总消费的比例

· · · 城镇文化消费比例

· · · 农村文化消费比例

· 卫生与健康状况

· · 卫生经费投入

· · 出生存活率

· · 死亡率

· · 平均寿命

· · 预期寿命

· · 医院数量

· · 千人拥有医生、护士人数

· 居住条件与环境

· · 人均住房面积

· · 人均房屋建筑竣工面积

· · 人均绿地面积

· · 人均居室消费支出

· 社会就业率

· · 社会就业年增长率

· · 再就业率

· · 第三产业就业比例

· 消费水平

· · 社会商品零售总额

· · 人均社会商品零售额

· · 城镇人均生活消费支出

· · 农村人均生活消费支出

参考文献

[1] 段炼：《可持续发展的历史透视，可持续发展之路》，北京大学出版社 1994 年版。

[2] 贾放：《报应——人与自然的失衡》，中国林业出版社 1999 年版。

[3] 姜岩：《生存于 21 世纪——给新世纪的忠告》，北京科学技术出版社 2000 年版。

[4] 李文林：《创新——科学的灵魂》，科学出版社 2000 年版。

[5] 董光璧：《静悄悄的革命——科学的今天和明天》，武汉出版社 1998 年版。

[6] 许耀桐：《中国基本国情与发展战略》，人民出版社 2001 年版。

高新区管理模式与发展目标的矛盾[①]

程萍　许正中

2002年12月，围绕国家高新区的改革与发展问题，国家科技部进行了一次专项调研，调查结果表明，我国国家高新区创立12年来，在管理体制和运行机制上不断创新，按照精简、统一、效能的原则，初步建立了适应社会主义市场经济和高新技术产业发展需要的具有中国特色的管理体制框架和运行机制，形成了“科技特区”的管理模式。

由于国家高新区管理体制的优势，使其在产权制度、分配制度、劳动人事制度、社会保障制度、转变政府职能和带动区域经济发展等方面的探索和改革得以顺利进行，基本形成一套切实可行、独具特色的经验。许多高新区已经成为新的经济增长极和技术及产业辐射源，带动了当地新城建设和旧城改造，形成了高新技术产业集群。一批依托高新技术产业发展，集金融、商贸、文化、教育和社会公益事业建设为一体，具有较好交通、通信环境和形象，全面体现社会主义精神文明和物质文明的现代化新社区，正在高新区孕育和成长。

---

① 本文原载《中国高新区》2003年第9期。

一、我国国家高新区管理模式现状分析

我国国家高新区自创立至今，管理机构设立的基本走向是：科技部门筹建和协调管理→高新区管理办公室→高新区管理委员会；管理职能的基本走向是：协调服务→代行部分经济管理职能→享受市级经济管理权限和部分行政管理权限。

我国高新区是改革开放后制度创新的产物，其机构设置与运行管理无一不体现了对传统体制的突破，但从政府行政权力和市场机制对资源配置资源影响的角度考察，可以把我国国家高新区划分为政府主导型、政府和市场结合型和市场主导型三种类型。（1）政府主导型管理模式。在高新区设立一级政府、一级财政，管委会与政府合二为一，全权负责所在区域规划、管理及建设。（2）政府与市场结合型管理模式。这种类型的高新区既是政府市场结合，又是企业。政府与企业两手抓，需由政府抓的方面，由政府出面，需由企业解决的，则由企业解决。政府在高新区设立专门派出机构，全面管理高新区的建设和发展，管委会拥有一定的资金支配使用权，同时在规划、土地、工商、税务、项目审批等方面具有省级或市级经济管理权限。（3）市场主导型管理模式。这种模式下的高新区不设立管委会等类似的政府管理机构，不独立计算高新区的财政收入。园区自身以总公司的形式对高新区进行开发管理，总公司被赋予一定的行政管理职能，政府则只是为其提供一定的服务。

（一）政府主导型管理模式

据科技部2002年12月的调查问卷统计，政府主导型模式是目前我国绝大多数高新区选用的管理体制。在这种模式下，一般成立以省市领导组成的领导小组负责高新区发展重大决策和重大问题的协调，但不插手区内具体事务，给高新区一个较宽松的管理环境。成立高新区管理委员会作为所在地政府的派出机构，在高新区行使相应一级政府的经济管理权限和部分行政管理权限，包括项目审批、规划定点、房地产开发、人事劳资调配、审批入城

户口等。在机构设置上，一般设工委（或党委）与管委会，两套班子合署办公，下设直属机构和分支机构（主要是工商、税收、公安等），实行“一栋楼办公，一个窗口对外，一枚图章管到底”的责权配套、高效运转的管理体制。

由于各高新区管委会拥有的管理权限、实行的财政体制和政企关系不同，这种模式又可分为三种不同的类型。

1. 政府派出机构型。该类型主要是指高新区管委会对高新区行使部分管理权限，一般是行使经济管理权力。对于社会管理权限问题，由于各高新区所在地情况不同，造成各高新区之间存在着一定差别，这种差别也可大体分为两种情况，一种是高新区内社会管理方面的职能全部由所在行政区承担，如中关村、福州、厦门、珠海、佛山等高新区只享有相应一级政府的经济管理权限，不负责区内行政、社会事务的管理，是比较典型的政府派出机构型，也可以称为“完全政府派出机构型”。

另一种情况是根据高新区所在区域实际情况，在管委会内设立部分社会、行政管理职能部门，行使部分社会管理权力。这种情况事实上已经具备了一级政府的大部分职能。如沈阳高新区管委会设立了“街道和乡镇管理局”，负责信访、民政、街道经济发展等工作；成都设立了“城市管理执法局”，主管高新区的市容环卫、市政养护、绿地灌养、防汛抗洪、光彩工程、停车场和农贸市场建设管理、户外广告定点设置、城市环境综合治理等工作和城市管理、文化卫生监察等行政执法工作；合肥高新区管委会内设置了“农村工作局”，主管农村党建、行政、基础设施建设、宗教、计生、文教等工作；惠州高新区管委会设有“派出所”，负责治安、户籍等项工作，而“社会治安综合治理办公室”则负责区内的社会治安综合治理工作。即便是没有单独设立社会、行政事务管理职能部门的高新区，事实上，也是把许多社会行政管理职能纳入了高新区的管理之中。如包头高新区管委会把高新区的文化教育、卫生防疫、广电、体育管理工作，农牧林水及乡镇企业的管理，高新区民政、民族、宗教事务工作，计划生育工作都纳入了“社会事业管理局”的工作职能之内；成都高新区的“人事劳动和社会保障局”还负责高新区内乡、街道办事处和企事业单位的党建工作；威海高新区“宣传部”不仅负责全区的宣传教育工作，而且还负责企业和农村的思想政治工作、人民武装工作以及统战、对台、民族、宗教等项工作；吉林高新区管委会虽是吉林市委、市政府的派出机构，却对高新区内的党务、经济、行政和社会事务负全责，与政府职能没有什么区别。

受中华人民共和国建立后三十余年计划经济的影响与束缚，我国高新区的创立与发展从一开始就很难像市场经济比较发达的国家那样走完全市场化的道路，但把高新区管委会定位为一级政府，承担繁重的社会发展任务，又很难使高新区轻装上阵，发挥高新技术的优势，尽快走出一条以高新技术促进经济腾飞、带动周边经济发展的新路，因此，“政府派出机构型”成为我国高新区管委会选择的主要模式。

表 1　我国“政府派出机构型”高新区一览表

园区名称	成立时间	批准为国家级时间	管委会性质	下设管理机构
中关村科技园	1988.5	1988.5	北京市政府派出机构	办公室、产业发展处、规划建设处、人力资源处、中介与服务体系建设处、金融体系建设处、财政审计处、信息处、国际合作处、研究室（法制工作处）、企业（机关）党委、党群办公室、组织部（干部处）、宣传部（宣传处）、工会、纪检委。
天津新技术产业园区	1988.3	1991.3		党组办公室、管委会办公室、经济发展局、建设发展与环境保护局、城区管理局、劳动人事局、财政局、政策法规局、工商局、国税局园区分局、地税局园区分局、园区消防办公室、园区规划土地处。

续表

园区名称	成立时间	批准为国家级时间	管委会性质	下设管理机构
长春高新技术产业开发区	1988.5	1991.3	长春市政府派出机构	管委会办公室、党工委办公室、发展计划局、财政局、人事劳动和社会保障局、纪工委、调查研究室、信访办、宣传中心、投资促进中心、生产力促进中心、建设发展中心、社会事业发展中心。
沈阳高新技术产业开发区	1988.5	1991.3	沈阳市政府派出机构	管委会党工委办公室、经济综合局、对外招商联络局、经济发展局、项目引进局、社会产业发展局、街道和乡镇管理局、规划和国土资源局、建设管理局、财政局、组织人事和社会保障局、党群工作局、纪工委（监察局、审计局）。（具有社会管理职能，管居民）
武汉东湖新技术开发区	1988.8	1991.3		办公室、劳动人事局、建设管理局、外经外事局、经济发展局、社会发展局、发展计划处、农业处。
哈尔滨高新技术产业开发区	1988.9	1991.3	哈尔滨市政府派出机构	办公室、政策研究室、招商一局、招商二局、建设局、企业服务局、人才劳动局、计划审计局、财政局、高新技术发展局、规划分局、土地分局。
成都高新技术产业开发区	1988.10	1991.3	政府派出机构	办公室、监察局（纪工委、机关党委）、人事劳动和社会保障局、经贸发展局、科技局、投资服务局、规划建设局、国土局、财政局、社会事业局、城市管理执法局、出口加工区管理办公室。
郑州高新技术产业开发区	1988.10	1991.3		党委办公室、纪律检查委员会、管委会办公室、经济发展局、人事劳动和社会保障局、财政局、规划与国土资源分局、建设环保局、社会事业局、招商局、科技局、城市管理行政执法分局、机关事务管理局。
福州高新技术产业开发区	1988	1991.3	福建省与福州市共管共建	办公室、发展研究部、项目招商部、企业管理部。

续表

园区名称	成立时间	批准为国家级时间	管委会性质	下设管理机构
威海高新技术产业开发区	1990.9	1991.3	威海市政府派出机构	管委会办公室、人事劳动局、宣传部、监察审计局、经济发展局、财政局、建设局、科技局、社会事业局。（原国家科委、省市共同创建）
合肥高新区	1990.10	1991.3	合肥市政府派出机构	工委办公室、办公室、经济贸易局、建设发展局、人事劳动局、农村工作局、社会事业局、招商局、财政局。
厦门火炬高技术区	1990.12	1991.3	厦门市政府派出机构	管委会办公室、计划财务处、建设管理处、经济发展处。
石家庄高新技术产业开发区	1991.3	1991.3		管委会办公室、工委办公室、发展研究室、经济科技局、招商局、规划建设局、人事劳动社会保障局、财政局、社会事业局、科技创业园区管委会、国土资源局。
大连高新技术产业开发区	1991.3	1991.3	大连市政府派出机构	管委会办公室、党工委工作部（劳动人事局）、纪工委（监察局、审计局）、工会、财政局、企业服务局、发展计划局、规划建设局、科技产业局、招商局、房产局、综合执法局、发展研究中心。
南宁高新区	1988.8	1992.11		建设房产局、土地规划环保局、财政局、社会事业局、社会事业局、经济发展局、劳动人事局、管委会办公室、招商局。
大庆高新区	1990.4	1992.11	市委市政府派出机构	办公室、组织人事处、经济科技局、规划建设局、财政局、社会事业局、审计监察局、纪工委。
包头稀土高新区	1990.8	1992.11	包头市政府派出机构	综合经济发展局、土地规划建设局、招商局、财政局、人事局（组织部、监察局）、社会事业管理局、党委办公室、工委办公室。
南昌高新区	1991.3	1992.11		工委办公室、人事劳动局、经济发展局、规划建设局、社会发展局、财政局、招商局。

续表

园区名称	成立时间	批准为国家级时间	管委会性质	下设管理机构
太原高新区	1991.7	1992.11		经济发展局、财政局、人事劳资处、工程规划处、管委会办公室、宣传中心。
潍坊高新区	1991.11	1992.11		党政办公室、纪工委办公室、组织部、经济发展局、建设局、财政局。
鞍山高新技术产业开发区	1991.11	1992.11	鞍山市政府派出机构	招商一局、招商二局、项目综合局、西区综合局、办公室、组织人事部、经济发展局、规划建设局、财政局、社会事业局、审计局、改制办。
无锡高新技术产业开发区	1992.11	1992.11		党政办公室、组织人事部、纪工委、宣传统战部、财政局、经发局、规划建设环保局、国土房产局、社会事业局、农村经济局、招商局、科技局。
淄博高新技术产业开发区	1992.11	1992.11	淄博市政府派出机构	监察局、管委会办公室、组织人事部、经济发展局、规划建设土地局、财政局、审计物价局、地方事业局、招商局、公安局、检察院、法院。
惠州高新区	1992.11	1992.11		管委会办公室、技经贸办公室、规划建设办公室、财经管理办公室、劳动就业服务管理中心、派出所、社会治安综合治理办公室。
襄樊高新技术产业开发区	1992.11	1992.11	襄樊市委市政府派出机构	党工委办公室、管委会办公室、纪工委（监察局）、组织部（劳动人事局）、宣传部、财政局、高新技术局、经济发展局、规划建设土地局、社会事业局。
保定高新区	1992	1992.11		办公室、劳动人事局、规划建设局（与土地局合署）、经济发展局、财政局（与地税局合署）、招商合作局、社会公益局、工商局。
贵阳高新区		1992.11		党政办、组织人事部、经济发展局（招商引资局）、规划建设局、财政局、社会事务管理局。

续表

园区名称	成立时间	批准为国家级时间	管委会性质	下设管理机构
宝鸡高新区	1992.1	1992.12	代表市政府进行管理	办公室、人事教育部、财务部、招商部、经济发展部、规划建设部、环境管理部、财政局。
佛山高新区	1992.12	1992.12		办公室（监察室）、综合计划部、政策协调部。
吉林高新区	1992.11	1993.4	市委市政府派出机构	办公室、财政局、经济发展局、招商局、人事劳动局、土地规划建设局、社会事业局、资本运营管理局。
珠海高新区	1993.3	1993.3		产业拓展处、规划建设处、科技服务处、综合协调处。
深圳高新园区	1996.9	1996.9	市政府领导、政策、规划、管理	深圳市没有设立高新区管委会。市政府的高新区领导小组办公室下设高新办作为市政府派出机构，对高新区行使管理。
杨凌农业高新区	1997.7	1997.7		办公室、发展计划局、经贸发展局、科教发展局、规划建设土地局、人事劳动局、财政局、招商局、外事旅游局、驻京办事处。

资料来源：2002 年 12 月《国家高新区基本情况》调查表

说明：1. 表中所列内容由各高新区提供。凡缺项为原调查表中没有填写。

2.“管委会性质”一栏，主要根据此次调查表中填写的情况，个别参考以往填报的情况。

2. 政府与管委会合一型。这种类型最突出的特点是高新区管委会具有完全的一级政府权限，不仅对高新区行使经济权力，同时具有社会管理职能，有的地方采取“一套机构、两块牌子”的做法，既有专门对高新区进行管理的工委和管委会班子，又有区政府机构设置，使高新区作为一个完整的行政区域而存在，在职能方面既承担高新区的开发建设任务，又承担区政府的行政管理和社会职责。比较典型的是青岛高新区管委会就是与崂山区政府合一设置的，一些职能部门挂两块牌子，对高新区和其地域所在的崂山区实行统一管理。还有的地方虽然只挂管委会牌子，但从当地政府赋予的职能看，该管委会仍然具有一级政府的全部职能。从2002年12月的调查问卷中可以看出，长沙、兰州、桂林、重庆、中山等15个高新区属于此种类型，行使政府全部管理权限。其中，重庆、广州高新区在该次调查问卷中对“是否一级政府”项填“否”，但从其管委会机构设置及职能看，具有相当强的社会、行政管理职能，广州高新区也具有“社会管理”职能，故把这两个高新区列入“政府与管委会合一型”。如重庆高新区管委会单独设置有“市政管理局”，负责市政设施、环境卫生、绿化、市政监察、公路管理与执法、交通稽查等工作，而在该管委会“综合经济局”的工作职能中有“负责农业、林业、水利、农机、商贸的行政管理，乡镇企业的改革与发展，研究制定农业、水利、林业、农业综合开发、农机等发展计划并组织实施，旅游管理”等内容；其“建设发展局”除负责项目规划和管理等，还负责环保、人防、防洪防汛、消防、抗震救灾等工作；“教育局”不仅管理区内直属15所中小学，还管辖14所厂办校、镇办校、村小学等。

表2 我国“政府与管委会合一型”高新区一览表

园区名称	成立时间	批准为国家级时间	管委会性质	下设管理机构
桂林高新技术产业开发区	1988.5	1991.3	行使市级经济和行政管理权限	党政办公室、宣传部、经委（监察）、综合发展计划局、财政局、人事劳动和社会保障局、经贸科技局、组织部、社会发展局、市政局、规划房产土地局、农村工作局、投资贸易促进局。
兰州高新技术产业开发区	1988.7	1991.3		党工委管委会办公室、经济贸易发展局、土地规划建设局、财政局、人事劳动社保局、社会事业局、投资服务局、农村工作局。

续表

园区名称	成立时间	批准为国家级时间	管委会性质	下设管理机构
长沙高新技术产业开发区	1988.10	1991.3	行使政府权限	办公室、产业发展局、招商合作局、开发建设局、劳动人事局（党群工作部）、社会事务管理局、财务科、财政分局、国土资源分局、规划分局、环保分局、工商分局、国税分局、地税分局、消防分局、建委、建工委。
济南高新技术产业开发区	1988.11	1991.3		办公室、组织部、宣传部、人事劳动和社会保障局、招商局、科技经济发展局（安全生产监督管理局）、计划统计局（审计局）、国土资源局、规划局、建设局、财政局、司法局、教育局、社会发展局（金桥社区办事处）。
广州高新技术产业开发区	1988	1991.3	具有经济管理、区域开发建设、社会管理、招商引资功能	
杭州高新技术产业开发区	1990.3	1991.3	行使省市政府授予的相应职权	办公室、发展计划与经济局、教育局、财政局、监察局、人事局、民政局、司法局、建设局、国土资源局、农业局、对外经济贸易合作局、社会发展局、审计局、城市管理行政执法局、公安分局。
中山火炬高科技产业开发区	1990.3	1991.3	具有地方政府职能	管委会办公室、党委办公室、人大工作室、纪委、监察室、组织人事办、外事办、宣传办、武装部、社会治安综合治理办、经贸办、外经办、统计办、社会事务办、教科文卫办、农业办、审计办、计生办、工会、团委、财政局。
重庆高新技术产业开发区	1991.3	1991.3	行使经济建设和社会发展双重职权	组织部（劳动人事局）、办公室（信访办、政策研究室）、建设发展局、综合经济局、市政管理局、社会发展局、教育局、计划统计局、监察审计局（纪工委办公室）、财政局、产业发展局（招商引资办公室）。
海口高新区	1991.3	1991.3		办公室、经济发展局、规划建设土地管理局、社会发展局、工商行政管理局、国税局、地税局。

续表

园区名称	成立时间	批准为国家级时间	管委会性质	下设管理机构
洛阳高新区	1988	1992.1		
昆明高新区	1990	1992.11		
绵阳高新区	1992.4	1992.11		综合办公室、招商一局、经发局、纪工委监察局、财政局、党群工作部、国土局、城建房管环保局、社会发展局。
常州高新区	1992.8	1992.11	代市政府实行统一管理	办公室、经济发展局、招商局（对外经济贸易局）、科学技术局、财政局、劳动人事局、建设局、农林局、社会事业局。
乌鲁木齐高新区	1992.8	1992.11	代市委市府管理党务、经济、行政和社会事务	纪工委、党工委办公室、办公室、产业发展局、财政局、劳动人事社会发展局、规划建设局、土地房产局。
株洲高新区	1992.5	1992.12		管委会办公室、产业发展局、招商合作局、开发建设局、财政局、劳动人事局。
青岛高新技术产业开发区	1992.6	1992.12	与崂山区政府合一	办公室、人事劳动局、发展计划局（物价局、统计局）、经济贸易局（对外经济贸易局）、财政局（国有资产管理局）、建设局（人防办）、科学技术与教育局（地震局）、计划生育与卫生局、农业与海洋局、劳动和社会保障局、民政局、审计局、城管局、交通局、环境保护局（已垂直管理）、公安分局。

资料来源：2002 年 12 月《国家高新区基本情况》调查表

说明：1. 表中所列内容由各高新区提供。凡缺项为原调查表中没有填写。

2.“管委会性质”一栏，主要根据此次调查表中填写的情况，个别参考以往填报的情况。

3. 新市区政府型。该类型以苏州高新区为典型。苏州高新区既是国家级高新技术产业高新区，又是苏州市的新城区，包括四个功能区，同时下辖一个镇和一个街道，管委会全面负责新区的建设与管理，行使完整的一级政府的权力。在新区发展方面，有新区经济发展集团总公司采取全资、控股、参股等多种形式联合企业进行投融资，推动新区的开发建设。在这里，我们可以看到未来中国新型政府的雏形：科学的城市规划，明确的政府职能及相应的机构设置，以及比较合理的“政府—企业”关系和“政府—社会”关系。

表 3　我国“新型政府型”高新区一览表

园区名称	成立时间	批准为国家级时间	管委会性质	下设管理机构
苏州国家高新技术产业开发区	1991.11	1992.10		工委管委会办公室、劳动人事局、财政税务局、经济贸易局、社会事业局、国土房产局、农村管理局、审计局、科技发展局、规划局、招商局、建设管理局。

资料来源：2002 年 12 月《国家高新区基本情况》调查表

（二）政府与市场结合型管理模式

政府市场结合管理模式表现为高新区管委会与建设发展总公司实行两块牌子、一套人马，主要职能机构合署办公，既具有行政职能又具有经济职能，管委会行使市级管理权限，负责对高技术区实行统一领导，如南京高新区、西安高新区。这种管理模式在现行体制下，不稳定，易于分化，但有其运行优势，一方面，它具有政府管理权限，简化了关系，少去了一些繁琐的协调工作；同时，它也是一个企业法人，可以割断企业对政府的依赖，增强企业提高经营效益的积极性，避免企业吃政府的大锅饭，加重政府负担。在西安高新区，开发总公司下属四大直属公司和一个控股的股份有限公司，均为独立法人资格的企业。其中业务独立的三个公司均按照独立企业的方式运营，完全做到了政企分开。建设开发公司因更多是承担区内的市政、社会公用设施的建设任务，其经营策略在总体上还需服从高新区招商引资和经济社会发展的大局，因此不能完全推向市场；管理服务公司承担社会化服务业，但为了优化投资环境，在其发展早期应予以支持。在总公司创建初期，这种模式有利于总公司的快速起步和全面发展，但政企合一也可能导致总公司发展动力不足及过多依赖于管委会的行政职能等问题，由此造成总公司市场压力不大，自我发展能力不强，不能迅速适应市场经济的要求和建立现代企业制度。实践证明，高新区总公司在创建起步阶段，政企合一利大于弊，但随着总公司的发展，政企分开成为必然。

表 4　我国“政府与市场结合型”高新区一览表

园区名称	成立时间	批准为国家级时间	管委会性质	下设管理机构
南京高新区	1988.9	1991.3		办公室、劳动人事处、财务处、招商处、经济发展处、建设处、政策研究室、监察室。
西安高新区	1991.3	1991.3		办公室、党工委办公室、经济发展局、招商局、规划建设环保局、房地产局、财政局、人事劳动局、社会事业局、教育局、研究室。

资料来源：2002 年 12 月《国家高新区基本情况》调查表

（三）市场主导型管理模式

市场主导型模式的高新区主要以园区建设开发总公司来管理，我国目前只有上海张江高科技园区的“一区六园”，基本采用市场运作机制，政府只负责进行宏观协调，不参与园区的土地开发、招商引资等工作。早期的深圳科技工业园区由高科技园区总公司进行管理，也可以认为是采用市场运作机制实现早期发展的。张江高科技园区由高科技园区总公司进行管理，负责园区的规划、建设及招商引资。总公司成立张江高新技术发展促进中心，此为一全资性服务性机构，主要通过国家的政策，提供包括场地、资金、开发条件、信息、人才交流指导性管理等在内的综合服务，为持有高技术成果的创业者创造局部优化环境，达到扶持高技术企业发展，促进科技成果转化的目的。公司还通过募集设立方式组建了上海张江高科技园区开发股份有限公司，通过股份制改造，促进园区的开发建设。由此我们可以看出这种模式有利于集团公司的发展，有利于运用经济杠杆进行高新区的开发，但弊端也正由此而产生。由于高新区没有行政管理机构，在征地、规划、项目审批和劳动人事等方面没有行政职能，行政协调能力不强，使高新区在发展过程中受到多方面限制，而要克服这种弊端，授予总公司部分行政职能是必需的。同时总公司的发展本身也需要政府部门的支持，在张江，国家科技部、卫生部、国家医药管理局和上海市政府与园区共建了“国家上海生物医药科技产业基地”，加快了园区生物医药科技产业的发展；为提高园区决策现代化、科学化水平，由学术界人士和上海地区有关政府部门领导、企业家、金融家组成了“园区顾问委员会”“专家咨询委员会”。所以，无论哪一种管理模式，政府部门的参与和支持是必不可少的。市场主导型管理模式目前在我国尚属探索阶段，尚不能形成“具有中国特色”的特点与经验。

二、我国国家高新区管理模式与发展目标存在的矛盾分析

国家高新区作为改革开放的新生事务，在探索中前行，与传统的科技管理体制之间难免发生碰撞，主要在五个方面显示了比较突出的矛盾。

（一）新旧体制碰撞的矛盾

我国高新区的建设是在既存环境中、在过渡型体制的基础上进行的。一方面，高新区新的管理体制要按照“高效、统一、精干、务实”的原则构建，尽可能减少行政约束，打破“条块分割，部门所有”的限制，以经济、法律手段为主管理企业，探索高新区“小政府、大社会”的管理模式；另一方面，在新体制的建立中，难免与旧体制发生矛盾与冲突，这种矛盾与冲突可能延缓甚至在某种程度上阻碍高新区的发展，而向旧体制的回归，已经成为目前个别高新区管理体制的再选择。这种现象不容忽视，以免影响我国高

新区管理模式的创新与发展方向。

（二）选取起步政策与坚持长远战略的矛盾

在高新区的起步阶段，产业政策应高于目前本地区的发展水平，并至少趋前一个阶段。国内外几乎所有的科技园区都是从进口技术开始，以外来工业分支机构为发展基础，这是科技园区发展的必由之路，但创新应该是所有科技园区的长期目标，这一点是决不可以忘记或忽略的。目前，我国一些高新区的建设或多或少存在着急功近利和放任自流的做法，主要表现在拼命上项目而忽视了企业的产业水平高低和项目的技术含量如何，对一些企业的利益要求和业主的个人偏好妥协，甚至影响园区的长远目标和规划控制等方面，有可能使园区陷入低水平发展误区，不能发挥其成熟阶段才能充分显示的协同创新和带动、促进区域经济发展的作用，使我国高新区难以跳出“中国高”“中国新”的框框，达到“世界高”“世界新”的目标。

（三）倡导市场竞争与加强宏观调控的矛盾

市场竞争机制是伴随我国经济体制改革而引入与发展起来的市场运行机制，这一机制的建立，无疑对我国市场经济体制的形成、资源的优化配置、产业结构的调整等起到了积极的推动作用。我国高新区是改革开放的产物，从一开始建立就确立了全新的管理与运行理念，在技术引进、项目开发、吸引外资等方面采用市场竞争机制，择优进入。但在市场竞争过程中，难免出现技术选择失误、热点产业集中、现行项目与发展目标错位等宏观调控不力的问题，甚至造成一些低层次引进和重复建设、产业结构雷同、科研力量分散等问题，导致资源浪费，在一定程度上影响了高新区的健康发展，如不尽快遏制与引导，这一问题仍有继续发展的可能，不考虑本地区特点，什么热上什么，什么赚钱上什么。这是高新区“二次创业”中需重点解决的问题。

（四）开发用地规模较大与投资和技术相对欠缺的矛盾

据 2002 年 12 月对 53 个国家级高新区的统计，目前仅 2 个高新区的占地面积小于 $5km^2$，占地面积 5—$30km^2$ 的有 29 个，大于 $30km^2$ 的有 22 个，其建设规模与发达国家、新兴工业化国家和地区一般情况下占地 1—3km^2 的开发规模相比，存在巨大的差异。由于土地开发规模较大，投资相对欠缺，造成土地投资密度不够高、投入产出率较低、投资回收期较长等问题，不利于高新区滚动和高质量开发。同时，也正是由于存在着开发用地规模较大与投资和技术相对欠缺的矛盾，才使我国高新区有更大的容量，进一步吸纳投资与技术，为“二次创业”提供了更充分的发展空间。

表 5　我国高新区占地规模一览表（单位：平方公里）

高新区名称	占地面积	开发面积	高新区名称	占地面积	开发面积	高新区名称	占地面积	开发面积
沈阳	120	17	西安	34	19	济南	15.9	10
中关村	100		南昌	33	7.3	包头	15.53	5.05
杭州	85.64		常州	32	32	兰州	14.96	1.69
桂林	83	3	哈尔滨	30.7		保定	12	5
淄博	75.92	8.6	武汉东湖		30	深圳	11.52	11.52
中山	70	35	石家庄	24	8.13	昆明	11.5	5.77
青岛	58.92	48	上海	22.13	22.13	贵阳	11.32	9.2
苏州	52	25	杨凌	22.12	15	吉林	11.18	3.1
长春	49	22	天津	21.85	15.58	佛山	10	7.09
洛阳	48.5	5.6	鞍山	21.7		株洲	8.8	8.57
广州	48.47	12.19	潍坊	21.6	12	惠州	8.8	5.6
襄樊	48	5	重庆	20	10	太原	8	2.5
大庆	47.33	15	合肥	20	6	宝鸡	5.77	2
成都	47	4.5	乌鲁木齐	18.75	2.4	福州	5.5	3.5
南宁	45	2.35	长沙	18.6	18.6	无锡	5.45	5.45
绵阳	43	25	郑州	18.6	10.5	海口	4.67	0.64
威海	39.2	7	珠海	16.8	12.9	厦门	2.05	1.52
大连	35.6	8	南京	16.5	13			

资料来源：2002 年 12 月《国家高新区基本情况》调查表

（五）追求土地经营利益与提升产业水平的矛盾

我国大部分高新区是在改革开放的大潮中起步和发展的，前期开发资金储备不足，其所依托的城市国际化程度不高，运输、通讯和教育等设施所构筑的支持平台不足，因此，“筑巢引凤”成为许多高新区的开发建设思路，即以获取土地经营利益来完善园区的基础设施。这种开发建设思路在高新区起步阶段适度采用无可厚非，但难免出现投机性商业开发的低技术企业圈地占地、房地产开发侵占产业用地等问题，或多或少地破坏了高新区创新功能的建设与发挥，其结果是虽筑了“巢”却飞了“凤”，不仅违背了创新初衷，而且阻碍了产业水平的尽快提升。从长远看，从“二次创业”的目标看，高新区都应尽快跳出这一发展思路，真正步入以世界水平的高新技术为依托的发展轨道。

通观 12 年的创业实践我们看到，我国国家高新区管理模式的种种探索和为实现其发展目标所遇到的种种矛盾，正是高新区这一先进生产力的雏形在我国创立、发展并不断趋于成熟、完善而经历的必然过程。其中既蕴涵着生产力与生产关系、经济基础与上层建筑之间的辩证矛盾运动，又包含了我国在社会、经济、文化管理上逐渐与国际惯例接轨的艰苦努力。我们所做出的种种探索，都将在中国特色社会主义和现代化建设的历史上留下深深的印记。只要我们坚持发展先进生产力的大方向不动摇，坚持政府管理创新的大方向不动摇，坚持一切从实际出发、解放思想、实事求是、与时俱进的思想路线不动摇，经过继续的努力和实践，国家高新区的管理模式将会逐步向更科学、更合理、更适合我国国情、更有利于高新区自身发展的目标模式融合，高新区在实现其发展进程中遇到的种种矛盾也会随之迎刃而解。

国家高新区现行管理模式分析[①]

程萍　许正中

我国国家高新区经过12年的创业与发展，基本形成具有中国特色的高新区管理模式，并取得举世瞩目的成绩。目前，“二次创业”的历史重任向高新区提出了新的挑战，我国国家高新区必须跨越“中国新、中国高”的第一层次发展阶梯，向“世界新、世界高”的更高层次迈进。在这一过程中，我们必须认真总结以往的经验教训，有针对性地解决现有问题，在更深层次的改革与创新中完成我国国家高新区“二次创业”的升华。据此，国家科技部于2002年底对我国53个国家级高新区进行了一次问卷调查。针对我国国家高新区现行管理模式问题，我们对回收问卷分析后形成如下看法。

一、我国国家高新区现行管理模式存在的问题

由于各高新区起步基础不同，所处外部环境差异较大，不同管理类型各有利弊，因此，在高新区发展的不同阶段，一些问题逐渐显现，如政策优势

① 原文分为二篇，分别刊载于《高新技术产业导报》2003年9月3日和2003年9月10日，此处合二为一。

有所减弱，体制“复归”日渐突出，机构开始膨胀，管理效率降低，以至于把发展高新技术产业的主要任务淹没在繁杂的社会事务中，有的高新区管理人员素质整体下降，不正之风随之而来，企业意见渐多。分析我国国家高新区存在的问题，主要表现在以下几个方面：

（一）行政主体地位不明确，管理权限缺乏法律依据

到目前为止，我国国家高新区的行政主体地位问题还很不明确，国家和地方政府赋予高新区的管理职权及运行机制以及相应的扶持政策还没有以法规的形式确定下来。虽然部分省市已经由地方人大通过或以政府令的形式制定出台了关于高新区的地方性法规，其法律地位问题得到一定程度的解决，但大部分高新区仍缺少行政执法的主体资格，不能建立强有力的行政执法体系，使管委会无法在环境建设、减少行政审批、提高办事效率、保护高新技术企业合法权益等方面发挥更好的作用。在现行普遍的管理模式下，高新区管委会作为政府的派出机构，多数享有相应一级政府的经济管理权限，但这种权力也是没有法律地位的，某些授权与我国现行的行政管理体制产生矛盾，如高新区管委会的管理职能与我国某些现行法规矛盾，特别是土地法、规划法等。

（二）新旧管理体制的矛盾冲突，导致个别高新区出现体制“复归”

分析我国国家高新区绝大部分采用“政府派出机构”型管理模式的现状，不难发现存在这样一种苗头或趋势：由于受长期以来形成的旧体制、旧机制的影响，一些地方政府在加强高新区领导的同时，不可避免地出现增加政府对口部门设置、增加人员配备等现象，使得一些高新区机构开始臃肿，人员开始膨胀，有的管委会200多人中非经济管理人员就占了2/3，而管理体制、运行机制等方面的综合改革却开始弱化；另一方面，高新区管委会在认识上也不同程度地存在着向政府“看齐”，机构设置、运行方式更加“政府化”的趋势。特别是在改革实践中遇到一些高新区自身无法解决的困难时，一些高新区干脆上下对口，在管理体制上完全“复归”。

（三）管理权限不落实，领导体制不健全

大多数国家高新区都设立了由省（市）委和省（市）政府主要领导挂帅、各有关部门领导参加的领导小组，成立初衷是协调管委会同政府部门之间的关系，并对高新区重大问题进行决策。但从运行情况看，领导小组开展实质性工作较少，在及时了解和解决高新区建设和发展面临的重大问题方面力度不够，反而造成“多头领导”，谁都可以管，谁又都不管。高新区作为地方政府的派出机构，虽然多数拥有相应一级政府的经济管理权限，但在实际运作中关键权力往往不能真正交给高新区，致使高新区在产业规划、土地征用、工商注册、人才引进、资金融入等方面受政府有关部门和政策条文的制约，甚至经常出现与政府有关部门产生矛盾和扯皮现象，导致高新区在运行中出现种种困难。

（四）管理机构设置不够科学

管理机构设置不科学主要表现为管理机构、服务机构和支撑服务体系机构交叉，管委会与企业、管委会与社会、管委会与中介组织间的职责不清。对企业而言，管委会行使了过多的行政管理职能；对社会中介组织而言，管委会又承担了太多的社会管理职能，这样不利于高新区管委会机构的精简、高效和规范，也不利于保证管委会和企业的良性运转，最终难免走上传统政府机构设置的老路。

（五）功能规划引导性较差，功能定位不够准确

我国国家高新区的建设同国际高新区相比，存在着不同程度的功能规划缺位。如在功能规划方面考虑当时当地的现状较多，考虑地区的未来发展、与区域发展目标相一致较少；在区位规划方面普遍比较重视硬环境的建设，但如何从整个社区发展着眼，使科技、经济、社会协调发展，尤其是生活环境及其配套设施的建设等问题，认识上仅定位于“技术孵化器”。与高新区经济的超前发展相比，其社会发展相对滞后，社区服务水平较低，服务设施不足，社区服务中心远未形成，社区管理水平亟待提高，很难为高技术产业

发展提供强有力的支持。

（六）中介服务体系的地位没有得到充分肯定，作用没有得到充分发挥

虽然大多数国家高新区都建立了诸如行会、商会以及金融、投资、贸易、人才、知识产权、信息、法律、会计、审计、合同仲裁等各种中介服务机构，但很多高新区内的中介服务体系的地位还是没有得到充分肯定，没有充分发挥他们在产业发展、企业管理、环境建设、投融资服务等方面的积极作用。有些管委会所属机构与中介机构争活干，把本该由社会和市场做的事，管委会大包大揽下来，致使事务性工作太多，工作人员负荷不断加重，一定程度上影响了高新区的行政管理效率和服务质量的提高。

（七）研发投入比较单一，战略眼光不够

高新区的研发活动大都集中于企业，资金也大都源于企业，而企业的研发投入主要取决于市场，一旦市场疲软，研发投入和运作就容易受到影响；另一方面，企业的研发投入主要用于产品开发，在具有战略性、共性技术、前期基础性技术开发方面的投入往往不足，基于 R&D 基础之上的创新战略或知识产权战略的研发位势甚至低于其贸易战略、品牌战略、服务战略、营销战略和企业文化战略。还应该看到，我国高新区企业间的研发活动与发达国家相比还处于比较低的层次，但也存在着竞争、重叠和相互封闭问题，不能不给予重视和正确引导。

二、我国国家高新区管理模式创新探索

我国高新区管理体制的基本模式是伴随着改革开放和社会主义市场经济体制的建立，经过新旧体制的不断碰撞、不断调整而逐步形成的。进入新世纪，世界科技日新月异，高新技术产业化和传统产业再技术化成为综合国力竞争的关键，高新技术产业的发展出现了许多新特点和新趋势。聚

集在高新区内的高新技术企业将直接面对国际竞争，各项行政审批制度需要彻底改革，许多优惠政策与法规必须适应 WTO 的规则框架。因此，我国国家高新区在"二次创业"中必须参照发达国家高科技园区发展的成功经验、发展规律以及高新区在我国未来经济社会发展中的作用，在现有管理模式上不断创新，建立现代管理模式，理顺政企关系，彻底转变政府行政方式，形成学习型的新社区，树立尊重知识、尊重人才、尊重创业者的良好风尚，形成高新区的创业文化和氛围。我国国家高新区管理模式创新应主要包含以下内容：

（一）发挥高新区协同作用优势，培育产业集群

高新区的主要功能之一就是将各类经济要素和创新要素进行整合，产生协同作用，激发技术创新以及自动持续地促进经济增长。这一功能表现为将新技术产业化和传统产业再技术化；形成新的经济增长极和促进区域发展；发展创造新旧产业、新旧区域间的协同作用。根据这一理论，要促进我国高新区的进一步发展，就必须特别强调培育我国以知识为基础的新经济增长源，真正形成开放式、网络式、信息化、国际化的运行机制，吸引科研教育机构和企业充分参与，进一步加强企业与教育科研机构的联合，把高新区建成产学研一体化的基地。而这一基地又必须紧紧依靠教育科研机构的研究优势，选择与确定重点产业，集聚人才，融汇资金，进而培育产业集群，开发市场。这些因素间的协同、链式作用，对具有地区特色与优势的高技术产业的形成和发展具有重要作用，也是建立各具特色、优势互补的我国国家高新区的基础。

（二）继续坚持高新区"科技经济特区"、"综合改革实验区"的发展方向和思路

坚持高新区"科技经济特区""综合改革实验区"的发展方向和思路必须条块结合，以块为主，充分发挥地方的优势和积极性，将中央和地方的资源和优势有机结合起来，形成"中央政府＋地方政府＋大学群＋企业群＋创

业者群”的系统集成模式。只有多主体参与，调动各方面的积极性，实现资源的优化配置，才能更好地发挥高新区的整体功能，达到“综合改革”的目的，也才能真正促使科技产业化，实现高科技应有的经济价值，从而将高新区建设成为“科技经济特区”。

（三）进一步发挥高新区辐射作用，带动周边区域共同发展

高新区具有带动边缘地区和传统技术地区发展的基本作用。高新区作为区域科技与经济发展的中心，通过产业辐射，把发展高新技术产业与改造传统产业有机结合起来；通过资金辐射，调整资金来源和结构，将更多的政府资金、个人资金、外企资金引入高新区；通过空间辐射，形成高科技产业带，有力地带动、促进周边地区经济、社会等各方面的发展；通过组织方式辐射，大大扩充了政策辐射空间，使政策资源发挥出最大效能，同时将新思想、新文化、新观念等向周边扩散，培育起新的、有利于高技术产业集群成长的土壤，促使地区发展获得了内源发展动力而进入一个新阶段。

（四）建立新型政企、政社关系，进行管理体制创新

建立“管理法制化，服务多元化”的新型政企关系，弱化管委会对企业的直接行政管理，强化服务性管理，主要通过政府采购、区域规划、财税政策和社会保障保险制度以及高技术企业的认定、复核和统计对企业进行间接宏观管理。在健全高新区支持服务体系方面，培育咨询、媒介、公证、仲裁、人才培训、信息、文化体制等中介社会服务机构，并给予一定授权，真正将企业推向市场。对政府授权充分的高新区，更要加强管委会服务意识，提倡和推广“一站式办公”“一个窗口对外”，以及“限时答复”等制度，使企业能够得到更方便、快捷的全程服务和管理。政府授权不充分的高新区，应由管委会统一对外协调，与政府部门沟通，积极实行承诺备案制，将事前审批制改为事前承诺、事中监督、事后奖惩制度。

继续倡导“小政府，大服务”原则，切实落实管委会权限，减少事务性活动，坚决不搞旧体制翻版和机构对接；进一步完善高新区创业服务体系，建立科技产业化创新体系和以企业孵化机构为核心、创业资本市场与信息网络为主要组成部分的高新区创业孵化体系，加强对区内科技型中小企业的服务。

（五）探索现代政府管理模式，创造良好法制环境

目前大部分高新区实行的“政府派出机构，行使市级管理权限”“封闭式管理，开放式运作”的管理体制，总体上能够适应区内外环境。“二次创业”中高新区管理体制创新的着力点应该放在进一步转变高新区管理职能，消除体制性障碍，淡化区域管理职能，加强协调服务职能，减少办事环节，降低服务成本，与国际惯例、国际通行规则接轨，最大限度减少行政干预等方面，特别是应集中精力完善政策法规，打造支撑创新的政策优势和法制环境，形成有利于高新技术产业发展所需的资金、人才、信息聚集的新体制，营造比较完善的对外开放、公平竞争的创业、创新、投资和发展的法制环境。

建立现代政府管理模式，实现管理机制制衡化、管理结构扁平化、管理职能专业化、管理手段电子化、管理制度标准化。通过现代政府管理模式，提高政府行政质量和执法水平，从机制上杜绝涉职犯罪行为，提高了工作效率，降低政府管理成本，最终实现行政管理向行政服务的转变，为企业自由发展创造更加宽松的环境和空间。

（六）建设学习型社区，营造创新型文化

高新区是一个以知识、技术、人才的高度集中和科研、教育、生产一体化为特点，以智力资源为基础、以高新技术企业为主体的新型社区。高新区既是构成城市社区的一部分，又独立于城市社区，并不同于一般的城市新区。在强调熟练劳动力、舒适的生活环境、多功能的城市基础、高速交通设施和通讯网络等与高技术产业有着重要相关性条件的同时，不容忽视一个更为关键的问题——这些因素间的协同作用对高技术产业的形成和发展具有更大的作用。

高技术产业的产生和发展，使得地区经济发展不再受制于地区资源和其他自生性要素及市场的制约，改变了地区行动受制于地区条件的状况，而能够根据地区发展的需要，通过自觉制定地区的经济发展战略和产业技术政策，促进高新技术产业、高新社区的经济和社会协调发展。高标准、高质量的基础设施建设，提供了一流的生产和生活环境；园内区域综合服务的社会化、企业化和国际化，提高了园内社会服务配套水平和档次；建设生态园区，提升了园区品位和公共形象，使之成为最适合高科技企业发展的“栖息地”。所有的先进设施与创新观念，都将营造有利于高新技术产业发展的思想环境、政策环境、人文环境、法制环境和生态环境，逐步将高新区塑造成为学习中心、成果中心、创新中心以及新文化中心。

（七）适应高新区发展要求，催生新型管理体制

我国国家高新区是在对高新区发展规律和发展目标认识不成熟情况下建立的，并主要考虑地区分布、现有资源等因素。实践证明，这种以自生性要素为基础的经济区域划分，很少考虑区域宏观产业布局和区域结构、机能的变迁，其发展完全受地区的自生性要素和市场控制，相对于决策者来说是被动的，很难根据决策者的愿望和设计发展。但由于科学技术的作用，打破了原来的地区发展格局和模式，地区经济发展进入了一个新的阶段，其主要标志是再生性要素（主要是科学技术）代替自发性要素成为起决定作用的经济发展要素。劳动力的熟练程度、技术和信息成为高技术产业发展中的重要因素，地区经济发展方式随之发生了明显变化，地区发展决策已开始摆脱由生产企业决定的状态，转而为“自上而下”的主动决策所代替，这一转变无疑将催生新的管理体制与之相适应，而高新区则将在这一转变中完成“二次创业”。

“可持续科技创新”评价指标体系研究现状与问题[①]

程　萍

任何理论的建立，都不是没有因由的。现代可持续发展理论的产生与建立，开始于人类经受了惨痛教训之后的反思。可持续发展观念的酝酿和提出，被称为世界发展史上一次划时代的事件，是人类社会发展进程中的一次历史性转变，也是人类生产、消费及思维方式的重大变革。生存于21世纪的人们，比以往任何时候都更加关注人类的未来，在享受科技创新带来的福祉的同时警惕着伴随而来的忧患，在这一前提下，可持续发展已经成为全世界共同的旗帜与行动。

一、可持续发展评价体系的国内外研究状况

无论是从理论还是实践的角度去考察，可持续发展都是一项复杂的巨系统工程，牵涉到人口、资源、环境、经济等自然和社会因素的方方面面，而各因素无一例外地都受到科学技术创新与进步的影响，这一影响是巨大而深刻的。面对这样一个既具有全局性、历史性意义，又具有不容忽视的现实

① 本文原载《南京行政学院学报》2004年第2期。《中国人民大学复印报刊资料·科技管理》2004年第5期全文收录。

意义的课题，已有的研究显然远远不够，新问题、新观点、新理论、新视角层出不穷。目前，国内外对可持续发展理论的研究和应用主要体现在六个方面：一是从基础理论的角度对可持续发展的概念、内涵及意义的不断认识、深化与理论化、系统化；二是对人口、资源、环境与经济发展相互作用和关联关系的研究逐步成为重点；三是已经开始着手可持续发展指标体系及相关问题的研究；四是在理论研究的基础上，制定区域的可持续发展战略；五是在逐步确立可持续发展观念的基础上，逐步建立或确立与之相适应的经济手段、法律法规以及公众教育和培训系统等；六是由于可持续发展是全人类追求的共同目标，进行跨地区、跨国家的可持续发展专项研究越来越成为趋势。

但是，在可持续发展研究中还存在诸多问题。这些问题主要包括：（1）还没有公认的学术性强、严谨且权威的可持续发展定义；（2）对可持续发展观念与理论的探讨始于政府行为和媒体宣传，形成目前宣传多于学术研究的现状，导致可持续发展理论仍然薄弱；现有研究工作多停留于概念探讨、理论分析层面，且定性研究多，量化分析少，能够应用于可持续发展实践、为决策提供科学依据的更少；（3）现有研究工作和研究成果多从某一专业领域出发，普遍缺乏自然科学与社会科学的充分交叉研究，因此在思维方式、推理过程、学科互补、方法借鉴以及定性与定量相结合方面，有较大空缺，尤其在应用系统理论研究、建立可操作的各级各类指标体系方面还有许多开创性工作要做。

针对这一现状，国内外学者都已认识到，在可持续发展研究中，还有许多关键问题需要解决，如建立可持续发展评价的指标体系、可持续发展评价内容及方法的确定与建立、科学的连续的可持续发展指标数据的获得与资料分析处理系统的建立、可持续发展系统建模方法与各级各类模型的建立等。从这些问题可以看出，可持续发展指标体系的建立虽然备受关注，却不是一朝一夕可以完成的，各相关国际组织、各国政府、研究机构和众多学者，都把建立和使用可持续发展指标或指标体系作为共同的历史使命，这一研究，正在成为可持续发展理论研究的发展趋势，成为判别可持续发展理论研究层次与深入程度的新标志，并且，人们越来越注重这一理论对实践的指导、规范和约束作用，也就是说，人们普遍希望能够有一套或若干系列若干套可以对人类的社会行为进行“是否有利于可持续发展”评判的、可操作的指标体系，以抑制、减缓人类行为对自然的继续损害与破坏。

目前，在建立可持续发展指标体系的研究中，其成果及其发展趋势可分为三类：

第一类为综合性指标，主要包括经济福利尺度、持续收入、调节的国民生产总值、绿色核算、生态经济复合价值、衡量国家财富的新指标体系、持续性指数、联合国人类发展指数、实际生活质量指数、人口—资源—环境—经济系统可持续度等。

第二类为层次结构的指标体系，主要有联合国社会和人口统计体系、环境问题科学委员会提出的可持续发展指标体系、美国总统可持续发展委员会提出的指标体系、中国社会科学院提出的社会发展综合指标、美国环境数据分析专家 Maureen Hart 提出的可持续发展指标体系等。

第三类为多维矩阵结构的指标体系，如我国学者提出的区域社会发展水平评价方案等。

以上各类指标体系对可持续发展研究和实践起到了一定推动作用，但这些指标得到公认和便于应用的很少。总体说来，整个可持续发展指标或指标体系的研究仍处于探索阶段，任何针对可持续发展巨系统提出的指标体系研究，包括局部的、分系统的、不同领域的、不同角度的指标体系研究，都是具有开创性意义的创新性研究。

二、“可持续科技创新”评价指标体系研究概述

“可持续发展作为人类社会发展的新阶段，是人类文明进步的标志，同时也是一个漫长的历史过程，需要更新一系列传统观念，其理论体系要经过相当长的时间，才能逐步充实和完善。为建立可持续发展理论体系所需要研究的问题很多，科技创新与可持续发展的关系无疑是其中的一个重要方面。”（摘自钱正英院士为《科技创新与可持续发展——人类发展史上的又一次观念大碰撞》一书撰写的序，作者程萍，中国科学文化出版社 2003 年版）

在进行科技创新与可持续发展关系的研究过程中，本人试图进行一些开拓性探索，在对人与自然关系的哲学思考基础上，认真分析了传统的科技创新与可持续发展在本质内涵、行为主体、追求目标等方面存在的差异性，指出正是由于这些差异与矛盾，使得传统的科技创新在现实中表现出对人类社会进步的双重性效应。为减小科技进步的负面效应，最大限度地发挥其正面效应，未来的科技创新必须统一于可持续发展的最终目标，必须从可持续发展的高度对科技创新的价值进行重新判定与衡量，由此，本人提出了“可持续发展成为衡量科技创新价值的新标尺”的观点，并为区别于传统的科技创新，接着提出了“可持续科技创新”这一创新性概念。在此基础上，本人继而提出建立新的、适合可持续发展需要的“可持续科技创新”评价指标体系的构想，并在对“可持续科技创新”的价值准则、评价指标体系的构建原则等进行分析之后，尝试提出了“可持续科技创新”评价指标体系框架，陆续在国内核心期刊发表了《建立推动可持续发展的“可持续科技创新”评价体系构想》（《武汉大学学报》2003 年第 3 期，《中国人民大学复印报刊资料・科技管理》2003 年第 7 期全文收录）、《建立“可持续科技创新”评价体系的评价准则》（《新视野》2003 年第 2 期）、《可持续科技创新成果转化》（《中国科技产业》2002 年第 1 期，《中国人民大学复印报刊资料・科技管理》

2003 年第 1 期全文收录）等多篇文章，试图发展较全面的评价指标，以促使科技创新在可持续发展思想的理论框架内，最大限度地发挥正面效应，减小负面效应。

对“可持续科技创新”评价指标体系的研究目前在国内外均属“前无古人”，对于把科技进步与可持续发展作为无法回避的主题的 21 世纪来说，其开创性意义尤其必要与重要。这一研究的理论意义主要在于“可持续科技创新”评价指标体系构想率先从可持续发展的思想观点出发，着重从“可持续科技创新”的科技价值、资源和生态环境价值、经济价值和社会价值四个方面建立起一套对科技创新进行可持续评价的宏观思路与原则，为进一步探索、研究建立科学完整的评价指标体系奠定了基础。

这一构想的实践意义尤其不能低估。“可持续科技创新”是国家、政府、企业和公众采用最新的高新科技手段，在合理开发利用资源、防止环境污染和维持生态平衡的基础上，推动包括社会效益和生态效益在内的广义经济价值的增长，实现社会、经济和自然复合系统可持续发展的过程。“可持续科技创新”不仅包括了传统意义上的创新内容，如生产技术创新、生产工艺和装备创新、原材料创新、生产组织结构创新等内容和途径，更重要的是，把与经济、社会发展相适应的保护自然资源和环境方面的创新作为创新的最重要内容，从而建立科技创新开发与成果转化的新理念、新目标、新标准。科技创新的可持续评价指标体系框架可原则应用于科技创新成果的衡量与评价，具有一定的可操作性与实用性，不仅能够为下一步的研究提供依据，而且能够在帮助政府决策中起到重要参考作用。

“可持续科技创新”评价指标体系研究的基本思路、方法和主要观点可以概括为以下几点：

（一）阐述了“可持续科技创新”的评价范畴

根据“可持续科技创新”评价指标体系研究的基本思路，无论是从可持续发展思想的出发点去认识，还是从其归宿点去衡量，科技创新的可持续评价范畴都应以可持续发展思想的内涵为界定依据。凡站在可持续发展思想的高度、创新成果的应用效能符合可持续发展思想目标要求的科技创新，可判定为“可持续科技创新”；反之，则是“不可持续”的科技创新，或称之为“传统的”科技创新。

（二）界定了“传统的”科技创新与“可持续科技创新”的比较界限

在本质内涵上，“可持续科技创新”追求经济、社会的发展与良好的生态环境、自然条件的统一，努力使社会、经济和自然效益达到全面和谐与提高；“传统的”科技创新则注重对自然和物质世界的不断探索与认识，以便更有效地把握其运行规律，使之听从人类的操纵；注重对生产要素、生产条件、生产组织的重新组合，以建立效能更好、效率更高的生产体系，获得更大的经济效益。在追求目标上，“可持续科技创新”追求社会、经济和自然三者的协调统一，而“传统的”科技创新所追求的最直接的目标是显而易见的经济效益，往往忽略对生态环境、自然的影响乃至破坏。

（三）分析并建立了“可持续科技创新”评价指标体系的价值准则与相关指标层次结构

“可持续科技创新”评价指标体系是在“可持续科技创新”理念基础上设计的一套综合性指标体系。这套指标体系主要考虑“可持续科技创新”成果的价值含量，并在其价值标准基础上增加对科技创新能力的评价，并在考虑这一指标体系现实影响力的同时，考虑其潜在影响力、左右影响力变化的因素以及一定时期内影响力变化的趋势等方面，试图反映一个国家或区域的科技创新能力、智力水平和竞争能力，特别是其可持续科技创新能力、可持续科技创新成果转化能力和竞争能力，担负着对于可持续科技创新成果的鉴定、监测和推广使用的功能，进而对可持续发展战略的实施与推进产生实质性的影响。这一指标体系是依据“可持续科技创新”的科技价值、资源和生态环境价值、经济价值、社会价值等四项价值标准形成的一个包括三级 174 项指标的指标群。

（四）提出我国科技创新与可持续发展协调统一发展的发展理念与模式

我国目前实行的“以经济建设为中心”“全面建设小康社会”的指导思想与实施的可持续发展战略是一种辩证统一关系。一方面，在我国目前条件下不能摒弃经济建设这个前提，发展才是硬道理，只有经济得到充分发展，国家经济实力、综合国力得到极大增强，科学技术得到飞速发展，才有可能更好地实施可持续发展战略，更好地解决环境污染、资源枯竭、生态退化等制约可持续发展的问题。另一方面，只注重利用科技创新发展经济，忽略了科技创新的负面效应，将使人类得到自然更加惨痛的报复，我国作为发展中的大国，理应走在可持续发展的前列，自觉地以实际行动为人类的可持续发展做出贡献，因此，我国应接受发达国家以往在发展过程中“重发展、轻环境”“先发展、后治理”的教训，采取“边发展、边治理、边防范”方针，建立起经济、社会和自然协调发展的新模式。

综观国内外对科技创新理论和可持续发展理论的研究，虽然众多学者都已意识到科技创新对可持续发展的作用十分关键，论著中不乏思想的火花，但由于可持续发展观的确立仅仅是最近十几年的事，其理论研究尚处在初级阶段，各层次、各角度的问题只是刚刚被逐步发现并提出，特别是对“可持续科技创新”的评价问题，虽有研究人员提出过类似想法，但离建立起一套科学、完整、适用的评价指标体系还相去甚远，到目前为止，还没有比较成熟的成果可资借鉴。本人对科技创新与可持续发展关系、“可持续科技创新”评价指标体系的研究虽然从一个侧面对科技创新与可持续发展这样的世纪性课题作了初步探索，其中一些主要认识与观点得到许多专家、学者不同程度的肯定，但限于理论素养、知识积累和研究能力，加之时间仓促、资料来源有限等原因，一些观点和看法还很不成熟，有待于在今后的研究中不断深化，不仅在理论层面充分发挥对社会生活的指导作用，最重要的是为解决我国今后的科技创新与进步、经济腾飞与资源、环境、生态之间的矛盾提供理论基础与评价原则，以促使我国走科技进步、经济腾飞和资源、环境、生态协调发展的可持续发展之路。

参考文献

[1]孟庆国等:《可持续发展问题的技术根源与创新抉择》,《中国人口·资源与环境》2001年第2期。

[2]潘家华:《持续发展途径的经济学分析》，中国人民大学出版社1997年版。

[3]姚愉芳等:《中国经济增长与可持续发展——理论、模型与应用》，社会科学文献出版社1998年版。

[4]王慧炯等:《可持续发展与经济结构》，科学出版社1999年版。

[5]曾珍香、顾培亮:《可持续发展的系统分析与评价》，科学出版社2000年版。

[6]胡皓:《超系统思维与可持续发展研究》,《科学技术与辩证法》1996年第5期。

[7]王海燕:《科技进步与可持续发展及相关指标体系研究》,《中国科技论坛》2000年第2期。

[8]刘仁忠、胡新:《现代科学技术创新与扩散的辩证关系初探》,《科技进步与对策》2001年第4期。

试论人与自然和谐发展思想的人权本质①

程 萍

坚持以人为本，是科学发展观的本质与核心。党的十六届三中全会明确提出“以人为本”的科学发展观，不仅是在改革与发展的关键时刻对国内经济社会发展趋势的引导，同时把我国经济社会可持续发展的宏伟目标纳入世界发展的潮流与趋势之中，体现出我党和我国政府对世界发展趋势的深刻理解与深邃远见以及在领导思想、境界、理念与标准等方面的世界高度；不仅对于提高政府领导经济工作的水平和驾驭全局的能力，实现全面建设小康社会的宏伟目标至关重要，是我国可持续发展必须长期坚持的重要指导思想和解决当前我国经济社会发展中诸多矛盾和问题必须遵循的基本原则，而且包含着深刻的人文精神和人权本质，彰显出鲜明的时代特征。

一、国际第三代人权观提出的“互助的权利，争取和平、发展的权利，保护自然、促进人类可持续发展的权利”正在成为人权的基本内容，得到国际社会的普遍认同，反映了国际范围内人权概念的扩展与深化趋势

自20世纪90年代初以来，“法治国家”概念逐渐成为一种国际标准，

① 本文原载《新视野》2004年第6期。

其概念与内涵在国际范围内逐步扩展及强化，其实质突出体现于对基本人权的承认与保障，主要表现为各国应当按照国际社会公认的国际法原则、国际人权宣言和公约，承担普遍的或特定的国际义务，对基本人权的某些方面进行合作与保证，并对侵犯人权的行为加以防止和惩治。人的基本权利包含什么？有西方学者认为，目前，在国际范围内讨论的人的基本权利应主要包含四个层次的内容，也有学者称其为四代人权观。第一代人权概念主要是指“某些政治和公民权利”，即个人的自由权利，这是人权最原始、最核心的内容。第二代人权概念认为经济与社会权利也应是人权的重要内容。第三代人权概念进一步扩大，认为互助的权利，争取和平、发展的权利，保护自然——促进人类可持续发展的权利都是人权的重要内容。目前，已开始有学者提及第四代人权概念：随着科学技术的发展，特别是生物技术的发展，生物伦理问题，对个人生物遗传信息、资料的保护问题等使人的基本尊严受到挑战，也对人权的保障造成危害，并且有可能重新确立人的基本权利的概念，这是人类在21世纪不可回避而又十分重要的新问题，已引起国际社会的普遍关注。

可以看出，以上四个层次的内容，使“人权”概念呈动态扩大趋势，不仅反映的是其外延的扩展，而且反映了其内涵的不断深化。尤其值得注意的是，这一深化越来越朝着人与自然和谐发展的方向前进，其深化过程已不仅局限于思想观念范围内，已经渗透与扩展到法律范畴，相应的法律法规正在逐步建立、健全。

各国对人权保障的一个共同的做法，首先是通过宪法来正式确认人权的普遍价值，在规定公民的各项具体权利的同时，进一步从原则上确认基本人权。自20世纪下半叶，在出现国际范围内法治国家强化的同时，开始经历基本人权国际化、法制化的历程。1948年，联合国订立了《世界人权宣言》，1966年又通过了两个国际人权盟约《公民及政治权利国际盟约》和《经济、社会、文化权利国际盟约》。这两个盟约使《宣言》的许多条款对各缔约国具有法律约束力，具有国际法价值。在《宣言》和两个盟约的引导下，一些地区性的基本权利保障法纷纷出台，如1950年的《欧洲保护人权和基本自由公约》(简称《欧洲人权公约》)，1981年的《非洲人权和人民权利宪章》等。《欧洲人权公约》于1953年生效，当时只有4个成员国，现在已扩大到44个成员国。在此基础上，欧洲人权法院设立于1959年，用以保障《欧洲人权公约》的履行，成员国的个人、团体和非政府组织均可以对成员国提出诉讼，法官在审判时是独立的，不受其所属国的影响。2002年12月通过的《欧洲基本权利宪章》目前只是一个宣言，随着欧洲一体化步伐的加快，不久将被纳入欧洲宪法，在欧盟范围内具有最高法律效力。经我国十届全国人大二次会议修改的《中华人民共和国宪法》中也首次明确提出了“国家尊重和保障人权”，标志着我国对“人权”的认识与保护发展到一个新的境界。所有这些在世界范围内围绕着“人权”进行的活动，都使得人权概念无论在理论内涵还是在法律地位方面得到前所未有的认同与强化。

随着人类文明的发展与进步，作为独立人的个人的政治、经济、社会等基本权利在世界绝大多数文明国家得到基本保障之后，人们开始关注和追求人与人相互之间的权利的承认和保障，渴望得到作为社会人而与社会产生更广泛更深刻联系与影响的权利，“互助的权利，争取和平、发展的权利，保护自然——促进人类可持续发展的权利”被推上人权深化的历史舞台。在这一舞台上，人权不仅被不断赋予新的时代内涵和更深刻广泛的涵义，同时被不断赋予新的法律依据与规范。如在宪法的层次上，许多国家都对突发环境事件状态下国家权力的重新配置和公民基本权利的保障作了规定；另一些国家如法国等正准备将“环境保护”列入宪法，使“保护环境是为了人类能够更好地生存”的理念具有宪法地位。在环境基本法的层次上，一些国家设立了突发环保事件的应急章节或规定，旨在处理这些突发事件时，最大限度地保护和保障人的生命财产安全，如加拿大在1999年修正的《环境保护法》

中设立了“涉及紧急情况的环境保护事件”专章。对于已经涉及人类基本尊严的生物伦理方面的立法问题，目前也成为世界范围内的热点问题，把对人权概念的讨论与认识推向更深的层次和更广大的范围。在人类寻求不断发展而与自然形成的无法回避的矛盾中，强调以人为本，人与自然协调发展，已经成为不可逆转的世界潮流与趋势。

二、科学发展观重视“以人为本”，人与自然和谐发展，不仅是重视人类的现在，而且是重视人类的未来；不仅是重视人类创造的社会物质环境的发展进步，而且是重视人类赖以生存生活的自然环境的改善与优化，追求的是更高境界上对人的关爱与尊重

从康有为《大同书》推崇“天赋人权”，人权理念就开始在中国公开传播。从那时起到今天，中国人民在追求人权的道路上已步履蹒跚地迈过了一个多世纪。一个多世纪以来，特别是中国共产党成立以来，中国发生了翻天覆地的变化，康有为时代的“人权”虽与今日之“人权”、“以人为本”在内涵上已大相径庭，但今日“人权”与“以人为本”的科学发展观的提出，无疑是百多年来中国人民不懈追求的结果。

坚持“以人为本”，是科学发展观的本质和核心，体现了对人的价值和人的基本权利认识的升华与深化，是在更高境界上对人的尊重。我党和我国政府对这一发展本质与核心的认识过程，恰与国际人权概念的扩大与发展过程相一致，也是一个随着时代与社会的发展和进步逐步认识、深化、扩展的过程，是在我国经济社会改革发展过程中逐步明确、建立、完善和最终提出的过程。特别值得欣喜的是，“以人为本”的科学发展观，从一开始就跳出了第一代和第二代人权观的基本层次要求，在“以人为本”的前提下，强调人与自然和谐发展，体现出科学发展观中的为了人类更好的生存、繁衍而保护自然资

源环境、保护生态的现代思潮，反映了我党和我国政府对以往发展行为的深刻反思，具有为子孙万代造福的远大目光和胸怀，站在了与世界同行的高度。

发展，是人类永恒的主题，与人权休戚相关。应当看到，在领导和推进改革开放和现代化建设的实践中，我们党和政府已经形成了指导社会主义现代化建设的基本理论、基本路线、基本纲领和基本经验，以经济建设为中心，发展是硬道理，发展是党执政兴国的第一要务，这些重要观念已日益深入人心。改革开放后，中央做出了把工作重心转移到社会主义现代化建设上来这一战略决策，并逐步形成了以经济建设为中心和建设有中国特色社会主义理论的基本路线。20 世纪 90 年代初，党中央又制定了快速、协调和持续发展的方针，特别是制定并开始实施可持续发展战略，开始注意经济发展与资源、环境和人口的协调问题，开始注意人与自然的和谐发展。“十五”计划进一步提出了“以人为本”的思想。但是，各地在实践中大都还是把经济增长，特别是 GDP（国内生产总值）增长作为发展的核心，客观上对社会发展和人的发展重视不够。

人类社会在发展中不断前进，而发展观也是与时俱进、不断演变的。传统的狭义的发展观片面地把发展等同于经济增长、财富增长，忽视社会的全面进步，忽视人的全面发展，简单地把国内生产总值（GDP）视为衡量一个国家和地区经济增长与繁荣的主要标志，把以经济建设为中心，误以为是以 GDP 为中心，因而导致了当前我国经济、社会发展中存在的各种突出问题和矛盾，如城乡差距拉大、就业压力增加、区域差距扩大、资源短缺和生态环境遭到破坏、社会的发展明显滞后于经济的发展等等。特别是由于片面追求经济增长速度，造成资源大量消耗、环境严重污染、生态进一步恶化，不仅使我国以往的发展付出了高昂的资源环境代价，也使人在得到发展利益的同时受到旧的发展模式的侵害——因人的生存环境的恶化而对人类健康和财富产生不利影响从而降低了当代人的生活质量，侵占了后代人的生活资源，从某种意义上说，人似乎成了发展的奴隶与附属品，人的基本权利受到了因发展而带来的负面影响的侵害。

面对我国经济社会发展过程中这一无法回避的现实，“以人为本”的科学发展观的提出，蕴含着深远的理性思考，无疑将对一些地方和领域出现的重经济指标、轻社会进步，重物质成果、轻人的价值，重眼前利益、轻长远福祉的偏颇起到限制、纠正的重要作用，为进一步解决为什么发展和怎样发展得更好的问题，提出了新的重要理论与方针，进一步指明了新世纪新阶段我国现代化建设的发展道路、发展模式和发展战略。

用科学发展观剖析发展的实质，人们不难发现，经济发展并不是终极目的，社会的进步、人的全面发展才是人类追求的目标。重视人与自然和谐发展，就是不仅重视人类的现在，而且重视人类的未来，不仅重视人类创造的社会物质环境的发展进步，而且重视人类赖以生存生活的自然环境的改善与优化，追求更高境界上对人的关爱与尊重。协调人与自然的关系，实现可持续发展是我国长期经济社会发展的基本任务，我国正在实施的可持续发展战略，其实质也正是为了促进社会的全面进步与人的全面发展。从这个角度去观察、理解和处理问题，就容易使我们跳出眼前利益和局部利益的小圈子，站得更高，看得更远，对一切“吃祖宗饭，断子孙粮”的短视行为予以摒弃，从而最大限度地尊重和维护了个人与整个人类的基本权利。

三、马克思人与自然关系理论是“人与自然和谐发展”思想的理论基础，而“以人为本”的科学发展观则是中国共产党在新形势下对马克思主义理论的创新，反映了“人权”“以人为本”和“人与自然协调发展”思想的内在统一性

在我国改革开放和全面建设小康社会的历史进程中，我们党和政府经历了诸多坎坷与曲折，尤其是在发展经济建设的指导思想上，也曾像培根、笛

卡儿等机械论思想者一样，陶醉于“与天奋斗其乐无穷，与地奋斗其乐无穷”，“驾驭自然，作自然的主人”的骄傲之中。在世界范围内，改造自然的“胜利”曾鼓舞着人们企图征服大自然，创造新文明。在这一时代，人们把自然环境同人类社会、把客观世界同主观世界形而上学地分割开来，没有意识到人类同环境之间存在着协同发展的客观规律。在这一价值取向下，人们的主观能动性脱离人的受动性而盲目膨胀，以致祸及自身，威胁人类生存和发展的环境问题不断地在全球显现，这才引起人们的震惊与正视。在全球范围内迅速普及深化的可持续发展思想，像一幅清凉剂，迅速唤醒了人们的环境忧患意识，使人们发现自己在实现一部分“人权”的同时却丧失了另一部分“人权”，在满足自己“人权”的同时侵害了后代的“人权”，甚至侵害与毁坏着人们享受基本权利的根基——人类赖以生活生存的自然。在这一背景之下，人的基本权利的内涵被扩大，第三代人权观提出的“互助的权利，争取和平发展的权利，保护自然——促进人类可持续发展的权利”等理所当然地成为人权追求的新目标，这是人类在经历了企图征服自然的狂热之后的理性反思与人性回归。

在人与自然关系的问题上，无论是东方还是西方，都存在着不同观点。西方的一些经济学家如马尔萨斯、李嘉图和穆勒等的著作中较早认识到人类消费的物质极限，即人类的经济活动范围存在着生态边界。李约瑟的“人是自然的主宰者”，以及黑格尔、马克思和恩格斯所阐发的自然观，都代表了不同的人类认识阶段和水平。德国思想家洪堡，在地理学领域开拓了“人地关系”问题的研究，认为人与环境是相互依存、相互作用的。他的思想与理论，对当代“人与自然应和谐相处”认识的形成起到了重要作用。

马克思和恩格斯早就总结了历代思想遗产，把关于这个问题的理论阐述提高到一个新的高度。马克思从人、自然界和社会相互作用开始自己的基本理论研究。他认为，人从自然界分化出来，人是自然界的一部分，人靠自然界生活，自然界是人存在的基础。他说："在实践上，人的普遍性正表现在把整个自然界——首先作为人的直接的生活资料，其次作为人的生命活动的材料、对象和工具——变成人的无机的身体。"他认为劳动是人与自然环境关系的基础，人的社会关系是人与自然环境关系的前提，人、社会和自然界相互联系、相互作用。可以说，马克思人与自然关系的理论是"人与自然和谐发展"思想的理论基础，而"以人为本"的科学发展观则是中国共产党在新形势下对马克思主义理论的创新。

在中国改革开放的又一个关键时刻，中国共产党人高屋建瓴，理性思索，不失时机地提出"以人为本"、人与自然协调发展的科学发展观，是经历了企图征服自然、盲目发展的狂热之后的理性反思，是坚持马克思主义、坚持实事求是思想原则的具体行动，反映了对"人权""以人为本"和"人与自然协调发展"思想的内在统一性认识的不断提高与深化。"以人为本"的科学发展观，就是把人民的利益作为一切工作的出发点和落脚点，在经济发展、不断提高人民群众物质文化生活水平和健康水平的基础上，更加尊重和保障人权，不断提高人们的思想道德素质、科学文化素质和健康素质，创造人们平等发展、充分发挥聪明才智的社会环境，保护自然，优化环境，使人与自然和谐发展，在满足当代人利益的同时，兼顾后代人生存发展的需要。"以人为本"所包含的所有这些内涵——重视人的全面发展、重视人与自然和谐发展的思想，无疑使我国国家发展的战略指导思想跨上了国际列车的轨道，是指导中国社会健康协调发展的一个历史性重大突破，是中国共产党在思想理论上与时俱进、不断成熟进步的体现，不仅是对中国改革与发展理论的贡献，也是对世界改革与发展理论的重要贡献，是对维护世界和平与人权行动的重要贡献。

参考文献

[1]程萍:《国家行政学院第十六期司局级公务员任职培训班赴法国培训考察报告》,《国家行政学院国际部境外公务员培训参考资料》第十四期，2003 年 12 月 17 日（内部资料，未公开发表）。

[2]秦前红等:《“人权”入宪的理性思考》,《法学论坛》2004 年第 3 期。

[3]程萍:《科技创新与可持续发展——人类发展史上又一次观念大碰撞》科学文化出版社 2003 年版。

[4]《马克思恩格斯全集》第 42 卷，人民出版社 1979 年版。

我国科技政策存在的八大问题①

程 萍

作为国家公共政策的重要组成部分和体现国家利益的重要标志之一，科技政策通过引导、干预、控制科技活动的运作、产出、转化等环节，使科技活动顺利进行，最终把国家政治、军事、经济、社会、文化等方面的意志转化为科技活动主体的行为规范，实现国家利益。

经过三十多年的发展，在不同时期科技政策的引领下，科学技术已不只是认识、利用自然的知识体系和实用工具，而是全方位地对我国经济、政治、社会、军事、文化、法律以及科学技术自身产生重要影响。我国科技政策适应改革开放总体部署，在深化科技体制改革、促进科技成果转化和产业升级、推动经济快速发展、支撑社会公共服务体系建设、抢占国际科技和军事制高点、建立国家创新体系等方面发挥了重要作用，但是，它仍存在一些突出问题。

一、鼓励原始创新的政策导向欠缺，导致我国科技创新结构不合理，重大原始创新不多

主要表现在缺乏重大科学发现，缺乏重大技术发明。目前我国学科体系

① 本文原载2009年12月28日《学习时报》。《新华文摘》2010年第5期论点摘编。获国家行政学院第二届优秀科研咨询成果三等奖。

建设进展缓慢，国家最高科学技术奖和自然科学奖一等奖、技术发明奖一等奖等奖项经常出现空缺，世界一流的重大科技成果和世界一流的科学家、工程师寥寥无几。在 158 个国际一级科学组织和 1566 个主要二级组织中，我国参与领导层的科学家仅占总数的 2.26%，其中在一级科学组织担任主席的仅 1 名，在二级组织担任主席的仅占 1%。很多领域关键技术、重大装备不能自给，高技术含量和高附加值的科学仪器、具有战略意义的重大装备主要依赖进口。2007 年，国内发明专利申请量和授权量分别占全部专利申请量和授权量的 22% 和 9.1%。在发明专利授权总量中，国内仅占 47%。国内发明专利申请集中在中药、软饮料、食品、中文输入法领域，这四类专利共占 79%。

二、鼓励科技成果产业化政策不配套，政出多门与政策空缺并存，造成产业结构不合理，作为生产要素的科技成果不足

截至 2006 年底，我国已拥有专利成果 330 多万项，但实际转化率不足 20%，实现产业化的不足 5%。我国高校每年取得科技成果在 6000—8000 项之间，但真正实现成果转化与产业化的还不到 1/10。世界银行估计，中国的科技成果转化率平均为 15%，专利转化率为 25%，专利推广率在 10%—15% 之间。作为商品的科技成果少。我国专利技术的交易率仅为 5%；2007 年我国技术合同成交额 2226 亿元，仅占 GDP 的 0.9%。很多科技成果不能成为生产要素，没有创造经济效益，而发达国家科技成果的 70%—80% 可以进入生产领域，据美国科学院 2005 年《站在风暴之上》报告，“85% 的美国人均收入增长来自于科学技术的提升”。

三、符合公共财政原则和国际规则、适应产业技术升级和国际竞争需要的产业技术政策尚未真正建立

政府在产业技术发展中的定位和国家产业技术政策的重点都还未转变到位。虽然“重点加大对共性技术研究开发的投入”在中央和地方各种科技政策和规划中屡被强调，但在政策实施中，计划经济体制下形成的政府直接资助企业商业化开发，以及“搞工程，上项目”的传统方式仍未根本改变，这不仅有违公共财政原则，也大大降低了原本就有限的财政资金的利用效率，由此导致的矛盾是：一方面，政府大量资助竞争性领域的产品开发和生产项目，另一方面，一些关键共性技术由于资金不足一直不能突破，关键产业的竞争力长期得不到根本提升。

四、支持共性技术研发的政策分散在各类科技计划中，缺乏整合，相对弱化，导致对转制科研机构共性技术研发平台建设支持力度不够，共性技术的研发投入不足，研发队伍弱小

2006年，科技部印发了《关于依托转制院所和企业建设国家重点实验室的指导意见》，国家发改委印发了《关于建设国家工程实验室的指导意见的通知》，但目前国家对在转制科研机构建立国家重点实验室的做法，只是以挂牌为主，缺乏直接的资金支持，导致我国共性技术平台建设缺乏系统性，综合实力不够，战略性储备不足，不能满足产业发展需要。由于共性技术研发成果具有技术溢出性，在竞争性行业，企业不愿意投入资金做共性技术研发。我国行业共性技术研发主要通过国家科技支撑计划予以支持。十五期间，中央财政投入科技部归口管理的科技计划经费为404.94亿元，其中投入科技攻关计划的经费占16.92%，2006年这一比例提高到26%。这样的经费

投入强度，远不能满足行业对共性技术研发的需求。如在电缆行业，每年用铜 350 万吨，占全国用铜总量的 70%，每年产生约 100 多万吨废铜，但回收废铜的几百家企业存在着低质量、高能耗、高污染现象，急需节能减排共性技术。电缆行业某国家级研究机构，每年从国家科技计划获得 70—80 万元经费支持，但这些经费仅能支持一个产品、一种技术的研发。转制 10 年来，与转制科研机构自身利益相关的技术得到发展，有些院所研发人员同时承担满足自身发展需要的技术和共性技术的研发任务，有些院所将两类人员分开管理，但从事共性技术的研发人员比例低，共性技术研发能力和队伍弱化。

五、鼓励内资企业研发的政策不足，内资企业与外资企业研发不平衡，内资企业创新效能较低，高科技产业研发活动逐渐被外资企业主导

在我国现在的工业增加值中，超过 1/3 是外资企业创造的，进出口贸易总额 50% 以上是由外资企业完成的。在一些重要城市，外资所占份额非常大，有的在 GDP 中的比重已经超过 60%，甚至更高。到 2007 年上半年，外资研发机构已经达到 1200 家，据推算，目前全国外资研发人员在 20 万人左右，约占我国规模以上工业企业研发人员的 20%。2005 年，在国内发明专利申请居前 10 位的企业中，内资企业仅有 3 家；在发明专利授权量排名前 10 位的企业中，内资企业只有 1 家。2006 年，全国大中型工业企业研发经费中，外资占 27.3%；三资企业的发明专利申请量高于内资企业的申请量，等于我国企业机构、大专院校、科研院所申请量的总和。我国高技术产业中三资企业数量占 36.5%，研发经费超过 44.1%，产值达 72.1%，新产品产值占 69.1%，新产品销售额占 68.7%。在近年我国高技术产品出口额中，三资企业占了将近 90%。

六、科技政策实施的大环境存在着利益主体多元化和决策机制分散化问题，导致部分科技政策交叉重复、相互矛盾、缺乏连贯性

由我国科技宏观管理体制所决定，科技政策政出多门，缺乏统筹协调的机构和机制，科技政策制定主体之间、政府科技管理部门之间存在“权力竞争”和“利益冲突”，造成部分科技政策交叉重复、相互矛盾。有些科技政策属于阶段性政策，随着改革的不断深入，社会和经济目标不断发展变化，科技政策不连贯或衔接不上，成为制约我国社会和经济高速发展的负面原因。

七、科技政策与经济、社会、文化政策的协调成为我国科技宏观管理面临的新问题

随着科学技术对人类社会的影响日益深入，科技政策与经济发展政策、社会发展政策和文化发展政策的关联度越来越高，他们之间相互协调的问题越来越成为政策制定者和研究者们关心的热点、重点问题。如何厘清、整合和协调科技政策之间，科技政策与经济、社会、文化政策之间的关系，是我国科技宏观管理面临的新挑战和协调整合的重要内容，不仅涉及对当代科学技术发展特点和趋势的新认识，涉及对科学技术新的社会功能以及科学技术与社会之间新型关系的理解，而且包含着对以往科技政策赖以立足的诸多传统观念的反思和批判。

八、在科技政策执行中存在抵触、僵化、滞后、打折扣等问题

由于我国的科技政策大部分是在一定历史时期、针对特定的问题制定

的政策体系，具有一定的历史适用性和区域适用性，在执行中并不是百分之百正确或有效，在有些部门、区域或单位出现“政策失灵”现象。如有些地区、部门或单位，对涉及利益调整的政策，采取“上有政策，下有对策”的态度，不是硬顶，就是软拖，使科技政策执行落空；由于工作方法和思想方法不对头，有些部门或单位在对科技政策内容不加分析理解，对科技政策实施范围和对象不甚了解的情况下，盲目执行科技政策，造成落实偏差；有的政策执行者观念陈旧，思想落后于形势的发展，或者对某一项科技政策的执行犹豫不决，踯躅不前，使得科技政策执行滞后；有的政策执行者还视科技政策内容对局部利益的影响而取舍，对本部门本地区有利的就执行，不利的就不积极执行，或者执行不到位。这些现象严重影响了我国科技政策执行的严肃性和有效性。

关于提升香港科技创新能力和水平的建议①

程萍　余永贤

在香港资讯科技联会于2010年5月14日举办的“第五届科技经济高峰会”上，国家科技部发展计划司副司长秦勇应邀发表了题为《关于国家“十二五”科技发展规划编制的有关考虑》的主题演讲，描述了国家“十二五”科技发展的战略取向，提出香港科技界如何参与工作的建议。这是香港首次被邀请向国家科技规划提供意见。在这一背景下，香港有关人士积极思考香港的科技发展问题，提出具有参考价值的意见和建议。

一、香港科技发展现状与问题

自香港回归以来，在科学技术发展与应用方面，香港受益于国家的发展，而国家尚没有要求来自香港的贡献。与内地越来越重视科技在建设创新型国家中的重要作用不协调的是，香港作为一个以转口贸易为主的地区，传统上不重视科技发展，政策导向上没有积极发展科学技术的动力，这与香港的国际国内地位极不相符。在科学技术日益成为国家核心竞争力的今天，

① 本文原载光明日报社《情况反映》2010年12月24日。另刊于国家行政学院《内部交流研究》2010年第14期（总第33期），2010年12月31日。

香港科学技术发展的弱势现状，将可能影响我国建设科技强国战略目标的实现。

（一）低程度科技活动导致香港政府和香港民众的低科技意识，不能准确理解国内科技发展方向和政策，影响了与内地的正常对话与合作

在政府层面，与内地情况形成强烈对比的是，香港特区政府缺乏鼓励科技发展的战略思想和相关政策；政府职能部门中没有科技局，目前的创新科技署级别较低，难以发挥政策协调作用；政府中深入研究和了解科技政策的专门人才缺乏，难以提出对香港具有战略意义的科技发展政策。在社会层面，长期以来，香港民众缺乏科技创新与发展意识，在许多方面不能理解内地的工业化和科技发展政策，在与内地合作的谈判中，凡涉及科技领域的内容都显得理解不足或偏颇，影响了及时把握与内地在科技创新与经济发展方面深度合作的机会。更重要的是，科技战略及政策是我国近期发展战略和建设创新型国家战略的重要组成部分，对科技政策的理解不深入，有可能影响香港民众对国家相关政策的理解与支持。

（二）研发经费投入不足，更倾向于依赖国家投入和资助，表现出香港政府在公共政策制定方面的欠缺

2009 年末，国内除港澳台外人，均 GDP 为 3600 美元，香港人均 GDP 已经接近 3 万美元。根据香港特区政府统计处出版的《2008 年香港创新活动统计》，2008 年，香港研发总投入相对本地生产总值的比率只有 0.73%，而国内研发经费占 GDP 比例同年已经达到 1.47%。香港研发人员总数为 22037 人（以相当于全日制的人数计算），分布于工商机构 46.6%，高等教育机构 51.1%，政府机构 2.3%。0.73% 的研发总投入，分布于工商机构 42.8%，高等教育机构 54%，政府机构 3%。香港研发经费投入比在 2005 年为 0.79%，2006 年上升至 0.81%，2007 年又降为 0.77%，这与香港的经济发展和国际地位极不相称。

由于内地对香港科学家参与国内研发项目采取积极态度，香港科学家也对国内明显比较充裕的研究资金感兴趣，双方容易达成合作意向。与此形成反差的是，香港政府在科技投入方面更愿意依赖国家投入和资助，这不是提高香港科技研发水平的治本之策，难以调动香港科学家为提升香港的科技水平做出贡献的热情，造成香港的公共政策在科技政策方面欠缺，受到香港有识之士的批评。

（三）科技内化能力不高的现状，很可能动摇香港在与内地经济合作方面的地位，被逐渐边缘化

在新经济发展日益依赖科技创新的背景下，内地新兴战略性产业和高新技术企业迅速发展，与香港的经济合作无可避免地越来越转向高新技术领域。在香港，服务业占本地生产总值的比重约为87.4%，内地巨大的市场，为香港的服务业发展提供了极大机会和空间。从长期发展考虑，发展香港的科技型服务企业，是两地发展深度经济合作的基础，而科技型企业特别是提供科技服务的企业发展不足，成为香港目前经济和科技运行结构中最薄弱的环节。香港服务类企业的科技内化能力不高，员工普遍缺乏对高新技术产品生产过程的了解和对产品本身科技含量的理解，销售技术密集型产品和提供相关服务的信心和经验不足，没有建立起以科技创新为核心的企业文化理念等，都成为香港企业发展与内地合作的制约因素。

（四）与内地近期发展目标相比，与科技发展密切相关的教育投入有所弱化，发展目标不明确

香港在教育上的公共投入相对本地生产总值的比率是3.5%，大学教育的参与率为18%，虽然比目前内地水平略好，但已经落在许多亚洲发展中国家的后面。在香港的成年人口中，只有17%受过大学教育。相比之下，国内“十二五”规划的教育目标是到2012年教育投入达到国内生产总值的4%；超过40%的北京人口将完成大学教育。到2020年，全国实现20%的人完成大学教育。由此看到，香港不仅尚未转型为知识型社会，还有可能因教育投入的相对减弱，影响其在亚洲和国际上的教育强势地位。

二、影响香港科技发展的内在原因

与香港的经济地位相比，香港的科技发展水平不高，特区政府对科技发展重视不够的最主要原因，正如牛津大学英联邦历史学家 Robert Fox 所说：殖民地统治是形成香港发展格局的根源。

（一）殖民地统治形成的殖民地心态，是香港科技发展的最大障碍

在香港，一个非常影响香港与内地经济合作、互动的想法是，香港的钱只能为香港人的利益在香港使用。在殖民地统治时期，这是香港人的普遍心态，是殖民地统治造成的认识局限。香港回归后，大多数香港人难以跳出这个思维框架。随着全球化的进展，虽然跨国界的经济运作在商务机构中相当普遍，特区政府的资金却仍然只局限在香港使用，而科学技术成果所具有的无国界、全人类共享、长期效益等特征，使得特区政府不会积极考虑对科学技术的投入。

（二）对科技发展重要性和必要性的认识不足，过分强调市场调节，忽视必要的政府引导与推动

一是排斥在香港发展科技，认为香港地域太小，起步太晚，传统上没有发展科技的基础，香港的发展只应选择具有比较优势的传统领域；二是认为科技发展与经济发展一样，主要靠市场的力量进行推动和调节，在“大市场，小政府”传统认识根深蒂固的影响下，与不干预经济一样，特区政府也不应该对科技发展进行干预和有所作为；三是认为只有制造业才需要发展科技，贸易与服务业主要依靠金融支撑，不需要更多科技支撑。香港制造业产值只占本地生产总值的 2.3%，港人普遍认为，在全球化的背景下，发展区域经济可以不依靠制造业，而这样低的制造业产值，也无需以发展科技这样大的政府举措加以强化。

（三）将科技投入看作简单的投资行为，认为科技投资回报周期长，风险较大，难以形成即时效益和稳定回报

在香港，很多人认为，科技创新虽然可以生产产业化的知识产权，能形成企业的经济利益，但作为投资，周期太长，风险也较大，很难预料科技研发成功或者失败，很难评估科技成果的价值，更难判断科技成果产业化的前景，而投资房地产或股票市场，似乎比较容易、快捷，经验也较丰富，风险相对较低。

（四）长期重视贸易、金融和服务业发展，没有形成科学技术是第一生产力，是推动社会发展的决定性因素的社会和文化氛围

一百五十多年来，贸易、金融和服务业的发展，是香港政治、经济、社会和文化赖以生存的土壤，是香港繁荣昌盛的基础，形成香港社会的文化氛围。在这一文化氛围中，追求即时经济效益成为核心价值理念，政府、企业和民众都对科技发展缺乏认识，科技意识淡漠，科学家和技术研发人员也主要把精力集中于基础研究，较少投入应用性研究和项目研发中，科技创新氛围薄弱。

三、推动香港走科技创新之路，与我国建设创新型国家协调发展的建议

香港在提升科技创新能力方面具有基础和优势：一是教育总体水平较高，公民素质较高；二是香港的大学在某些基础科学研究领域具有较领先的地位，有一批高水平的科学家和研发人员；三是香港的国际地位更适合和便于引进国际前沿科技项目，开展国际交流与合作；四是香港具有较好的高层次管理人力资源优势，有利于高新技术的孵化与产业转化；五是香港的大学近年招收了很多国内的优秀学生，为发展科技创新储备了后备力量。充分发掘和利用这些优势，有利于香港在短期内提升科技创新能力和水平。建议从以下几个方面加强工作：

（一）在“一国两制”原则下，加强中央政府对香港科技工作的指导，协调制定香港科技发展规划，鼓励建立推动香港科技创新能力快速提升的有效机制

一是发挥“内地与香港科技合作委员会”的指导协调的作用，由一位科技部副部长和商务及经济发展局局长共同担任主席，实质性地统筹两地的科技交流合作；二是鼓励香港特区政府成立科技局，增加相关职能，担负起规划、管理、评估香港科技创新的工作；三是通过对国家“十二五”科技规划制定的参与，协调制定香港的“十二五”科技发展规划，明确发展目标，确定发展定位，把香港的科技发展纳入国家科技发展总体规划；四是由国家科技部牵头组织成立包括香港在内的珠三角地区科技合作协调委员会，统筹规划香港和珠三角地区的科技创新活动；五是继续加大鼓励香港科研人员和机构参与国家科技计划的政策导向，逐步把香港科研机构和企业纳入国家创新体系；六是通过建立各种科技类民间组织的形式，加大对香港居民渗透我国建立创新型国家、近期科技发展战略和科技政策的力度，提升香港民众的科技意识，理解和融入国家的整体发展战略。

（二）充分利用香港的国际地位，加大以建立国家重点实验室的模式开展优势领域科学研究合作的力度，推动香港成为我国一些前沿、优势学科研究集聚区

目前，国内相关研究机构和高校已经和香港建立了若干国家实验室，如2005年在香港大学成立的脑与认知科学国家重点实验室和新发传染性疾病国家重点实验室；香港大学与上海市肿瘤研究所癌基因及相关基因国家重点实验室合作成立的肝病研究国家重点实验室；香港中文大学与中山大学合作成立的华南肿瘤学国家重点实验室；毫米波国家重点实验室2008年在香港城市大学成立，这是香港首家在工程领域的国家重点实验室；最近，香港科技大学与中国科学院神经科学研究所的神经科学国家重点实验室合作成立了首个国家重点实验室——分子神经科学国家重点实验室等。“十二五”期间，国家可通过规划和政策引导，利用香港的国际地位优势和科技领域的现有优势资源，加大与国内国外著名研究所和大学合作的力度，进一步加强香港地区的国家重点实验室建设，力争10年内把香港建成我国一些前沿科学研究集聚区。

（三）完善《内地与香港关于建立更紧密经贸关系的安排》及《补充协议》的相关内容，使科学技术成为合作的重要内容和新兴领域

目前，《内地与香港关于建立更紧密经贸关系的安排》及《补充协议》局限于建立去除贸易障碍的机制，比WTO给予香港更优惠的待遇。在今年5月签署的《补充协议七》中，虽然在“产业合作”项下列出“创新科技产业合作”，却没有像教育一样成为合作领域，也没有对科学研究提出合作意向和规划。推动香港经济可持续发展，不只是以技术手段推动香港六大产业的发展和升级，提升整体科研水平和科技创新能力才是根本。因此，有必要完善《安排》的相关内容，加强两地在科学研究和技术创新两个方面的合作，带动香港科学研究和技术创新两翼齐飞。

（四）进一步推动香港与广东省、深圳市的合作，建立多层次合作平台，形成既有分工又有合作的粤港深科技创新圈

香港与广东省、深圳市的合作已经有了很好的开端。2004年，广东省科学技术厅与香港创新科技署启动了“粤港科技合作资助计划”，至2008年，资助了850个项目。国家发改委2009年1月颁布了《珠江三角洲地区改革发展规划纲要》，香港特区政府借此加大了与广东省合作的探索，于2010年4月签署了《粤港合作框架协议》。深圳市和香港特区政府在2007年签订了“深港创新圈”的合作协议，引进美国杜邦公司在香港成立研发中心，并在深圳建立生产基地，成为引进国际技术转移的成功模式。这些探索虽取得一定成效，但与经济发展需求相比，仍显不足，一是需要加大政策推进力度和搭建更多合作平台，建立多层次合作交流渠道和方式；二是形成以香港为研发中心，粤深为产业化平台的科技创新模式或其他分工合作模式，加速形成既有分工又有合作的粤港深科技创新圈。

（五）充分利用香港的优势教育资源和人才培养优势，进一步解放思想，破除限制，多层次选派优秀人才到香港各大学的优势学科学习、培训

一是以政府政策推动香港各大学优势学科加大招收内地优秀高中毕业生的规模，并在奖学金待遇等方面给予更优惠的条件；二是加大香港各大学与内地大学联合培养人才的力度，通过政策和相应项目使之常规化，内地在校大学生、研究生和博士及博士后研究人员，均可申请到香港作定期的学习、研究和访问，所需经费由合作双方以互惠方式商定；三是加大内地基础研究类科研人员到香港开展合作研究、访问考察的力度，在项目审批、资金使用、成果鉴定等方面进一步破除限制，凡通过审批立项的项目，在资金使用上不受地域限制，可以在内地和香港两地同等使用。

提升我国民用大飞机关键技术研发水平①

——中国民用大飞机发展战略及产业政策研究之四

程 萍

根据对中国商用飞机有限责任公司（以下简称中国商飞公司）、中国民航大学、天津空客总装厂、中国南方航空公司沈阳维修基地、中国科技信息研究所等企事业单位的调研，中国商飞公司在民用大飞机研发中面临的科技信息资源获取和科技成果共享困难、垄断企业专利保护威胁和研发投入重复分散等问题，成为制约关键技术研发水平提高和自主创新的瓶颈。

一、我国民用大飞机研发中科技信息获取与成果共享存在的突出问题

目前，阻碍我国民用大飞机研发的突出问题，除缺乏尖端人才外，最主要的是如何突破大型客机设计制造的核心关键技术问题。对大型客机关键技术信息的获取、识别和深度分析的能力，决定了我国研制民用大飞机的起点和质量。与此密切相关的是，对核心关键技术信息的获取和垄断是竞争者间最具战略意义和现实意义的博弈。

① 本文为“中国民用大飞机发展战略及产业政策研究”课题内容，2011年7月8日以国家行政学院《送阅件》（总第260号）形式上报国务院。获国家行政学院第三届优秀科研咨询成果三等奖。

（一）国际核心技术信息获取困难，专业数据库价格昂贵

在科学技术全球化、大型客机制造全球协作的背景下，我国大型客机研制确立的“以我为主，全球协作”的运作模式，能够较好地推动大飞机制造的产业化发展，但在研发过程中，“以我为主”的前提，首先是学习和借鉴——先“拿来”，再创新。“拿来”并不是一件简单的事情，一是对于关键技术特别是具有国际先进水平的前沿关键技术的严格保密，使得目前通过各种渠道和手段能够获得的资料已经不是最先进的数据信息；二是购买国外科技数据以及数据识别和分析软件，价格昂贵，需要较大投入，如爱思唯尔（Elsevier）数据库的价格是每年70万美元，按目前我国大型客机的研发投入计算，购买存在资金困难；三是直接购买国际相关数据库，容易引起竞争各国的注意，存在被技术跟踪的可能，为最终实现我国的自主创新留下后患。

（二）国内现有研究成果分散，受局部利益制约，整合和共享困难

我国航空工业经过50余年的建设和发展，国家整体形成了具有自主研制能力、相关产品配套比较齐全的工业体系，但大量研发成果却分散在全国近200家相关的大学、研究院所和企业中，整合困难。一是由于体制、机制和资金限制，没有建立统一的航空工业研发成果汇总和管理平台，在国家层面至今仍是空白；二是各企事业单位的重要研发成果，具有独立知识产权，出于各自的局部利益考虑，研发单位不愿意无条件提供共享；三是中国商飞公司作为企业，与其他相关企业在市场运行中具有同等的经济、社会和法律地位，在没有国家给予的特殊政策和必要资金支持的背景下，不具备整合相关资源的权威和经济实力。

（三）国外垄断企业的专利保护直接威胁我国的自主研发和创新

知识产权越来越成为国外垄断企业推行贸易保护的主要手段，目前，波音和空客两大公司在我国公开的发明专利申请高达1300多件，未公开的发明专利申请近700件，保护范围几乎覆盖商用飞机的设计、制造和客户服务的全部领域，要求保护的技术要点多达4万多条，其他欧美航空制造企业近年也在我国申请了发明专利 2000 多件，直接制约和威胁到我国的自主研发和创新。目前，中国商飞公司仅能够从设计源头规避威胁本公司切身利益的部分专利，但是，面对众多可能造成我国民族航空工业重大知识产权纠纷的其他专利，中国商飞公司应对能力有限，力不从心。知识产权保护的国际规则难以突破，成为我国大型客机发展研制过程中一个十分复杂和棘手的问题。

（四）缺乏研发整体规划和布局，课题多头重复，资金投入难以集中

近 10 年来，国家通过自然科学基金、863 计划、973 计划和国家重大科技攻关计划等，每年在大型客机研制方面投入大量的科研经费，但这些经费并没有形成拳头，集中攻关，课题承担单位和研究经费投入都非常分散。特别是自成立中国商飞公司、明确由其承担大型客机研发任务以来，国家有关部门仍然缺乏对大型客机研发的整体规划和布局，有相当多的研发课题不在中国商飞公司系统，继续存在部分研究项目重复的问题，有些项目根本不符合我国大型客机研发实际，缺乏现实基础，一些有价值的研究成果不能共享，不仅造成新的浪费，而且不利于国家战略的总体实施和推进。

二、形成以上问题的主要原因

（一）国家战略与企业行为之间的矛盾

研发和制造民用大飞机，是站在国家利益的高度提出的国家战略，而中国商飞公司却是以企业身份担当这一重任的。从发挥市场经济优势的角度考虑，以企业为研发主体，可能更有利于研发成果的转化和产业化，但国家目标和企业目标之间、国家权力与企业地位之间、国家战略与企业行为之间的差异，不仅造成中国商飞公司作为企业，其承担的责任与被赋予的权力和获得的利益之间的不相匹配，更使得该公司在代表国家利益、整合国家资源方面失却了应有的地位和身份。

（二）大型客机研发与我国航空工业管理体制的矛盾

我国航空工业管理体制几经变迁，形成以中航一集团和中航二集团为主的两大集团，其下属企业散布在全国，在设计、总装的生产配置上，一直采用一厂一所的区域性设置方式。四大主机厂及研究所虽研制任务各有侧重，但各自的技术水平、制造能力、企业规模相差不大，在一定程度上造成了不同地域的航空企业及科研院所间的互不协调、无序竞争和重复建设，同时，也造成了我国航空工业力量分散、条块分割的局面。作为国家战略，研制大型客机需要的是举全国之力，集中国家的优势资源，形成集约化、专业化的现代航空工业发展模式。我国50余年形成的航空工业管理体制现状，不能不说是制约大型客机更好更快地实现研发目标的根本性障碍，如不打破，实施“国家战略”将成为空话。

（三）国家科技信息资源宏观整合与大型客机研发特殊需求的矛盾

由于条块分割管理体制的障碍，多年来形成的我国包括科技信息共享平台在内的科技资源重复建设问题严重，成为近年国家宏观协调、整合的重点之一，并已初见成效。但是，由于既熟悉飞机制造专业又熟悉信息分类识别的专业人才稀缺，这些共享平台在大型客机研发的科技信息整合方面，存在着共同的缺陷：一是没有航空专项分类，民用飞机研发资料难于查找；二是国外数据来源比较局限，门类不全；三是现有信息质量不高，数据比较陈旧，难以满足大型客机设计研发目标的需要。

（四）国家利益与国际规则的矛盾

航空工业是国家战略产业的核心组成部分，大型客机研发代表的是国家利益。在这一领域，世界大国间的竞争不断升级，垄断与反垄断的国际较量此起彼伏，空客与波音的较量就是典型例子。中国作为后起之国，既要承受来自垄断集团的强大压力，维护国家利益，更要遵守相关的国际法规，避免纠纷以及由纠纷带来的政治、经济损失。在这样的夹缝中求生存和发展，不仅举步维艰，而且随时可能引发争端。

（五）国家意志与市场竞争的矛盾

民用大飞机研制作为国家战略，最重要的是应得到国家在政策、机制、资金、研制环境等方面的全力扶持，体现国家意志。但是，中国商飞公司作为企业，虽承载着国家重任，走的却是市场化发展道路，不仅要面对国际市场的残酷竞争，同时还要面对国内同行业竞争，更无法统筹国内民用飞机的研发。怎样将国家意志和市场机制有机地结合在一起，是中国商飞公司面临的与大型客机研制同样艰巨的任务。

三、解决以上问题的几点建议

要解决中国商飞公司在民用大飞机研发中科技信息获取与成果共享方面面临的突出问题，不仅要从企业和项目发展的角度考虑，更要从国家政策、科技宏观管理体制及机制协调等方面进行权衡。

（一）从国家战略的角度进行顶层设计，由政府承担我国民用大飞机发展的宏观协调和管理，强化政府职责，体现国家意志

一是借鉴美国NSA经验，由中央政府牵头组织相关部委成立中国航空工业振兴、发展的专门机构，承担国内军民两类飞机共同发展的宏观协调、规划和管理的政府职责；二是成立中国航空发展战略研究院，集中国内高层次人才和资金，形成拳头，对我国航空工业和民用大飞机产业进行整体战略规划、政策配套研究和关键技术研发攻关；三是建立相关部委联席会议制度，实施民用大飞机研发项目与投入资金的“阳光”审批，集体讨论确定，统筹规划安排，尽量避免重复投入和脱离实际的项目立项。

（二）在充分利用国家现有科技信息共享平台的基础上，以中国商飞公司为牵头单位，依托国家科技基础条件平台，尝试整合国家重大科技专项的科技信息资料

一是充分利用国家近年整合各方资源建立和完善起来的科技信息检索和共享平台，如国家科技图书文献中心（国家科技数字图书馆）网络服务系统目前拥有42个数据库、3000多万条数据，提供文献检索和全文传递等服务，建立了分布式的资源整合模式，并建成了一站式门户系统；

二是建议中国商飞公司与国家科技部所属中国科技信息研究所合作，充分利用该所几十年建立起来的与美国、加拿大、日本等30多个国家和地区文献信息机构的稳定的业务合作关系和与国际一流的科技信息提供商汤森路透（Thomson Reuters）公司的合作伙伴关系，借助该所在信息检索和分析方面的专业技术人才及国际联网数据库优势，共同整合和扩大大型客机研发资料的来源，提高资料质量；

三是给予中国商飞公司特殊政策，通过教育部协调，允许其进入各重点高校的文献数据中心，免费共享资料数据；

四是建议使用国际上最常用的方法，通过对收录专利信息最全的《德温特创新索引》数据库的检索和分析，确定被引频次最高的专利，将其视为航空领域最近2—4年内的核心技术；

五是如以上平台仍不能满足需要，可考虑由中国商飞公司牵头，依托国家科技基础条件平台，从整合大型客机资料入手，尝试分类整合国家重大科技专项信息资料。

（三）以中国商飞公司为试点，给予相应政策支持，尝试建立国家重大科技专项对相关研发成果的共享机制

科技成果只有实现共享和流动，才能不断升值。围绕16个国家重大科技专项，建立相关研发成果的共享机制，有利于我国研发成果的分类集中、整合、利用和转化。这是一项非常复杂，需要花大功夫推动和落实的工作，可以以中国商飞公司为试点。试点内容包括：一是国家重点资助（含部分和全部资助）的民用飞机研发项目所形成的专利和专有技术资料，中国商飞公司可以无偿使用；二是国内高等院校、科研院所承担的各类民用飞机研发项目，凡由国家出资支持完成的成果，允许中国商飞公司共享；三是允许中国商飞公司查询国家民用飞机项目（含国家自然科学基金、863计划、973计划和国家重大科技攻关等）的开题报告、结题报告和成果登记情况；四是由国家出资形成的与民用飞机研发技术相关的科技成果的发明专利权、计算机软件著作权、集成电路布局设计专有权等，其使用由国务院工业行政管理部门负责实施许可。

（四）修订相关法律法规，进一步完善发展我国民族航空工业的保护条款，研究应对知识产权垄断的国际策略

一是加大研究国际两大垄断集团和相关国家对我国实施大型客机战略的反应和应对行动的力度，及时掌握国际相关动态，避免陷入被动局面；二是尽快研究制定和出台《我国航空工业中长期发展规划》，启动《航空工业振兴法》的起草，为保证我国大型客机研制和产业的长期稳定发展提供法律依据；三是以中国商飞公司为主，设立国际知识产权法规研究课题组，专项研究国际知识产权保护条款和纠纷案例，为规避纠纷提供策略选择，为我国大型客机研发的自主创新寻找空白点和切入点。

我国科技体制和文化体制改革比较①

程 萍

我国科技体制和文化体制是在我国经济体制改革不断深化的冲击和带动下走向改革的。由于我国条块分割的行政管理体制的阻隔，我国学者分别从科技体制改革和文化体制改革两个视角对其改革历史、政策引导、体制机制变迁、成效与问题等方面的研究较多，而对二者的综合和比较研究较少。本文在厘清我国科技体制和文化体制改革基本脉络的基础上，对二者的改革背景、改革目标、改革路径和改革成效进行比较研究，为进一步促进科技成为文化发展、创新、繁荣的最重要支撑力，探索二者有机结合的体制创新提供思考。

回顾我国科技体制和文化体制改革历程，不难发现，虽然学者们对两个领域体制改革的阶段划分，有着不同的时间节点，不完全一致和重合，但由于科技和文化本质属性所决定的、它们之间无法截然分开的密切关联关系，我国科技体制和文化体制的改革，在党中央的统一部署和宏观指导下，改革背景、改革路径与特征、改革趋势等基本一致。

---

① 本文原载《中国科技论坛》2012年第8期。

一、改革背景比较

比较科技体制改革和文化体制改革的背景，结论显而易见：经济体制改革是二者共同的时代背景。

1978 年，党的十一届三中全会决定把全党工作重心转移到经济建设上来，必须对经济体制进行改革。1984 年，十二届三中全会通过了《关于经济体制改革的决定》，第一次明确指出，中国的社会主义经济不是计划经济，而是有计划的商品经济。1992 年春天，邓小平发表了著名的南方谈话，在这一讲话精神推动下，党的十四大第一次把社会主义市场经济确立为中国经济体制改革的目标模式，将经济体制改革引向深入。

经济体制改革的不断深入，使得原本建立在计划经济基础上的科技体制和文化体制弊端逐步暴露出来，无论是科技领域还是文化领域，归纳其问题，具有高度相似性，突出表现为：多头交叉，重复封闭的管理体制；政企不分，行政主导的运行机制；缺乏竞争，落后低效的管理手段；没有活力，呆板单一的创新（或创作）模式等，严重不适应社会主义市场经济发展的需要，制约了科技发展和文化繁荣。面对改革开放的大环境，解决科技创新、文化繁荣与经济发展“两张皮”问题，解决科技体制、文化体制僵化的弊端，是改革开放之初科技体制和文化体制改革面临的共同难题。科技体制改革以 1978 年 3 月召开的全国科学技术大会为标志，文化体制改革以 1979 年 10 月召开的中国文学艺术工作者第四次代表大会为标志，先后拉开序幕。

二、改革路径与特征比较

对比科技体制改革和文化体制改革的历史进程，结论也不难得出：二者虽然在改革时间推进上不完全一致，但走过了大体相同的路径，都经历了恢复与探索、事业单位转企改制、重塑国有市场主体、两分开两手抓四个阶段，表现出相同的特性。

（一）恢复与探索阶段

无论是科技领域还是文化领域，这一阶段首先是清理和整顿“文革”留下的不良影响，恢复中华人民共和国成立17年以来建立起来的科技体制和文化体制。1978年，邓小平在全国科学大会上提出“科学技术是生产力”的著名论断，为科技体制改革提供了理论支撑；1979年，邓小平又在中国文学艺术工作者第四次代表大会上论述了文艺与政治、文艺与人民的关系，划清了政治问题与文艺问题的界限，为文化体制改革奠定了理论基础。

以邓小平理论为依据，科技领域和文化领域在经济体制改革的推动和裹挟中，先后迈出了改革的步伐。在科技领域，发挥专家作用，建立技术责任制，实行党委领导下的所长负责制，科研人员“下海”办企业，探索通过创业实现科技成果转化与利用的路子等成为这个阶段科技体制改革的特征。在文化领域，调整专业艺术表演院团布局，精简院团数量，推行承包经营责任制，实行以文补文、多业助文等措施，探索解决文化单位经济困境的新路子等成为文化体制改革的主要特征。

从20世纪70年代后期到80年代中期，科技和文化两个领域体制改革的共同特征是：从恢复元气到适应市场经济发展需要，科研院所和文化单位推向市场的改革开始起步。

（二）事业单位转企改制阶段

经过几年探索，科技领域和文化领域的改革进一步扩大范围，深化内容。科研院所主要是通过改革拨款制度，减少科技事业费支出份额，提高科技计划项目的支出比例，开放技术市场，扩大研究所自主权，鼓励研究所和企业联合，实行专业技术职务聘任制，鼓励科技人员停薪留职，建立高新技术开发区等措施加以实施。文化单位则是通过实行“双轨制”，除国家扶持的少数全民所有制院团外，一些原属事业单位的院团转为多种所有制的艺术团体，把院团推向市场。同时，通过政策导向，积极发展文化市场。

在 80 年代中期到 90 年代中前期这个时段内，科研院所和文化事业单位转企改制，促进科研成果和文化产品与市场更加紧密的结合，成为科技和文化体制改革的主要任务。与此相一致的是，科研院所和文艺院团管理市场化，科研成果和文化产品产业化的思路逐渐清晰，成为改革的主要特征，科技和文化体制改革有序推进。

（三）重塑国有市场主体阶段

在这个阶段，科技体制和文化体制改革不断深化，在科研院所和文艺院团逐步企业化，科研成果和文化产品逐步产业化的基础上，以国有科技和文化事业单位为依托，重塑国有市场主体，与市场经济基本适应的国家层面的科技创新和文化创新体系开始构建。在科技领域，国家创新体系建设框架明确，一是建设以企业为主体、产学研相结合的技术开发体系；二是建设以科研机构、高等学校为主的科学研究体系；三是建设社会化的科技服务体系。进一步明确企业是技术创新的主体，支持发展多种形式的民营科技企业，完善企业制度，改进政府科技计划管理等。在文化领域，强调改革要遵循文化发展内在规律，发挥市场机制积极作用，提出文化产业概念，组建大型文化产业集团，对国有文化企业进行现代企业制度改造，培育和发展文化市场，规范市场行为，完善运行机制，促进文化市场繁荣健康、活跃有序发展；文化管理部门加大自身改革的力度，转变职能，提高效率，加强和改进对文化事业的宏观管理。

从 20 世纪 90 年代中期到 21 世纪初，科技体制改革和文化体制改革路径从微观和宏观两个层面推进。在微观层面，进一步推动事业单位企业化、市场化，成果产业化；在宏观层面，开始构建与市场经济相适应的宏观管理体系 ——建设国家创新体系和组建大型文化产业集团，表现出与市场经济逐步成熟背景基本适应、紧随其后的特征。

（四）全方位深化改革阶段

经过二十多年的改革，中国特色的市场经济体制逐渐成熟，经济发展水平不断提高，人民群众的物质、文化需求日益增长，以市场为导向的科技体制和文化体制改革显现出缺陷，以提高国家整体竞争力和为人民群众提供公共服务为基本职能的科技事业和文化事业发展有所弱化，不能适应建设创新型国家的需要，不能满足人民群众日益增长的物质文化需求。党的十六大之后，科技体制和文化体制改革在各自领域内分别转向了将“事业”和“产业”分开，分别对待，分类发展的思路：公益性科技和文化事业单位继续深化劳动人事、收入分配和社会保障制度改革，加大国家投入，增强活力，改善服务；经营性科技和文化单位继续创新体制，转换机制，面向市场，壮大实力。

在科技领域，针对科技宏观管理整体运行效率不高，社会公益领域科技创新能力薄弱，科技资源配置方式、评价制度不适应科技发展新形势和政府职能转变要求，企业尚未真正成为技术创新主体，激励优秀人才、鼓励创新创业的机制还不完善等新问题，通过整合与建设国家科技基础平台，对以公益性研究为主的科研院所给予扶持，加大自主创新企业扶持政策力度，促进科学共同体成长等措施，积极构建多元主体共同参与“治理”的科技宏观管理模式。在文化领域，继续理顺政府和文化企事业单位关系和深化文化企事业单位内部改革，加强文化法制建设，发挥国有文化企事业单位作用，壮大国有文化市场主体，健全文化市场体系，完善文化市场管理机制，打破投资主体单一化的局面，支持非公有制经济参与国有文化单位重组改造，加快文化基础设施建设，加强文化发展战略研究等。

自 2002 年以来，在加强和改进宏观管理、搞活微观主体的基础上，重新开始重视科技和文化的社会效益，实行“事业”和“产业”两分开，两手抓，强化国有企业市场主体和主导作用，成为这一阶段科技体制改革和文化体制改革的共同特征。

三、改革趋势比较

在科学技术日益成为人类社会发展的重要影响因素和我国改革开放三十余年的大背景下，我国科技和文化体制改革必将顺应国际发展大趋势，立足基本国情，深化改革。党的十七届六中全会《决定》，为未来科技体制和文化体制改革明确了方向，科技创新作为文化发展的引擎，二者更加紧密地联系在一起，其发展趋势将不断趋于一致。从科技和文化主体与政府、市场、社会的关系，科技和文化主体与内部员工关系等角度考察，可见一斑。

（一）科技和文化主体与政府和市场的关系：进入“政府主导促进事业发展，市场主导促进产业发展”阶段

在计划体制下，政府几乎掌握全部社会资源。改革开放后，中国社会经济基础结构逐步发生结构性改变，政府分别推动科技主体和文化主体走向市场。随着市场配置取代计划调配成为社会资源的主要配置方式，政府作为科技和文化机构直接资源供给者的角色大大弱化，由直接管理转变为间接管理。新时期，为强化政府公共服务职能和进一步完善市场体系，在科技和文化领域，都将实施“事业与产业分开”的发展思路，无论是科技领域，还是文化领域，一方面政府将更多地承担向社会提供科技和文化公共产品的职责，另一方面，科技和文化产业都将深度融入市场。新时期，科技和文化体制改革都将进入“政府主导促进事业发展，市场主导促进产业发展”的新阶段。

（二）科技和文化主体与社会之间的关系：进入松散型向紧密型演进阶段

计划体制下的“政府—单位”结构，既是社会组织方式，又是资源配置方式。无论是在科技领域还是文化领域，作为“社会”代表的社会组织、中介组织和各种社团，要么依附于政府之下，要么被排斥在社会结构之外，科技主体和文化主体与社会之间是一种松散型关系。改革开放后，随着政府行政权力逐步从科技和文化机构和微观管理领域退出，其社会职能必然由社会和市场来弥补，各种科技和文化类社会组织开始活跃，逐渐发展成为科技和文化领域重要的资源供给者和服务提供者。改革转型期，科技和文化类社会组织与社会的关系逐步发展为“由局部向全局，由表层向深入”的良性互动关系。新时期，我国进入社会管理改革的关键时期，科技和文化领域的改革都将朝向有利于社会发育成长的方向发展。社会越发达，科技和文化机构特别是非营利性社会组织对社会的依赖程度就越高，科学和文化领域对社会的依赖程度都将不断提高，这将成为科技和文化体制改革的又一共同趋势。

（三）科技和文化主体与内部人员之间的关系：进入“从契约约束向制度依赖”转变阶段

改革开放前，科技和文化单位成员完全依赖所在组织。改革开放后，单位对员工的个人控制开始松动，维系单位与成员之间的社会性制度日益弱化，成员对单位的依附程度逐步降低，科技和文化机构作为“事业单位”的权威受到越来越严重的挑战。20 世纪 90 年代后期，科研机构和文化单位的干部人事制度、劳动分配制度改革全面铺开，大部分科技和文化单位试行职工聘用制、干部选拔任用制、绩效分配制，人员流动性大大增加，干部终身制被打破，员工的收入与岗位、工作业绩、实际贡献、单位效益挂钩，体制内成员开始由“单位人”向“社会人”转变，员工与单位之间的关系由组织依附向契约约束转变。未来改革中，科技和文化领域都将遵循十七届六中全会精神，在深化内部机制改革中，将通过完善人才培养开发、评价发现、选拔任用、流动配置、激励保障机制，为优秀人才脱颖而出、施展才干创造有利的制度环境，科技和文化机构与员工之间的关系将从契约约束向制度依赖转变。

结论

通过以上比较可以发现，由于科技和文化间不可分割的密切关系，自 1978 年以来的科技体制改革和文化体制改革在背景、目的、原则、路径、手段、趋势等方面表现出相当的一致。

改革背景相同：在我国经济体制改革的大背景下，根据中央统一部署，紧随经济体制改革进程，分阶段、分目标推进科技体制和文化体制改革。

改革目的一致：解放和发展科技、文化生产力。提高科技创新能力，保持文化全面持续繁荣，满足人民群众日益增长的精神文化需求和促进人的全面发展。

改革原则一致：坚持中国特色社会主义方向，抢占国际科技创新和文化发展制高点，提高国际竞争力和影响力。

改革路径一致：适应经济体制改革进程，按照“国有科研院所和国有文化事业单位推向市场——实行市场导向的转企改制——重塑国有市场主体，构建国家宏观管理体系——‘事业’和‘产业’‘两分开，两手抓’”的思路推进改革。

改革手段一致：无论是在改革初期，还是未来的改革，科技和文化领域都将采用“因地制宜，逐步推开，分类指导，以点带面，统筹兼顾”方法。

改革趋势一致：科技和文化主体与政府和市场的关系，进入“政府主导促进事业发展，市场主导促进产业发展”阶段；科技和文化主体与社会之间的关系，进入“松散型向紧密型演进”阶段；科技和文化主体与内部人员之间的关系，进入“契约约束向制度依赖转变”阶段。

根据以上分析可以认为，根据党的十七届六中全会要求，科技体制和文化体制的改革，经过三十余年的分别和分步推进，已经到了需要同时同步、逐步靠拢、相互交叉推进的时期，两条平行线需要缩小间距，紧密靠拢，逐步交叉融合为一条线，才能更好地促进科技和文化的融合，使科技成为文化大发展、大繁荣的引擎和翅膀。

参考文献

[1]国务院发展研究中心:《我国创新体系建设的进程与阶段特征》,《调查研究报告专刊》2008年第12期。

[2]方新:《中国科技体制改革的回顾与前瞻》,《科研管理》1999年第3期。

[3]李正风:《关于深化我国科技体制改革的若干思考》,《清华大学学报(哲学社会科学版)》2000年第6期。

[4]封颖:《中国科技体制的历史回顾与当前面临的两个核心问题》,中国论文下载中心,2007年1月17日,见http://www.studa.net/china/070117/13202674-2.html。

[5]梅永红:《科技体制改革的难点与出路》,《学习时报》2010年5月3日。

[6]傅才武、陈庚:《三十年来的中国文化体制改革进程:一个宏观分析框架》,《福建论坛(人文社会科学版)》2009年第2期。

[7]王亚南:《文化体制机制改革尚待持续深化》,《云南日报》2011年12月26日。

科技文化：融合、趋势与思考①

程 萍 杨翊恺

当今世界，科学技术以强大的穿透力渗透到社会生活的各个层面，人们在享受着高科技带来的种种便利的同时，被一种由科学技术所塑造的新的文化所包围，以科技为基本要素形成的科技文化，已经成为当代最具有时代特点的文化现象。

一、科技文化：科技还是文化

关于科技文化的讨论，或者说关于科技和文化关系的讨论，一直是科技哲学的重要内容。国内外学术界的主要观点可以归纳为三类：（1）科技与文化分立甚至对立；（2）科技是文化的组成部分；（3）科技与文化互动。上述观点从不同视角、在不同程度上拓展和深化了人们对科技、文化的概念及其相互关系的认识。

（一）科技与文化分立甚至对立

科技与文化在严格的系统归类意义上属于不同的社会子系统，各自所包

① 本文原载《中国文化管理论丛》，国家行政学院出版社 2013 年版。

含的主要信息指标、追求目标的侧重点、表现形式及其社会影响的差异等，反映了二者间的区别，科技与文化在终极共性下展现着各自的个性特点。从不同的视角观察，科技与文化之间“分立”的表现形式、产生的结果有所不同，归纳起来主要有三种基本类型。

1. 科技或文化的任何一方在某种条件下可能“克服”另一方，从而占据主要地位

从科技“克服”文化方面看，是指科学理论的内容解释和实践表达，对整个社会思想文化的内容和思维方式产生了决定性影响。如近代科学产生以来，科学理论在内容上的客观性与实证性，在形式上的逻辑性和数学上的精确性，对近代社会文化产生着规范性的影响，人们开始用审视和研究自然的方法来看待社会和人类本身，因此，“19 世纪被称为科学的世纪正是近代科学理性深入到文化的法权意识形态和价值心理层面的一种结果和概括。要求平等、客观，尽可能精确界定个人在社会群体中的地位、权利、义务和人与人之间的关系以及社会契约的思潮，占据了社会思想的主导地位，这正是近代科学发展影响社会群体人文生活的一种体现”。从文化“克服”科技方面看，文化的核心是价值观念和行为规范的集合，其溶解在社会系统的各个方面与层次上，隐含在人们的社会行为当中，并且经过历史的沉淀形成了强大的文化传统。文化构成了科学技术生长的土壤，它制约或推动着人们的科学技术活动和整个民族的科学技术体制，给科技发展打下深刻的烙印。

2. 科技与文化“并行”，双方经过相互作用、相互影响，达到相互适应，实现“求同存异”

这是双方较高层次上的互动结果，其本质在于在保持对方独立的基础上实现双方关系的协调发展。如果单从“分立”的角度讲，近现代相当长时间的科技与文化都是处于并行而立的局面，正如吕乃基所说，“正是在文化中，我们才能够感受到科学技术的基础作用及其力量所在，同时也能觉察到它们的单薄与局限”。只有始终保持协调的原则，才能不在二者中间走极端：将

科技的作用推向极端，会导致萨顿所谓的“科学偶像崇拜”现象，而任凭人文学者对科学技术的曲解，则会导致科学蒙昧主义。

3. 在对立的基础上达到“融合”

马克思曾指出：“两个相互矛盾方面的共存、斗争以及融合成一个新的范畴，就是辩证运动的实质。”由互动双方差别缩小最终达到融合使矛盾得到解决。科技与文化在对立面上达到“融合”，既是互动双方反复相互对立、相互斗争的必然结果和最终目标，又是互动双方所进行的一种目标趋向一致、渐进的变迁过程，也是双方互动的最高阶段和最终结果。

科技与文化“分立”甚至对立的认识产生的根源在于，科技与文化在整个社会大系统中处于既统一又对立的辩证关系中。按照系统论观点，科学技术可以作为一个单独的因素或子系统与外部环境发生相互作用，在系统动态运行过程中发展、进步，形成自身的功能与结构。与科技最为关系密切的外部环境就是社会文化系统，它是科技系统的母系统，对科学技术的生存进化具有直接的决定性作用，使得科学技术在不同的社会文化舞台上扮演着或大或小、或现或隐的不同角色。

（二）科学技术是文化的组成部分

科学技术是人类文化的重要组成部分。在文化孕育和进步过程中，人类从野蛮走向文明，从蒙昧无知走向辉煌，都与科学技术的发展密切相关。在逻辑上，科学是文化大系统中的子系统或要素，文化是在科学之上生成的人类认识的概括和提升，“科学与文化属于不同层次，前者是较早生成的较低层次，后者是随后生成的较高层次”。将科学技术作为一种文化现象，并从文化学和人类学角度进行考察，首先要明确“科学”和“技术”的不同含义和规定范围。研究“科技”文化现象，事实是对“科学”和“技术”所产生的文化现象分别进行研究。

1.“科学”和“技术”是人类精神文化的根基

科学是人类精神文化的根基。人类在改造客观世界中所获得的知识体系是精神文化的核心内容之一。知识包括社会科学与自然科学知识体系，它们都是人类精神创造活动的成果，是精神文化的重要根基。如近代科学史上哥白尼日心说的提出和传播，不仅是一起科学事件，更是一起文化事件。日心说是天文学知识，也是一种精神文化，这种精神文化极大地影响了当时人们反宗教、反神学的情怀。日心说的胜利，不仅是科学真理的胜利，更是反对黑暗的神权统治的文化心理的胜利。

技术也是人类精神文化的根基。技术是指人类认识和改造自然过程中所掌握的各种工艺、技能及物质手段的总和，是物质形态和知识形态的统一。比如，经验技能、知识、方法、规则等要素属于技术的知识形态；电报、电话、电视、电脑、互联网等新应用技术属于技术的物质形态，并且以文化的形式逐渐融入人们的日常生活当中。作为知识形态的技术，它是科学活动的延伸，与科学一样都是知识体系，是奉献给全人类的精神文化产品。作为物质形态的技术，它既是人类在改造自然中获得的物质财富，也是人类在改造自然中获得的精神财富，是人类精神创造活动的成果。

2. 科学精神、科学思想、科学道德是人类精神文化的重要内容

文化的主旨是通过丰富人们的精神世界使人获得生活的价值和意义。科学技术发展中形成的科学精神、科学思想、科学道德是科技人员在长期的科技活动中形成的精神风貌、思想观念和道德品质，是人类精神活动的重要表现形式，是人类精神文化的重要内容。

科学精神是科技文化的核心。它主要是从科学活动和科学家的思想观念中提炼出来的科学的实质、核心和灵魂，是人们客观地认识事物，把握事物规律，进而改造对象的一般态度和行为规范，对科学活动主体及其他实践主体的社会行为与意识产生积极的启蒙和引导作用。科学精神一经形成，便可以成为主体获取知识的巨大精神力量和智力因素，使主体受益终身。它包括探索求真精神、实事求是精神、怀疑批判精神、破除迷信和崇尚理性思维的精神、创新精神、互助合作的团队精神、自由竞争的宽容精神以及敬业奉献

精神等。创新精神是科学的生命，以实践为基础，以创新为灵魂，是科学精神的内在要求。

科学思想是人类在科学活动中所运用的具有系统性的思想体系，是人类智慧的结晶，是认识世界、改造世界的强大武器。科学思想特指人类在探究自然奥秘中揭示科学规律的理论成果，是自然科学领域科学发现、科学成就的理论结晶，也是科学探索、科学创新的理论基石。科学知识只有集结成科学思想，才成其为理性化、系统化的知识，才可能体现出科学知识的力量。科学思想一经形成理论体系，并且同技术发展、社会需要结合起来，就会变成巨大的力量。人类认识和改造世界的重要成果都凝聚在科学思想中。人类社会所取得的所有历史进步，也都是在科学思想的指导下进行的。

科学道德是社会意识形态之一，是科学工作者行为规范的准则。它是科技工作者在实践过程中形成的职业道德。也可以说，科学道德是一定社会和一定阶级的道德规范在科学研究工作中的具体表现，用来调节科学家与其研究团体之间、科学工作者之间以及科学家与社会之间关系的行为规范和道德准则。良好的科学道德传统，能够维系科学家群体，协调科学家的行动，使人类的科学事业永盛不衰。

3. 技术文化——第三种文化，对人类社会物质和精神生活产生独特影响

对技术的文化性的认识，经历了比较复杂的过程。弗里德里希·德韶尔早在 1907 年就开始研究技术文化问题，其技术文化思想主要体现在《技术文化》《德国重建中技术的意义和任务》等著作中，基本构建了相对完整的技术文化思想体系——将技术视为“外在文化”，并将对技术的文化思考引向纵深。

奥·斯本格勒在《人与技术》中提出技术是一种文化现象。卡西尔进一步认为，技术是文化及多层次文化系统的有机组成部分，因此，也是文化生活中开放性、整体性、广泛性的一部分。英国学者 C.P. 斯诺在 20 世纪 50 年

代末撰文讨论“两种文化”，将技术文化包含在科学文化之内。美国技术史学会出版了《技术与文化》刊物，倡导相关研究。

以拉普、杜尔宾、米切姆、邦格为代表的工程技术哲学学派（EPT）和以刘易斯·芒福德、奥特加、J. 埃吕尔为代表的人文技术哲学学派（HPT）围绕技术与社会、技术与政治、技术与伦理等专题，取得很多成果，这些研究都将技术归结为一种“文化现象”。如 F.G. 容格从技术的起源和统一发展的角度把技术看作一种把人类引向未来世界的文化力量。埃吕尔、F. 拉普和李克特不仅把技术看成是“一种文化现象”，还认为是“一种文化过程”。林德宏著的《科学技术哲学十五讲》中认为科学技术具有物质精神二象性，既是物质的力量，又是精神的力量。美国学者安德鲁·芬伯格意识到“现代技术既不是救世主，也不是坚不可摧的铁笼，它是一种新的文化结构，充满着问题但可以从内部加以改变”，提出“技术文化”（technoculture）这个合成词，表明技术与文化的不可分性。

美国学者玛丽和汉森称“技术的文化是推动人类进步的一种前景”；凯文·凯利提出，技术文化是在斯诺所说的两种文化之外的“第三种文化”，通过强调技术文化对人类社会生活的独特影响，开辟了技术文化研究的新方向。英国学者罗宾斯与韦伯斯特在《技术文化的时代》指出，技术文化是被进行规格化和程式化控制的文化。技术建构论代表人物之一的比杰克在《技术文化的脆弱性》一文中阐述了技术文化的无所不在，强调对技术文化的脆弱性研究有助于更好理解当今社会现实。

（三）科学技术与文化的互动

文化背景具有时空特性，不同的“文化层面”和“文化模式”将产生不同形态、不同模式的科学技术发展路径。从科学文化发展史上看，文化是科技发展的土壤，决定了对科技的接受、消化与吸收程度，甚至还从社会建制、民族心理上“滋养”着科技。反过来，科技对社会文化的影响，体现在物质和精神两个层面，越来越深刻地影响着社会发展与变革。

科学是一种思想系统，技术是一种行动系统，科技本身就是精神和物质的结合。科学不仅是文化的重要组成部分，也是文化发展的巨大动力。科技与文化相互依存、相互影响、相互作用、相互推动的观点已被国内外大多数学者所接受。

1. 科学技术与文化相互促进

人类学会制造石器工具是古代科学技术的萌芽。由于金属工具的发明，原始农牧业、手工业的发展，使生产力不断提高，导致氏族社会开始出现阶级分化，原始社会逐渐解体，代之而起的是奴隶社会的形成和发展。随着生产力的发展和生活水平的提高，出现了专门从事脑力劳动的知识阶层，产生了文字，有了真正意义上的文化和文明，为探求知识、了解自然提供了必要的条件。造纸术和印刷术的发明和使用，标志着人类信息储存和传递手段的进步，为文化的传播提供了条件；指南针满足了航海事业和探险的需要，使人类探索世界的能力大大增强，提高了文化发展的水平。近代欧洲的文艺复兴运动打破了宗教神学的束缚，恢复了人类的理性，自然科学开始走上了独立加速发展的道路，推动了近代人类文化、文明的不断进步，使人们的物质和精神生活提高到一个新的水平。

2. 科学技术与文化不断交融

科技求真，追求的目标主要是研究、认识与掌握客观事物的本质与规律。文化追求的目标主要是满足人们精神世界的需要，求善求美。善为真导向，真为善基础，达到真善美的统一。

科学技术思维主要体现在逻辑思维能力上，逻辑思维保证思维的正确性。文化思维主要体现在直觉、灵感、顿悟与形象思维方面，能够保证思维的原创能力。逻辑是证明的工具，直觉是发现的工具。只有实现科技思维与文化思维交融，才有利于形成优秀的人类思维品质。

社会的进步既包括物质文明的进步，又包括精神文明的进步。科学技术形成的知识体系作为文化的载体，是人类思维、方法、精神的基础。没有知识，就没有力量，没有以科学技术为基础形成的完备的知识体系，就没有人类社会全面发展的基础。人类社会一百余年的发展已经证明，科技与文化的深度融合，是社会进步的重要趋势和标志，任何否认这一现实，将科技与文化对立起来，甚至认为科技只是人类发展中的“术”的观点，无疑都将陷入偏狭的认识误区与陷阱。

二、科技与文化产业：欢呼还是批判

科技与文化产业关系研究是近十几年来伴随着科技对文化产业的影响日益深入而迅速发展起来的新的研究领域，国内外研究集中在科学技术对文化产业的影响、促进与支撑作用，文化产品的科技含量和科技形式对文化市场和文化企业的影响，高科技文化产品的经济、社会和文化价值，促进文化产业发展的科技创新策略等方面，从管理体制和机制角度的研究比较欠缺。

（一）科技进步与文化产业发展具有共时性结构

考察科技进步与文化产业发展的关系，不仅要看其现实表现，更要从历史的角度进行审视。在历史研究中，共时性是指历史概念所界定的历史事件与同一时期的政治、经济、文化等的横向联系，结构性则是指某概念自身随时间变化而演变的时序性结构以及该概念与其他概念相关联而形成的逻辑性结构。科技进步与文化产业发展关系的历史演进，反映了二者间关系具有共时性结构特征。

现代文化产业的发展主要经历了三个阶段，这三个阶段与现代科技的发展进程大致相呼应。

第一阶段是文化产业的工业化发展阶段（1926—1947年），现代工业机械化技术为文化产品的工业化生产和传播提供了物质和技术基础，作为生产力的文化工业快速发展，为文化产业的诞生准备了必要条件；同时文化工业的快速发展也引起学者关注，提出文化工业的概念，对传统文化观念形成强大冲击。

第二阶段是文化产业的产业化发展阶段（1948—1997年），以电子技术为代表的现代科技以前所未有的速度和规模进入文化领域，催生出众多以工业生产方式制造和传播文化产品的行业，促进了文化工业向文化产业的转变和本质飞跃。正如德国社会哲学家霍克海默与阿道尔诺在阐述文化产业的基本特征的同时指出的那样，“文化工业”必然要向“文化产业”转变。

第三阶段是文化产业的全球化发展阶段（1998年至今），以互联网为代表的数字技术和信息技术，不仅极大地拓展和丰富了文化产品的表现形式和生产方式，更使文化产业获得了前所未有的大规模复制和传播能力。在文化产业发展的每一个阶段，科学技术都扮演了重要角色。

（二）科技促进文化产业发展

随着科学技术的飞速发展，科技创新与文化产业的关联度越来越高，在不断提升文化产业含金量的同时，不断延展文化产业的发展空间，成为文化产业发展的引擎。只有更好地理解科学技术与文化产业的关系，才能更好地利用科技创新的力量，推动我国文化产业更好更快地发展壮大。

1. 科技创新促进文化产品的创作模式和生产方式创新

现代科学技术对文化产品的深刻影响已经贯穿从创作、生产管理到传播和消费的每一个环节。

第一，现代科技使创作思维中的无限想象转化为丰富的现实情境，极大地拓展了创意空间，催生出新的表现形式。

就创作而言，一个好的文化资源或优秀创意要转化为相应的文化产品，必须借助一定的手段进行表达，现代科技的进步，打破了以往传统表现手法的障碍，为那些天马行空般创意的实现提供了强大的技术支持和手段，极大地丰富了文化产品的表现方式，提高了文化产品的质量。同时，科技创新本身也在不断激发着文化创作者的创新意识和创新思维，催生出更多丰富而具有想象力的文化表达方式、表现形态和全新的文化媒介。如“分形艺术”的产生就是科技演替为艺术的过程，这一过程不仅使人们觉悟到科学技术与文化艺术的融合为人类的心灵塑造和审美打开了新的窗户，并且将催生和形成新的文化经济生长点。

第二，现代科技增加了文化产品的时效性、附加值和市场竞争力，促使文化产业获得持续发展的动力和潜能。

在文化产品的生产管理、传播和销售等环节，由于现代科技特别是数字存储技术和网络技术的应用及创新，为文化产品提供了前所未有的大规模传播的能力，缩短了文化产品从创意到实现所需的时间，使生产管理、传播和销售变得更为迅捷简便，在极大地降低了这些环节的成本，充分发挥出文化产品资源的应有效益的同时，使得文化产品比以往更加具有时效性。同时，科技与文化产品的高度融合能够在很大程度上提高文化产品的附加值，提升产品的市场竞争力，从而使文化产业获得长期持续发展的动力和潜能。

第三，现代科技使文化产业流通表现出空间立体化、时间快速化和手段现代化等特征。

科学技术对于文化产品的流通也具有重要影响。当高新技术进入到文化产品流通领域后，文化产品的流通模式发生了深刻变革，被注入全新的时空概念。传统的文化产品的传播主要是以人与人之间直接交流的方式进行，文化产品的生产者即是文化产品的载体和媒介，文化产品的形式则以实物服务和体力服务为主，服务区域小，流通速度慢。当以现代科学为基础的高新技术加入到文化产品流通环节后，特别是传播技术的发展，如印刷技术的进步，广播、电影、电视、电脑网络空间技术等的诞生，都对文化产品的流通起了革命性的作用，文化产业的流通空间变得更大更广，流通速度更快，周期更短，表现出流通空间立体化、时间快速化和手段现代化等特征。

2. 科技创新推动文化产业跨域式发展

科学技术的不断创新对文化产业的产业构成和发展趋势具有举足轻重的作用和意义。首先，现代科技的应用和创新，提升了传统文化产业的科技含量，促进了传统产业的更新换代，提升了文化产业的能级。科学技术为传统文化产业插上了翅膀，使传统文化产业跳出原有发展空间与模式的束缚，跃升为现代文化产业，向标准化、规模化、集约化发展，显示出前所未有的活力与发展潜力。例如现代出版业极大地受益于激光照排技术、卫星传版技术等技术基础，而数字印刷出版时代的到来则使这一传统文化产业焕发出新的生机与活力。在电影发展史上，从无声到有声，从黑白到彩色、从平面到立体，每一次创新与变革都由科技的进步所推动。电视的产生与发展同样是科学技术进步的产物，数字技术、网络技术、多媒体技术等多种技术的融合应用，使电视系统发生了根本变革，电视业迈进数字化和多媒体时代，电视产业成为文化产业中新生的却是成长最快的重要产业。

其次，以创新为动力的高新技术，突破传统文化产业的固有边界，将各种文化资源与信息技术有机整合，优化文化产业的结构层次，使文化产业实现跨越式发展。科技创新不仅能促进传统文化产业的自我更新，更能不断构建和拓展文化产业新的发展空间，构建起新兴的文化产业链。例如，受到数字化网络化和多媒体技术的影响，处于文化产业链上游的创意公司以及产业链下游的出版发行厂商，纷纷突破自身单一的产业模式而寻求不同文化媒介的互动与融合，逐步形成以迪斯尼公司、时代华纳公司和索尼公司为代表的贯穿整个文化产业链，集创意生产与发行出版为一身的文化产业巨头。正是因为信息技术和文化产业的高度融合，使得文化产业产品的增值能力倍增，也使得文化产业链的变化不再仅仅表现为垂直型，而是表现为垂直和水平相互交叉相互支撑的复合型结构，即充分利用数字化网络媒介，打造多功能立体文化平台，形成高技术、集约化的现代文化产业形态。

第三，科技创新对文化产业的未来发展具有革命性的影响，有效地引导和开发出新的文化产品和消费需求，培育起新的文化消费群体。一方面，科技与文化的交融日益深化，两者在相互促进、交融的过程中支撑和引领文化产业发生着一场前所未有的变革，不仅使得传统文化产业在产品生产环节发生脱胎换骨的变化，焕发出新的生机和活力，拓展出新的文化品种，而且对文化产品的接受和消费方式产生深刻影响，有效地引导和开发出新的文化消费需求，培育起新的文化消费群体。例如，当人们正在思考未来文化产品与存储技术如何完美融合的时候，苹果公司推出的 iPad 产品抛给世人一个更深刻的命题——我们是否还需要纸质书刊？随着 iPad 产品的推广，越来越多的人开始冷落纸质书刊，一场阅读革命悄然兴起，不仅以书刊为主的传统出版业受到 iPad 产品的影响，影视出版业同样受到影响，随着网络普及和 3G 业务的逐步开展，越来越多的影视产品出现在以手机为代表的移动终端上。人们正改变着阅读与收看的习惯，文化产业也在顺应着人们的需求而改变。移动电子技术在文化产业终端上的应用已经成为文化产业发展的新亮点。

（三）科学技术与文化产业关系批判

在科学技术对人类文化和文化产业影响日益深刻的今天，人们不仅需要对科学技术进行价值阐释，更需要从人文价值理性的视角进行再认识。

对科学技术带来的问题的觉察始于卢梭。他较早地质疑以技术文明为主导的工业文明。“正是这种能力，在各个时代中，使人显示出他的智慧和谬误，邪恶和美德。终于使他成为人类自己的和自然界的暴君……”尼采也曾说，现代科技正在把世界变成一个机械的世界，“而机械的世界是一个本质上无意义的世界”。海德格尔提出了拯救科学技术的主张，他企图借助艺术来调整长期以来被科技所颠倒的主客关系，人不再是“存在着”的主宰，而成为存在的看护者，由此来建立和维护人在大地上诗意般的居住。

法兰克福学派对文化产业运用技术的批判态度尤为鲜明。早在 20 世纪 50 年代，法兰克福学派学者就敏锐地发现，文化生产一旦与科技结合在一起，形成工业化体系，就会产生影响社会的巨大力量。阿多诺和霍克海默在《启蒙辩证法》中首先使用“文化产业”这个词，他们认为文化产业是社会对人的统治和奴役，不仅采用公开和暴力形式，而且也利用科学技术手段和理性的形式，从而对人们的心理进行操纵和控制。文化产业作为工具理性的代表，消除艺术和文化的个性化和纯度，艺术成了千篇一律的东西，作为工具理性的文化工业成为异化大众的工具。阿多诺说：“文化工业总体的作用是反启蒙的，如霍克海默和我所评论的，在其中，启蒙即先进的技术现象，它成为大众骗术，变成了束缚意识的手段。它妨碍自主、独立……它阻止时代生产力和所允许的人类为之准备着的解放。”阿多诺对文化产业持怀疑的态度，他看到了在文化产业里，大众被大规模生产所压垮，在接受文化产品时，消费者自己的意愿完全不被考虑，文化产业成了商品拜物教的同义语。

西方学者的种种忧虑，在高科技时代科技推动文化形成产业的汹涌大潮面前显得那么无奈和弱势。尽管他们都意识到了科学技术对文化产业发展带来的负面影响，并企图寻找解决问题之道，但目前仍然没有找到。网络、数字化、市场化、产业化……高科技时代的前进步伐似乎不可阻挡。

在人类社会发展实践中，人们利用科学技术推动和发展文化产业，从本意上说，不单单是为了追求科学技术的经济效益，也是为了寻找和提供更加令人向往的精神家园和情感归宿。作为推动人类社会和人类文明发展的两翼——人文文化和科技文化，从根本上说，都是在寻求以人为本、造福人类最终目标的最佳实现途径。在这个过程中，缺少任何一翼，都将是不完美的。

我国科技和文化融合的障碍与创新①

程 萍

科技与文化是拉动当今世界与中国政治、经济、社会、文化进步的双引擎，科技与文化的相互融合、渗透是时代发展的趋势。面对市场观念先进、产业资本雄厚、高新技术发达、经营机制灵活和管理经验丰富的跨国文化集团的挑战，通过现代文化产业与科学技术的紧密连接，实现科技与文化融合，不仅成为满足国内人民群众日益增长的精神文化需求的必然，而且成为提升我国文化产业国际竞争力、维护国家文化安全、树立国家文明形象、提升国民道德素质、建设社会主义强国的重要手段。

一、制约我国科技和文化融合的六大障碍

虽然科技和文化都是人类宝贵的精神财富，但在我国，长期以来科技和文化归属不同部门管理，互不交叉。随着市场经济体制改革的推进，科技体制和文化体制先后开始改革，虽历经不同发展阶段，却由于其本质属性决定，越来越显示出存在的一些问题具有高度共性，成为制约科技和文化融合的障碍。

---

① 本文原载《人文天下》2014年第12期。

（一）条块分割的管理体制制约了科技和文化资源的有效配置和使用，成为二者融合的最大障碍

条块分割式的管理模式是我国科技管理和文化管理的共性特征，也是制约二者快速发展的共性问题，表现在两个层面。

一是多年来我国科技和文化管理就是两个系统，互不相干，各自为政，使得科技和文化资源流动仅局限于各自系统的内部，同时也造成了科技和文化事业、产业发展中错误的思维定势，忽略了外部资源特别是科技和文化资源相互间的辅助与促进这一明显的有利条件。在这种管理模式下，增加了外部资源向科技或文化领域内流动的阻力，也增加了科技和文化两大领域资源间的相互流动和融合的阻力，大大局限了科学技术和文化发展资源的科学、合理、有效配置和使用，减弱了科技作为文化发展推动力的作用和效果，限制了科技成果在文化产品中的使用，也阻碍了文化创意促进我国科技水平提升的功能。

二是我国科技和文化两大系统的内部，其管理既被分割在从中央到地方的若干管理部门的条条管理中，又被置于地方政府的块块管理之下，纵横交错的政府部门间职责不清，相关政府部门间职责难以界定，是行政管理体制改革中的顽疾。职责空白和职责交叉等问题，造成政府管理的"缺位""越位""错位"现象并存。这一问题突出反映在政府文化管理"一分为三"（文化部、广电总局、新闻出版总署）、科技管理"一分为五"（科技部、教育部、中科院、中国工程院、中科协）的现实体制中。这一体制下形成的管理机制，难以界定管理边界，难以做到职责明确，管理效率低下，严重制约了科技和文化事业和产业的快速发展。

（二）缺乏"事业"和"产业"两分开、两手抓思路的落实政策和措施，对重构国家宏观管理体系形成制约

从科技体制改革和文化体制改革的发展历程中不难看到，以科研院所和艺术院团转制（转企）、把事业单位推向市场为初衷的科技体制和文化体制改革，从改革背景、改革目的、改革原则、改革路径、改革手段、改革趋势等方面都显示出高度的一致性，也存在着共同的问题。科技体制改革催生了大批高新技术企业，带动了高新技术产业的发展，但也产生了基础性、共性技术研究弱化等问题。文化体制改革搞活了部分院团，繁荣了文化市场，但也存在公共文化事业发展受到影响等问题。无论科技领域还是文化领域，都面临着重构国家宏观管理体系——把“事业”和“产业”两分开、两手抓，“政府主导促进事业发展，市场主导促进产业发展”的思路转变问题。如果不认真分析和研究改革带来的利弊和未来国家的发展需要与趋势，不将“事业”和“产业”的内涵和外延界定清楚，哪些应该作为公共事业由国家扶持发展，哪些应该推向市场，实现竞争发展，不但科技和文化事业、产业的发展都将受到影响，并且将对通过科技和文化融合实现我国文化大发展大繁荣的战略思路造成障碍。

（三）缺乏科技和文化协同创新的相关制度机制和政策整合，导致协同创新难以实施，困难重重

科技创新和文化创新有着共同的基本规律——尊重和推崇原创，原始创新是科技创新和文化创新的最高价值所在。在此基础上，科技创新和文化创新模式可以有多种选择，如自主原发式创新、引进消化后的再创新、整合集成式创新和协同创新等模式。不同的创新模式需要不同的制度环境，创新管理机制是鼓励和繁荣科技创新和文化创新的前提和动力。不同创新模式下产生的创新成果，具有不同的创新价值，原始创新的自身存在价值与产业价值最高。在自主原始性创新成为国家核心竞争力的国际背景中，建设和完善与之相适应的制度和机制环境，是我国深化科技和文化体制改革的当务之急。同样，在强调科技和文化协同创新的今天，尤其需要建设促进二者相互融合和相互带动的制度环境。科技和文化协同创新是一个系统工程，我国无论是在鼓励原始创新还是在促进协同创新方面，都存在着制度、机制和政策缺陷，不仅成为制约科技创新和文化创新的障碍，更是打破行业界线，集中人财物力和科研成果，实现科技和文化协同创新和融合的主要障碍。

（四）实现科技和文化企业为主体，产学研（创）一体化的改革创新目标还有较大差距

无论是科技体制改革还是文化体制改革，其目的都是解放和发展生产力，顺应社会主义市场经济发展需要，建立以企业为主体，以市场为导向，研发（创作）和产业发展一体化的科技和文化发展、创新模式。改革三十余年来，这一设想收到一定成效。自1999年至“十一五”末，全国先后有1300多家应用开发类院所完成了企业化转制，全国独立科研院所数量由改革前的近5000家，减少了近1/4，增强了企业在技术创新中的主体地位。企业研发投入占全社会研发投入的比重和企业研发人员占全国研发人员总量的比重，均达到70%以上。从1998年开始，文化体制改革主要体现在实行政企分开，在确定需要转企改制的2103家国有文艺院团中，到2012年9月底，完成了2093家，基本完成改革任务，其中转企改制的院团占61%。580多家出版社、3000多家新华书店、8500家电影制作发行放映单位等全部完成转企改制。

企业是市场竞争中的主体，也是创新的主体，科技和文化事业单位转企改制，是为了更好地发挥企业在创新研发（或创作）和产业一体化中的优势，使研发和创作能够更快更好地转化为产品和产业，在市场竞争中占据优势。但到目前为止，这一设想还没有被很好地实现。研发（或创作）成果转化为成熟的产品特别是形成产业还有很多障碍，我国企业在市场中的主体地位尚没有确立，特别是在运用市场机制集聚创新资源、实现联合研发（创作）、优势互补、风险共担、互利共赢等方面，与发达国家还有较大差距，离建立国家创新体系的战略目标还有很长的路要走。

（五）投资主体单一，投入机制呆板，投入渠道不宽不畅，企业和社会投入不足，成为科技和文化创新的瓶颈

目前，全球发展速度放缓，人力、土地、资金、环境、原辅材料等生产要素成本上升，科技和文化企业持续创新动力不足。同时，传统产业向新型产业转移，文化产业发展后来居上，也带来新的创新空间和机遇，但创新投入越来越大。在我国，政府仍是各项优质资源的垄断者、拥有者和分配者，无论是科技创新还是文化创新，政府投入都占据重要地位。在这样的大环境中，投资主体单一，投入机制呆板，投入渠道不宽不畅，企业和社会投入不足，特别是作为创新主体的中小企业资金来源主要靠自筹，维持企业运转已经捉襟见肘，筹集创新资金更加困难等问题存在，远远不能适应新一轮创新的需要，甚至成为制约创新的瓶颈。

（六）创新人才甄选培养、成长成才的政策和社会环境不够有利，两栖人才稀缺，高层次人才外流严重，是我国科技和文化融合的重要制约因素

人才资源是第一资源。创新型人才尤其是高层次创新型科技人才匮乏是我国科技和文化创新人才队伍建设的突出问题，严重制约着我国科技和文化产品的国际竞争力，影响着国家长远发展。高端人才是推动经济社会发展的关键资源和紧缺资源，对于一个国家的发展常常起到难以估量的作用。人才竞争的背后，实际上是人才环境的竞争。良好的社会环境吸引人才、激励人才、造就人才，不好的社会环境压抑人才、埋没人才甚至摧残人才。目前，我国科技和文化领域的人才甄选、培养、评价、激励等理念、政策和措施还存在诸多问题，特别是不正之风导致的人才选拔、成长环境越来越恶劣，创业起点越来越高，向上流动发展越来越困难，导致高层次人才外流现象严重，成为我国科技和文化领域创新人才匮乏的障碍。

二、我国科技与文化深度融合的体制机制创新思路

科技创新是文化发展的重要动力，科技与文化融合是增强文化核心竞争力的重要途径，而科技和文化体制机制创新是二者融合的重要基础。构建我

国科技和文化融合的体制机制，关键是深化行政体制改革和实现机制创新。体制机制创新的前提是突破分行业的行政壁垒束缚，实现科技和文化企业跨行业跨地域的自由组合；基础是以科技和文化企业的共同利益为着眼点，构建双赢的体制机制框架；目标是实现市场经济条件下科技和文化生产力的最大解放，科技和文化资源利用及市场配置的最优化，科技创新成果和文化产品竞争力的有效结合，形成科技创新和文化创意一体化的现代文化产业链，使产品真正体现出科技和文化的深度融合。

（一）深化行政体制改革，实现顶层管理体制机制创新，打破行业管理界限，整合相关政策，从国家战略高度推动科技与文化融合

从科技与文化结合到科技与文化融合，不仅是概念和理论的创新，更重要的是标志着新的时代的到来，从人类文化的视角承认科学技术已经成为人类社会和文化发展的主导力量。对此，全社会特别是高层决策者，应该有清醒的认识，在统一理念、统一思想的基础上，建立和创新相应的制度机制体系，推动科技与文化深度融合的实践。立足我国现状，首先应该从顶层创新管理体制，设计和制定相应的制度体系入手。

一是打破科技和文化管理的行业鸿沟和行政界限，在有关部委间建立定期会商机制，对推动和影响二者融合的重大问题及时进行会商；二是研究和提出科技和文化融合的国家战略和分阶段实施规划，研究制订利于二者融合和相互促进的跨部门、跨行业、跨省市的联合行动计划；三是支持一批科技和文化融合的重大创新项目，纳入国家和省级相关科技发展规划，并认真落实“十二五”时期文化与科技融合互促的重点工作和任务；四是加强科技和文化融合的规律等基础理论研究，设立专项研究课题，夯实科技与文化融合的理论基础，为实践提供科学依据；五是通过整合、调增科技与文化的相关政策，建立和完善科技与文化融合的政策体系，为科技与文化融合提供有力的政策保证和支撑。

（二）依托高新区和文化产业创意园，建设科技与文化融合互促示范基地，培育龙头企业，加强科技和文化资源集成

促进科技与文化融合，将文化创新纳入科技创新体系，用科技创新带动文化创新，做到文化创新与科技创新双轮驱动，可以从高新区和文化创意产业园入手。一是依托国家和省级高新技术园区、开发区和文化创意产业园等已有平台，建立文化和科技融合示范基地，将文化产业领域的科技研发纳入科技发展计划中统筹考虑，形成有效对接，促进文化与科技创新资源及要素互动衔接、协同创新；二是支持文化与科技相互融合的产学研战略联盟和公共服务平台建设，实现资源共享，提高科技和文化融合互动的有效性、便捷性和实用性；三是积极、科学地开展文化科技基础性研究和高新技术在文化建设领域的应用研究，尽快解决和攻克具有前瞻性、全局性和引领性的重大文化科技问题和难关；四是抓重点行业，选择具有优势和特色的文化产业门类，将其建设成为文化与科技融合的示范领域，构建有利于文化科技融合的创新体系；五是健全以企业为主体、市场为导向、产学研相结合的文化技术创新体系，培育一批特色鲜明、创新能力强的文化科技龙头企业，通过带动产业发展，促进科技与文化融合；六是在文化产品的生产中自觉考虑发挥科技的作用，在科技产品的研发中注重提升文化含量，塑造文化品牌，使文化与科技融合的理念完美地体现在产品中。

（三）创新金融服务体系运作机制，拓宽投融资渠道，实现文化科技资本三者有机融合

解决科技与文化融合的产业创新融资难问题，需要实现和资本市场的有效对接，进一步创新金融服务体系运作机制。一是通过积极的财政政策和金融市场工具的倾斜杠杆作用，推动文化金融和科技金融的高度融合；二是整合国有银行资源，政府提供专项资金，实施金融统贷平台战略合作，解决抵押难问题，为中小企业融资服务；三是积极实施项目资助，通过项目资助实现金融资源有效配置；四是积极推动文化科技企业上市融资，发展股权投资和资本市场，实现资金、技术、人才、信息、管理等要素集成；五是完善天使投资、风险投资、股权投资的投融资链，特别是完善风险投资的利益共享，风险共担的各项机制，促进文化科技创新；六是建立社区银行，可以首先发展高新区社区银行，加快完善高新区投融资服务平台。

（四）采用多种方式，推动中小科技和文化企业成为技术创新主体和实现科技与文化融合的主要载体，重视和鼓励其发展创新

中小企业具有生产、管理和创新成本较低、效率较高、转型灵活等优势，从总体看，建设创新国家的动力主要来自于中小企业。2010 年，中小企业创造了全国 60% 的国内生产总值，贡献了 50% 以上的税收，提供了 80% 以上的城镇就业岗位。实现科技与文化融合的载体，主要应是中小科技企业和文化企业，因此，要特别重视中小型科技和文化企业，将他们作为技术创新的主体，产学研用相结合，做好文化与科技融合相关技术和产品的推介工作。

一是注重培养中小科技和文化企业的创新文化，树立正确的创新价值观，确立创新准则、创新制度和规范，营造创新物质文化环境，为创新奠定扎实的思想基础；二是实施中小科技和文化企业技术创新重大工程，建立技术公共服务平台，为中小科技和文化企业提供便捷的技术咨询服务；三是面向中小企业制定文化科技创新策略，建立基于自主研发的创新标准和鼓励、奖励政策；四是借鉴科技企业孵化器经验，建立科技文化中小企业孵化、培育基地或中心，对有发展、创新潜力的科技文化企业提供优惠政策，扶持发展；五是制订明星企业扶持计划，扶持行业龙头，有针对性地支持一些项目；六是广开渠道，降低中小企业融资门槛，扩大融资渠道，完善鼓励创新投资的各项政策，解决中小企业融资难问题；七是注重培养中小科技和文化企业的企业家、经营者、管理者，通过培训、政策激励等方式，促进他们健康成长。

（五）营造良好的社会和企业文化氛围，实现激励机制创新，培养科技和文化融合的两栖人才

实现科技和文化融合，人才是关键。由于我国长期文理分开的教育制度，导致我国文理兼通的人才稀缺，懂技术的不懂创作，会创作的不懂技术，因此，通过机制创新，尽快培养起一批科技和文化融合的两栖人才非常重要。一是培养正向的企业人才文化，重视企业制度建设的规范和创新，尤其是人才激励制度的创新，营造两栖人才成长的良好环境；二是倡导企业和员工共同成长的发展理念，倡导机会面前人人平等，鼓励员工积极参与决策，形成创新理念和氛围；三是帮助优秀人才做好职业规划，根据自身特点和企业特点设定培养目标和评价体系，使个人价值、企业价值和创新价值得到最优实现；四是建立高端人才创业基地，吸引具有创新潜质和基本条件的高端人才进驻创业、创新；五是设立人才发展专项资金，通过优才、适才、两栖人才等人才计划，培养科技和文化融合的专门人才；六是改革和完善人才选拔和评价体系，营造宽容的创新氛围，鼓励两栖人才成长。

实施科技带动战略，推动文化产业发展繁荣[①]

程 萍

从党的十七届六中全会提出推动“文化大发展大繁荣”，到十八大明确“建设文化强国”，再到十九大强调要“坚定文化自信”，文化在培育和践行社会主义核心价值观、提升中国软实力和影响力、发展国民经济中的重要地位日益增强。在完善公共文化服务的基础上，文化产业发展环境进一步优化，文化产业结构不断升级，催生出一批文化产业集群和骨干文化企业。文化产业在经济增速趋缓的背景下，连续保持两位数增速，成为产业优化调整中新的增长点、补给线乃至支柱产业的势头明显。国家统计局数据显示，2016 年，全国文化及相关产业增加值从 2012 年的 18071 亿元增加到 30254 亿元。分析其快速增长的原因不难发现，科技创新已成为文化繁荣和文化产业发展的重要引擎。

一、以科技创新引领文化大发展大繁荣

科学技术的飞速发展，对拓展和丰富人类知识和文化内涵、提升文化创

---

① 本文原载《产业创新研究》2018 年第 8 期（总第 10 期）。获 2019 年中国马克思主义研究基金会“中央党校三项基金”优秀论文奖。

新能力、催生文化新业态、提高文化竞争力发挥着日益重要的支撑和引领作用，正在成为促进文化发展的新引擎。

（一）科学技术是文化的重要组成部分，科技进步不断丰富着人类的知识体系和文化内涵

文化是人类创造的物质文明和精神文明的总和，科学技术作为人类认识世界的重要知识，既是文化的重要内容，也是文化的重要体现形式和载体。科学技术在不断加深人们对自然发展规律的认识，提高人类顺应自然、改造自然、利用自然能力和水平的同时，不断延伸着科技知识体系，完善人类的思维方式，扩展着人类的精神世界，从而不断丰富文化的内涵，深刻影响着人类的思维方式、生产和生活方式，从文化内容、文化的表现及传播形式，以及社会和大众文化形态等各个方面，不断推动着文化的发展和演变，对于文化发展发挥着巨大的支撑和推动作用。科学技术的发展水平，反映了人类社会文化发展的水平。

（二）科技进步不断丰富、塑造和影响着人类物质文明和社会文化的内容和形式，日益成为文化形态演进发展的核心动力

考察科技进步与文化发展的关系，不仅要看其现实表现，更要从历史的角度进行审视。人类文明的进步，社会的发展是伴随着科技进步而不断演进发展的历程，科学技术的每一次革命性突破，都推动着社会及其文化形态产生深刻的变革。建立在科学发现基础上的高新技术的发展和应用，在不断衍化出千姿百态的科技消费品和社会服务的同时，也在不断丰富、塑造和影响着人类物质文明和社会文化的内容和形式，越来越成为文化发展的重要影响力量。传统文化业态在与高新技术的融合中得到不断提升，出版、影视制作、报业传媒、演出、会展业等传统文化行业，通过与计算机技术、数字化技术、网络技术、光电技术、移动通信技术等高新技术的结合，明显提升了传统业态的发展活力。科学技术不仅对文化形态的演进发挥着巨大的支撑作用，其引领和推动作用也越来越显现出优势和强势，成为无可置疑的核心动力。

（三）科技创新不断提升文化的表现力、感染力和传播力，成为把我国传统文化资源转化为文化国际影响力和竞争力的重要支撑和依托

我国五千年文明史创造了辉煌灿烂的中华文化，也创造了辉煌灿烂的科学技术成果，包括“四大发明”在内的我国古代科学技术，为我国文化宝库留下了丰富、厚重、形式多样的遗产和资源，成为文明古国强盛和屹立于世界文化之林的宝贵财富与根基。随着科学技术不断进步和创新，它对当代人类社会生产、生活的影响日益深刻，科学技术越来越成为国际竞争的最重要领域和制高点，也越来越成为增强文化“软实力”国际竞争的重要支撑和依托。在国际竞争格局中，通过科技创新，增强我国文化产品内容和形式的国际传播力和竞争力，打开国际市场，提高中华文化的国际影响力和渗透力，无疑需要在加强文化科技创新规律研究的基础上，促进科技与文化融合创新能力建设，针对文化科技重点领域，科技与文化共同努力，有机融合，不断推进我国文化走出去，站得住，传播广，影响深，把中华五千年丰富、优秀的文化资源转化为强大的文化竞争力。

二、科技进步不断促进文化产品创作模式和生产方式创新

文化产品的创作力是实现丰富人民群众文化生活、促进文化事业和文化产业发展、加强对外文化交流等目标的基本前提。现代科学技术对文化产品的深刻影响已经贯穿从创作、生产管理到传播和消费的每一个环节。

（一）现代科技使创作思维中的无限想象转化为丰富的现实情境，极大地拓展了创意空间，催生出新的表现形式

就创作而言，一个好的文化资源或优秀创意要转化为相应的文化产品，必须借助一定的手段进行表达，现代科技的进步，打破了以往传统表现手法的障碍，为那些天马行空般创意的实现提供了强大的技术支持和手段，极大

地丰富了文化产品的表现方式，提高了文化产品的质量。同时，科技创新本身也在不断激发着文化创作者的创新意识和创新思维，催生出更多丰富而具有想象力的文化表达方式、表现形态和全新的文化媒介。如“分形艺术”的产生就是科技演替为艺术的过程，这一过程不仅使人们觉悟到科学技术与文化艺术的融合为人类的心灵塑造和审美打开了新的窗口，并且这种融合将催生和形成新的文化经济生长点。

（二）现代科技增加了文化产品的时效性、附加值和市场竞争力，促使文化事业和文化产业获得持续发展的动力和潜能

在文化产品的生产管理、传播和销售等环节，由于现代科技特别是数字存储技术和网络技术的应用及创新，为文化产品提供了前所未有的大规模传播的能力，缩短了文化产品从创意到实现所需的时间，使生产管理、传播和销售变得更为迅捷简便，在极大地降低了这些环节的成本，充分发挥出文化产品资源的应有效益的同时，使得文化产品比以往更加具有时效性。同时，科技与文化产品的高度融合能够在很大程度上提高文化产品的附加值，提升产品的可观赏性和市场竞争力，从而使文化事业和文化产业获得长期持续发展的动力和潜能。

（三）现代科技使文化产品流通表现出空间立体化、时间快速化和手段现代化等特征，极大地提升了文化产品的传播力

科学技术对于文化产品的流通也具有重要影响。当高新技术进入到文化产品流通领域后，文化产品的流通模式发生了深刻变革，被注入全新的时空概念。传统的文化产品的传播主要是以人与人之间直接交流的方式进行，文化产品的生产者即是文化产品的载体和媒介，文化产品的形式则以实物服务和体力服务为主，服务区域小，流通速度慢。当以现代科学为基础的高新技术加入到文化产品流通环节后，特别是传播技术的发展，如印刷技术的进步，广播、电影、电视、电脑、网络、通讯等空间技术的诞生与发展，都对文化产品的流通起了革命性的作用，文化产品的流通空间变得更大更广，流通速度更快，周期更短，表现出流通空间立体化、时间快速化和手段现代化等特征，为促进文化事业和文化产业的发展繁荣提供了越来越便捷高效的手段。

三、科技创新推动文化产业跨域式发展

以基础科学发展为前提的高新技术的广泛应用，正在从各个方面深刻影响着文化产业的发展，进一步体现了科技在文化产业发展中的先导地位。科学技术的不断创新对文化产业的产业构成和发展趋势具有举足轻重的作用和意义。

首先，现代科技的应用和创新，提升了传统文化产业的科技含量，促进了传统产业的更新换代，提升了文化产业的能级。科学技术为传统文化产业插上了翅膀，使传统文化产业跳出原有发展空间与模式的束缚，跃升为现代文化产业，向标准化、规模化、集约化发展，显示出前所未有的活力与发展潜力。例如现代出版业极大地受益于激光照排技术、卫星传版技术等技术基础，而数字印刷出版时代的到来则使这一传统文化产业焕发出新的生机与活力。在电影发展史上，从无声到有声，从黑白到彩色，从平面到立体，每一次创新与变革都由科技的进步所推动。电视的产生与发展同样是科学技术进步的产物，数字技术、网络技术、多媒体技术等多种技术的融合应用，使电视系统发生了根本变革，电视业迈进数字化和多媒体时代，电视产业成为文化产业中新生的却是成长最快的重要产业。

其次，以创新为动力的高新技术，突破传统文化产业的固有边界，将各种文化资源与信息技术有机整合，优化文化产业的结构层次，使文化产业实现跨越式发展。科技创新不仅能促进传统文化产业的自我更新，更能不断构建和拓展文化产业新的发展空间，构建起新兴的文化产业链。例如，受到数

字化网络化和多媒体技术的影响，处于文化产业链上游的创意公司以及产业链下游的出版发行厂商，纷纷突破自身单一的产业模式而寻求不同文化媒介的互动与融合，逐步形成以迪斯尼公司、时代华纳公司和索尼公司为代表的贯穿整个文化产业链，集创意生产与发行出版于一身的文化产业巨头。正是因为信息技术和文化产业的高度融合，使得文化产业产品的增值能力倍增，也使得文化产业链的变化不再仅仅表现为垂直型，而是表现为垂直和水平相互交叉相互支撑的复合型结构，即充分利用数字化网络媒介，打造多功能立体文化平台，形成高技术、集约化的现代文化产业形态。

第三，科技创新对文化产业的未来发展具有革命性的影响，有效地引导和开发出新的文化产品和消费需求，培育起新的文化消费群体。一方面，科技与文化的交融日益深化，两者在相互促进、交融的过程中支撑和引领文化产业发生着一场前所未有的变革，不仅使得传统文化产业在产品生产环节发生脱胎换骨的变化，焕发出新的生机和活力，拓展出新的文化品种，而且对文化产品的接受和消费方式产生深刻影响，有效地引导和开发出新的文化消费需求，培育起新的文化消费群体。例如，当人们正在思考未来文化产品与存储技术如何完美融合的时候，苹果公司推出的 iPad 产品抛给世人一个更深刻的命题——我们是否还需要纸质书刊？随着 iPad 产品的推广，越来越多的人开始冷落纸质书刊，一场阅读革命悄然兴起。不仅是以书刊为主的传统出版业受到 iPad 产品的影响，影视出版业同样受到影响，随着网络普及和4G、5G 业务的逐步开展，越来越多的影视产品出现在以手机为代表的移动终端上。人们正改变着阅读与收看的习惯，文化产业也在顺应着人们的需求而改变。移动电子技术在文化产业终端上的应用已经成为文化产业发展的新亮点。

随着科学技术的飞速发展，科技创新与文化发展繁荣的关联度越来越高，在不断拓展文化内涵、提升文化产品含金量的同时，不断延展文化事业和文化产业的发展空间，成为文化发展的重要引擎。只有更好地理解科学技术与文化的关系，实施科技带动战略，才能更好地利用科技创新的力量，推动我国文化事业和文化产业大发展大繁荣，把我国建设成为社会主义文化强国。

参考文献

[1]《中共中央关于深化文化体制改革推动社会主义文化大发展大繁荣若干重大问题的决定》，人民出版社 2011 年版。

[2] 隋振江：《科技创新成为推动文化建设新引擎》，《科学时报》2011 年 12 月 3 日，第 1 版。

[3] 朱步楼：《以科技创新推动文化产业大发展》，《科技日报》2011 年 7 月 3 日，第 2 版。

我国科学传播与科技创新发展机制格局与特点[①]

程萍 许尧

机制泛指系统中各要素之间相互作用的过程和功能。在科学传播和创新系统中，二者间关系以及二者和社会其他系统、要素间的相互作用非常复杂，千头万绪。本文尝试从系统运行的内在规律、外部因素作用方式及其影响等视角入手，阐释科学传播与创新的动力机制、投入和评价机制、社会协同机制。

一、科学传播与科技创新的动力机制

动力机制指在价值导向驱使下，社会主体积极从事社会活动的内在原因，既包含精神推动力，也包含物质推动力。由于科学传播和科技创新的主体、目标、方式、途径各有侧重，其动力机制既有区别又有联系。

（一）科学传播的动力机制

科学传播的动力主要来自四个方面：需求动力、竞争动力、责任动力和可持续动力。因此，科学传播的动力机制可以分为四种类型：

1. 利益驱动型科学传播。主要分为避害驱动型科学传播和增利驱动型

① 本文原载《中国社会管理和文化管理论丛（2013）》，国家行政学院出版社2014年版。

科学传播。避害驱动型科学传播的目的在于回避、减弱特殊状态下可能的损失，比如如何在地震、火灾、飓风等自然灾害中尽可能地减少人身、财产损失等。避害的驱动，既适用于政府层面，正确应对灾害，减少损失，是其合法性的重要基础；也适用于社会团体和家庭、个人层面，是其维护自身生命财产安全的重要知识和技能。增利驱动型科学传播的目的，在于通过利用科学知识和技术，增加自身生产活动的收益，比如农业技术的推广、先进生产技术的采用、新技术的采用等。增益的驱动对企业和个人具有较强的适用性，因为对他们而言，增加收益是最重要的目标；增益驱动对政府具有有限适用性，政府之所以鼓励先进技术的采用，是因为可以增强其经济实力，促进产业升级，同时，科学传播的另一方面有可能导致失业，出于对发展和稳定的双重考虑，政府对增益驱动的适用需要具体权衡。

2. 公益驱动型科学传播。传统科学传播的主要目的在于增加社会效益，促进人类共同福利的提高，表现出比较典型的利他目的。国际上的科学传播类社会组织和我国的科学传播类社会组织，都是公益性科学传播的主要主体。实践证明，社会力量开展公益事业在发达国家和发达地区较为普遍和富有成效，社会组织从事公益性科学传播也同样具有更富成效、更易于被民众接受、更易于调动民众参与积极性等特点，利他性是其最主要的驱动力。

3. 行政驱动型科学传播。有些主体，特别是在我国公益性社会事业主要由政府承担的背景下，许多负有科学传播责任的单位本身并没有足够的动力去开展科学传播活动，但基于政府的行政命令或要求，不得不开展相应的工作。在政府无限责任或职责不清的情况下，相关主体是在相对消极、被动的状态下开展科学传播工作的，主要动力来自于上级压力，在于完成上级任务。行政驱动型科学传播是一种比较特殊的动力机制。

4. 竞争驱动型科学传播。出于自身和其他同类主体相互竞争的需要，比如国民科学素质是一国发展程度的重要标志，也是决定一国发展水平的重要基础，国家在全球化竞争环境中，会努力提高国民素质，而科学传播是重要的手段之一；还比如企业之间的竞争、地方政府之间的竞争等，都会促进相关主体积极开展科学传播活动。

在上述四类不同动力的科普中，避害、增益、公益都是相关主体积极主动的科普活动，容易调动起积极性，政府在其中主要起到引导、规范的作用。行政、竞争型驱动相对而言，有一定的被动的色彩，政府除了要发挥好引导、规范的作用，还要发挥动员、激励、督促、奖罚等更多的功能。

（二）科技创新的动力机制

科技创新有两类主体，一类是间接主体，主要是各级政府，它们虽然不是创新的直接主体，但其是科技创新的谋划者、推进者、引导者、组织者，对于科技创新具有关键性的影响。另一类是直接主体，主要包括高等院校、科研院所和企业。不同主体的动力机制存在着较大的差异性。

1. 科技创新的政府动力。对于政府，分析其科技创新动力，中央政府和地方政府间存在一定差异。对于中央政府而言，科技创新的动力主要包括：一是竞争动力，主要来自全球化的竞争压力，科技是第一生产力，一国科技创新的水平直接决定其国际竞争能力和未来发展的潜力；二是安全动力，科技创新能力决定一国捍卫主权的技术水平，而是否能够保证国土安全和国家机密安全是政府合法性的重要基石。对于地方政府而言，主要包括：一是竞争动力，主要来自于同级政府间的竞争压力，科技创新水平对其经济发展、社会发展具有深刻影响；二是行政动力或责任动力，地方政府需要在国家宏观战略中扮演一定的角色，完成上级下达的重要任务，推动地方可持续发展，更需要为地方的老百姓提供更好的服务。这些责任，都是地方政府追求创新的重要动力。

2. 科技创新的事业动力。对于高校和科研院所而言，其动力机制主要包括：一是资源获取动力，高校和科研院所是直接的科技创新主体，其创新能力和成果是决定其是否能够维持、扩展其科研活动的基础，因此，为了自身的生存和发展，他们必须不断创新，以获得更多的资源；二是探求真理动力，对不少科研人员而言，探究自然界的奥秘，是其本身的内在追求，即使缺乏应有的回报，他们依然全身心投入到科研事业中；三是学术声誉动力，对知识分子而言，学术声誉是一种核心追求，这既包括在国际学术界的声誉，也包括在国内同行中的声誉。

3. 科技创新的企业动力。对于企业而言，其科技创新的动力主要是：一是营利动力，企业运营的核心是追求利润最大化，尤其青睐能够很快见到效益的产品和技术，对于具有产业化、市场化前景的科技创新成果具有天然的偏好；二是行政动力，主要是指国有企业，它们也会有来自政府的压力，必须承担一些国家重点工程和关键性的科技创新任务。

4. 科技创新的综合动力。总结不同主体的科技创新动力，主要可以抽象为五种动力机制和层次格局：第一，竞争动力，包括国家间的、地方间的、企业间的；第二，利益动力，包括获取资源、增加利润等；第三，行政动力或责任动力，主要是完成政府布置的任务；第四，内在追求，主要指探求真理和未知世界的动力；第五，安全动力，主要指中央政府要维护国家领土和主权安全。

（三）科学传播与创新动力机制的区别与联系

由上述分析可知，科学传播和科技创新的动力机制在以下三个方面存在着共性：第一，竞争是核心动力机制，无论是为了获得利益，还是为了赢得发展优势，都无法避免竞争；第二，行政责任是主要动力机制之一，这表明政府在科学传播和科技创新方面是关键的驱动者，也是战略性愿景的规划者和推进者；第三，无论科技创新还是科学传播都应当充分考虑相关主体的内在需求，这种需求既可能是公益性的，也可能是功利性的，或者只是为了某种名誉。

科学传播和科技创新的实施主体有交叉部分，也有不同部分。科技创新要求的是高精尖的人才和团队攻关式的合作，涉及的主体更多的是科研人员、高新技术企业以及实施相关战略的政府；科学传播则更强调实施主体的多元性和实施对象的参与性，实施主体不限于科研人员，社会性更强，更多元，更广泛。主体的不同特点决定了二者动力机制的不同：（1）科技创新更体现国家意志和战略布局，更强调竞争性动力和行政性动力的影响；（2）科学传播更体现公民参与性和实际效果，如何利用社会多元主体力量实现更好的传播效果是关键性问题。

二、科学传播与科技创新的投入和评价机制

科学传播与科技创新的可持续发展均需要建立起多元主体投入机制，依据政府在其中的作用不同，我国基本形成“全面保障性投入机制、引导带动性投入机制和动员鼓励性投入机制”相结合的科学传播与科技创新投入和评价格局。

全面保障性投入机制要求政府在财政上保持足够的投入，谨慎吸纳但不依赖社会投入；引导带动性投入机制主要是政府投入一定的比例，引导社会性投入，实现二者的共赢；动员鼓励性投入主要依靠社会投入，充分利用社会主体的公益驱动和利益驱动，促使相关社会资源投入。

不同投入机制需要不同的评估机制。总体而言，对科技创新的评估主要是职能性评估和经营性评估，兼顾社会效益和经济效益，对科学传播的评估则主要是社会文化效益。在对评估主体的要求上，科技创新需要专业主体，科学传播则除了需要专业主体参与，更需要发挥民间力量和公民的作用，因为他们才是真正的科学传播服务对象。

（一）重点保障性投入和评价机制

需要政府全面保障经费投入的科技创新主要是指那些带有基础性、战略性、全局性、保密性的科学研究，这类科技创新要求技术含量高、国际竞争压力大、所需资金多、周期长，社会主体和社会投入很难满足需要，社会主体也缺乏足够的动力和能力来完成如此艰巨的基础性任务，比较典型的如军

事科技的创新等。对需要政府全面保障性投入的科技创新项目的评价应当从以下几个主要方面考虑：投入领域是否是国家战略亟须；是否是社会主体或市场主体没有动力或能力完成；是否在投入总额上满足实际研究的需要；预期经济效益和社会效益的实现程度等。

需要政府全面保障经费投入的科学传播活动包括：各地基础科学传播设施的建设；相关法律体系、管理办法的完善，目前，很重要的是应如何进一步增强相关法律规定的可操作性；一些重大的、基础性的科学传播研究项目的设立等。对政府全面保障经费投入的科学传播活动的评价应当重点考虑以下一些指标：科学传播固定投入占当地经济发展总额的比重；本地纵向比较维度下，经费的增减程度；社会受益人群的规模；所产生的社会影响等。

（二）引导带动性投入和评价机制

需要政府引导、动员社会参与的科技创新主要包括：所研究项目与国家战略密切相关，涉及国家经济的关键领域和国际竞争力，同时，对企业也可能产生可观利润。对引导带动性投入科技创新的评价机制要充分考虑以下因素：政府的投入是否起到了所设想的带动作用，即是否带动了社会资源的投入；政府和社会力量在其中的责任和义务是否清晰、合理；政府是否营建了适合企业或其他社会主体实现其目标的基础环境等。

需要政府引导、动员社会参与的科学传播主要包括：具有一定可经营性、可获利性的活动，比如对自然灾害的体验场馆、带有一定科学传播性质的影视作品、具有科学传播意义的期刊、科学传播网站等，对于这些具有一定市场空间又具有一定公益性的科学传播设施、形式和领域，政府应当适当投入一定比例的引导资金，使社会主体具有足够的营利空间，从而促使相关资源向科学传播集中。对个人具有直接利益、对社会具有间接利益的项目，比如科学传播人才的培养等，其评价应当重点考虑：政府投入是否是必需的，比例是否恰当；政府引导性政策是否科学合理，程序是否必要，是否具有可操作性；相关社会主体是否被有效带动，其实际投入意愿如何，是否实现了预期的带动目标等。

（三）动员鼓励性投入和评价机制

动员鼓励性投入科技创新主要是创造一定的政策和社会氛围，鼓励来自民间的科技创新，这些创新多数是人们长期实际生活的经验总结，与人们的日常生活息息相关，比如民间存在很多治疗疾病的偏方验方、农业生产的技术手段、预测自然灾害的办法等。对于这些创新活动，政府要鼓励和重视，并且动员和鼓励社会成员积极将相关经验进行提炼和总结。政府可不直接投入这类活动，但对取得显著进展或社会效应的创新活动，应当给予一定的物质或精神的奖励。对此类投入的评价重点应集中在：是否营造了适当的社会氛围；对社会创新活动是否足够重视并采取一定的保护、奖励措施等。

动员鼓励性科学传播投入机制，主要是鼓励更多的社会主体和社会资源向科学传播活动集中。对这类活动或项目，政府虽然不直接投入，但为了更好地吸引社会资源，政府可以采取一定的让利政策。比如，对科学传播作品的税收优惠，对科学商店（Science Shop）的税收优惠，对境外单位向境内单位转让科学传播影视作品播映权取得的收入免征营业税，对社会力量兴建科学传播场馆在建设用地和税收等方面给予优惠，对企事业单位和社会团体通过非营利社会团体和国家机关向科技馆、自然博物馆、图书馆、对公众开放的天文馆和气象台、高等院校和科研机构对公众开放的科学传播基地的捐赠，实施减税、免税政策等。对此类活动的评估应当侧重于这些政策是否简便易行，是否对相关主体的实际行为产生积极的影响等。

三、科学传播与科技创新的社会协同机制

“协同”是指外来能量的作用或物质的集聚状态达到某种临界值时，子系统之间产生协同作用，促使系统在临界点发生质变，从无序变为有序，产

生整体效应和稳定结构，使整体效应远大于各子系统效应之和。社会协同则是指协调整合两个或者两个以上的不同资源或主体，一致地完成某一目标的过程或能力。社会协同作用机制不但保证了社会运行过程中多主体的参与，其过程包含明显的发散性、博弈性和开放性特征，是社会前进的重要动力机制。

（一）科学传播与科技创新社会协同机制内涵

科学传播与科技创新的社会协同机制包含两方面含义。一方面是指科学传播和科技创新是两个既相互联系又相互独立的子系统，共同存在于建设创新型国家这个复杂的大系统之中，两者的协同可以产生出超越各要素自身的独立作用，并形成整个系统的统一作用和联合作用，两者合作和发展的高级阶段就是协同创新。协同创新是一种动态演化和优化的过程，最终促进科学传播和科技创新的互动与融合发展，形成协同机制。

另一方面，发达国家经验表明，社会力量协同开展公益事业是社会进步的主要动力之一。在科技创新日新月异的今天，全社会科学传播需求持续、快速增长，科学传播事业成为最有社会基础和需求潜力的公益性事业之一。如何利用社会协同机制，充分调动社会力量参与科学传播，不断反推科技创新向着有利于人类可持续发展的方向前行，是全世界面临的共同问题。在这样的背景下，科学传播和科技创新的社会协同机制更加强调的是科学传播的社会协同以及对科技创新的基础作用。

协同效应包括价值增加和价值创造两个部分。科技创新起到价值创造作用，科学传播起到价值增加作用。缺乏协同的科学传播和科技创新，意味着二者的价值难以得到完美实现。

（二）社会协同中的各主体作用和运行条件

社会力量是指能够参与、作用于社会发展的基本单元，包括自然人和法人（党政机关、事业单位、社会组织、非营利机构、企业等）。社会力量的多主体主要有党团主体、政府主体、事业主体、企业主体、社会组织主体、个人主体等。多主体协同过程是一个通过竞争机制，激活和优化资源配置的过程，目的在于寻求创新行为最大化的最佳资源、主体匹配。社会多主体协同是将上述各主体进行有效整合，通过协同机制，实现效益和效能最佳。在社会协同机制作用下，社会各主体在社会运行中发挥着不同作用，在科学传播与科技创新的社会协同机制中，政府发挥社会引导、规范、服务、管理和监督等作用，事业单位（高校、科研院所、科协及所属学会等）和社会组织发挥着公共性、公益性、专业性、补充性等作用，其中的科技中介机构发挥着服务于技术协同的沟通、协调、黏合作用；企业在科技创新和传播的链条中，通过市场机制，实现创新和传播的相互促进；个人既是科技创新和传播的最终受益主体，又是参与和评判主体，由个人组成的社会公众对科技创新和传播的认同、支持，是多主体协同的核心动力和落脚点。

社会协同是一种高度社会化的活动，是一个社会关系网络形成与有效运行的过程，各行为主体既是网络运行的推动者，又受其约束，在一定条件下有序运行。实现社会多主体协同，首先要以多元架构为基础，形成政府、社会组织和广大群众之间互信、互通、互动的社会氛围；二要以民意选择为依据，以民生改善为导向，不断满足人民群众对科技创新与科学传播的期盼和需求；三要围绕科技创新与传播的总体目标，协同实施各项社会管理和服务职能，为科技创新和传播营造稳定的社会环境；四要积极建设各种公共服务平台，建立健全社会组织“孵化”机制，促进各类社会组织发育完善；五要遵守法律，信守规范，力避超越法律规范的授权和操作；六要在系统内形成激励氛围，促进各参与主体在发挥各自作用、提升自身效能的基础上，形成合力，最大限度地激发社会活力。

（三）我国科学传播与科技创新社会协同机制格局与特点

社会多主体协同开展科学传播成为我国科技创新和社会发展的重要动力。在我国，多主体参与科技创新与传播的协同机制主要是指自中华人民共和国成立特别是改革开放以来，逐步形成的党和政府主导、企事业单位联动、城乡社区及社会组织协同、群众积极参与的社会动员和组织运行格局。

这一格局具有三大特点。第一，坚持党委总揽全局、把握方向、整合力量、统筹各方的领导核心作用，发挥政府公共管理和提供公共服务的主导作用，不断强化服务能力，提高服务水平；第二，发挥人民团体、基层自治组织、各类社会组织和企事业单位的协同作用，推进科技创新和科学传播的规范化、专业化、社会化和法制化，把该市场做的事还给市场，把该社会做的事交给社会；第三，广泛动员和组织群众依法有序参与科技创新和科学传播，拓宽参与渠道，培养公民意识，履行公民义务，实现自我管理、自我服务、自我发展，不断提高参与能力。

目前，在我国社会多主体协同开展科技创新和科学传播的大格局下，尚存在诸多体制机制障碍，如条块分割的管理体制，各自为政的运行机制，公众开放程度低，社会共享程度低，重复投资，资源浪费，难以发挥综合协同优势等问题，有待于通过体制机制创新，将社会多主体协同实现科学传播与科技创新的理论构想变成现实。

科学技术与风险社会①

程萍

一、科学技术：当代社会的最大风险源

纵览三百余年人类社会的发展历程，科学技术犹如不断加速前进的火车头，迅速地改变着世界的面貌：世界国民生产总值以15年翻一番的速度增长，世界人口以每年8000万—1亿的速度增加；知识更新周期由过去的几百年、几十年缩短为5—10年……同时，现代科学技术的急剧发展，超过了人类对其管理和控制的能力，产生了一系列消极后果，社会财富的积累同环境污染和资源的过度消耗，生活水平的提高同生活环境质量的下降形成巨大反差，处于严重失衡状态。

（一）风险社会理论起源与一般涵义

任何理论的建立，都不是没有因由的。风险社会理论的产生与建立，开始于人类经受了惨痛教训之后的反思。

当人类陶醉于由于科学技术进步带来的改造自然的巨大胜利时，却突然发现自己陷入了人类历史上从未有过的困境：由人口爆炸引起的人口、生态环境和贫困之间互为因果的恶性循环，严重地威胁着人类的生存和发展；自然资源，特别是能源枯竭，给世界经济发展蒙上了阴影；艾滋病的传播，吞噬了无

① 本文原载《社会管理改革创新》，国家行政学院出版社2013年版。

数人的生命，各种致命性病毒的迅速蔓延，再一次使人类感到恐惧与无助；环境污染对人类生存造成的危害，已经到了触目惊心的地步。1976 年 7 月意大利北部发生了塞维索化学污染；1979 年 3 月美国宾夕法尼亚州发生三里岛核电站泄漏；1985 年 4 月英国发现第一例疯牛病；1986 年 4 月前苏联的切尔诺贝利核电站泄漏，同年 11 月，瑞士巴塞尔的桑多斯化工厂仓库失事起火，近 30 吨硫化物、磷化物、汞、灭火剂溶液随水注入河道，造成莱茵河污染……接踵而至的恶性污染事件，给人类及其自然环境带来了无法弥补的损失。科学技术进步在使人类改造自然的能力得到极大提高、极大地促进了社会生产力发展、给人类带来巨大利益的同时，也给人类和社会带来了前所未有的风险与灾难。

正是在这样的背景之下，德国著名社会学家乌尔里希·贝克于 1986 年出版了《风险社会》一书，首次提出了“风险社会”概念。他认为，由于科学技术的飞速发展，“生产力指数式的增长，使危险和潜在威胁的释放达到一个我们前所未有的程度”。因此，当今世界已经进入风险社会，并且风险不再只是个人的风险，而是全球性、结构性的现象。

在贝克眼里，所谓的风险社会，就是当今高科技迅猛发展的全球化时代的社会，某一看似局部或突发性的事件都有可能引发和导致整体性的灾难。贝克的认识，被认为是针对 20 世纪各种问题提出的诊断性结论，二十多年来，风险社会理论得到社会学、政治学、经济学等学界的广泛认同，在公众中的影响与日俱增。

风险社会理论强调的风险，主要是指那些由科学化的技术或技术的科学化而引起的潜在社会威胁，如大面积的放射性污染、全球性的核战争威胁、有毒化学品和生理性药品的滥用以及克隆和人造生命危机等。在传统的工业社会，人们普遍相信这些风险可以由科学家通过理性来确定和消除，但在现代风险社会，人们已经逐渐失去了这种信任，因为人们认识到科学技术本身也不得不面临各种挑战与矛盾。正如美国社会学家培罗·查尔斯曾警告过的：“高度发达的现代文明创造了前人难以企及的成就，却掩盖了社会潜在的巨大风险；而被认为是‘社会发展决定因素和根本动力’的科学技术，正在成为当代社会最大的风险源。”

（二）科技风险引发社会风险

随着科学在现代社会的应用，科学技术系统产生的风险和不确定性扩散到科学技术之外的社会领域。由于科学技术并不能够完全地满足自身的伦理道德要求，新发现和新技术的社会化结果很可能把人类和自然带入一个不可逆的发展过程。科学技术负面结果所产生的负面效应越来越广泛、深入，成为潜在社会风险的显在诱因和放大器。一些深层次的社会问题，通过科学技术的负面影响被显现、被放大，转化为各种各样的社会问题。

科学技术负面效应被放大和转化为社会问题的路径举例：

例一：食品安全问题，与人们生活密不可分。随着科学技术的进步，农药和化肥被大量用于农作物生产，在减少病虫害、提高产量的同时，随之而来的却是由于过量使用农药和化肥，导致农作物中残留物超标，食品安全问题凸显。同样，食品添加剂在提高食品品质的同时，其超标使用也带来了食品的不安全。无数的事例已经证明，食品安全问题已经成为当今最为严重的社会问题之一，引发了人们对企业诚信、政府监管、社会道德等一系列问题的不满与抨击，成为社会不稳定和谐的因素之一（参考图 1）。

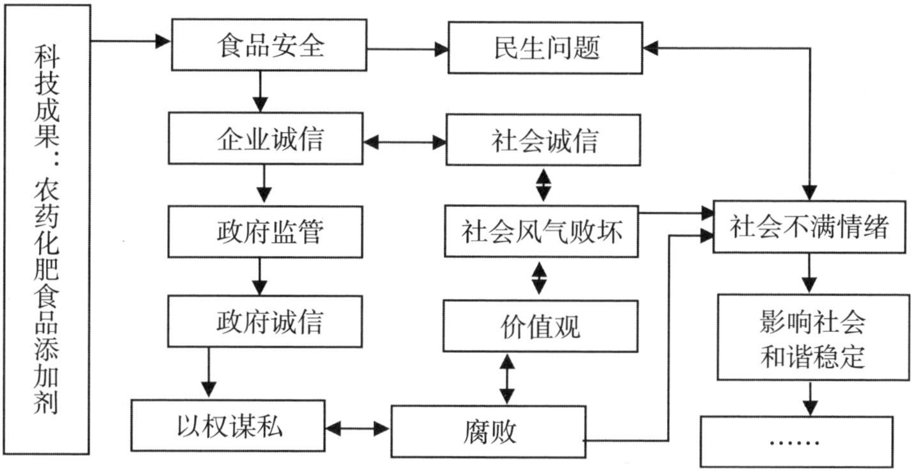

图 1　科学技术负面效应放大路径——食品安全引发社会问题

例二：医药滥用、欺诈与医院高收费问题。我国老百姓不满的另一个突出问题是看病难、看病贵问题。对于这个问题，很多人认为与科学技术的负面效应无关，主要是因为我国医疗体制改革带来的医药管理问题。事实上，科学技术发展为人类带来的巨大好处之一，突出体现在医药的进步、疾病的诊治和人类健康水平的提高、寿命的延长方面。相辅相成的是，科学技术在这方面的负效应同样无法回避。特别是新医药的出现伴随着医药欺诈和高收费，一方面，假医假药层出不穷，另一方面，新药物和新的诊疗手段的使用，使得医药费高昂，超过了老百姓的承受能力，看不起病、吃不起药、治不起病已经成为普通百姓的最大不满之一，由此引发人们对我国医药企业诚信、医护人员道德问题的诘问，对医疗管理体制改革的反思，对基本医疗保险制度的期盼，对政府公共政策和科学民主决策的热议等（参考图 2）。

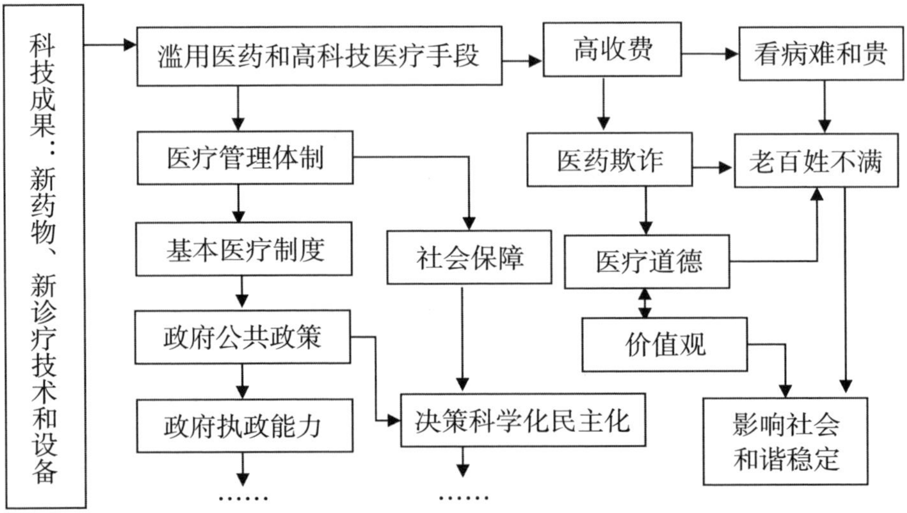

图 2　科学技术负面效应放大路径 ——医药滥用、高收费问题

例三：以克隆、人类基因组破解、人造生命“辛西娅”在美国诞生等为标志的生物技术，不仅可能引发复杂的伦理学问题，甚至颠覆生命的神圣性，终止人类的多样性进化，改变人种的自然构成和自然繁衍模式，使人失去自然选择独特基因的权利……

例四：以网络与通讯技术为标志的新媒体，一方面已经成为信息、舆论的独立源头，另一方面，与传统媒体互动，将各种社会问题放大，形成虚拟与现实互动的新情况。许多网民在网上结成各种虚拟社群，同声相应，同气相求，腾讯QQ网民结成的QQ群达5000万个之多，信息瞬间从一个群复制到另一个群，具有病毒似的传染性，在极大的空间范围和极短的时间限度内，就可能引发大规模的群体性事件。一些突发事件就是因为部分网民不满足于网上的“口水战”，企图在网下表达导致的。

在传统媒体中，编辑部与受众之间是“我写你读”“我念你听”和“我演你看”的关系。而在以互动为特色的网络社区，属于网民自主发生、信息反向传播的web 2.0形态。人民网舆情监测室对2009年77件影响力较大的社会热点事件进行了分析，其中由网络爆料而引发公众关注的有23件，约占全部事件的30%。2010年，根据五大网络社区和新浪微博客的统计，围绕热点事件的发帖数量有较大增长。在20大热点事件中，帖子超过5万条的有13项，其中发帖超过10万条的事件有7项，超过100万条的有2项。这些热点事件主要涉及公民权利保护、公共权力监督、公共秩序维护、公共道德伸张等一系列重大社会问题。很多突发事件只要涉及官员、警察、城管、司法、央企、富人、下岗工人、小商贩、农民工、房价、物价等敏感因素，很容易引发铺天盖地的舆论声浪，在传统媒体因种种顾虑而缺席的情况下，互联网孤军深入，成为网民自发爆料和集结舆论的平台。

……

面对由科学技术的发展而引发的，扩展到各个领域、渗透到各个层面的各种各样的社会问题，曾经非常自负，认为可以主宰一切、战胜和超越自然和社会客观规律的、至今仍然执迷不悟的人类不得不反思，重新认识人与自然、人与科技、人与社会的关系，人们不得不回归理性的思考。

虽然在分析导致现代社会风险增长的原因时，科学技术作为重要的风险源已日益引起学术界的关注，但在实践中，科技风险与社会发展的伴生关系还很少被认识，更少被各级政府和决策层视为重要的政策议题，人们更经常考虑的仍只是科学技术在提高生产力水平和改善生活条件等方面的巨大潜力。正是因为如此，特别强调和希望引起决策者注意的是，科学技术已经成为社会风险加大的重要诱因和放大器。

（三）什么使科学技术发生负向改变

由科学技术负面效应带来的科技风险，逐渐扩展、衍化为各种社会风险，成为当代社会最大的风险源。那么，是什么使得原本圣洁、为人类带来福祉的科学技术发生负向的改变，带来越来越恶劣的负面后果呢？对科学技术异化的研究为我们提供了一个思考的视角。

科学技术的异化是指由于其外部环境作用于科学技术，并通过对科学技术自身的个别要素或倾向的极端化，使科学技术背离它的固有本性和原有初衷，堕入自己的对立面，从而给社会和人类造成危害，带来风险，同时也危及科学技术自身。大多数学者认为，科学技术异化已经是毋庸置疑的现实存在：科技武器对人类安全构成威胁；科技制品本身的缺陷对人类社会带来各种危害；科技改良人体而为人类前途蒙上阴影；科技对人类生命的研究影响到人的尊严；科技形成的机械化、系统化窒息了人的情趣；科技促成了工业社会，却影响了家庭的伦常……科学技术的异化主要表现在以下几个方面：

1. 科学的技术性异化

科学的技术性异化表现为科学在追求目标和研究手段上均被技术化，其一是指科学以追求技术应用为唯一的或占支配地位的研究目标；其二是指科学研究本身严重地依赖复杂而精密的仪器和技术设备，甚至沦为技术的附庸。公众在不知不觉中把科学视为技术的集合，把科学家视为技术专家，科学的本性被误解，科学的目标被扭曲，科学不得不违背自己的初衷，走向自己的反面——善良的知识之树结出技术滥用的恶果。

2. 科学技术的功利化异化

"追求真理，造福人类"是科学精神的实质性内涵，它使得科学成为"真理"与"圣洁"的代名词。20世纪60年代以来，科学研究和评价开始背离科学的精神气质，科学和技术被功利化，力图垄断某些知识产品和技术专利，获取巨额的商业利润。80年代以来，伴随着以科学为基础的高技术产业的发展和兴盛，科学技术功利化的步伐大大加快，研究成果被视为知识财产，不仅由于它的认识真理的价值，而且由于它的金钱价值而被争夺。知识产权代替了金融资本、自然资源和土地等传统要素，成为工业发展的发动机和驱动力，知识资本化变成经济增长的基础。科学技术过度功利化的结果，造成科学技术的功利化异化，只关心实用目的，一切以物或人的用途为转移，分离了事实与价值，扼杀了创造性。

3. 科学技术的权力化异化

科学技术的权力化异化是科学技术和外部权力彼此纠合、相互利用的结果。科学技术在政治权利、经济权利等的诱惑和驱使下，借助科学的应用和技术的手段，在物质和精神两个方面变异为某种异化的权力，给社会和人类造成负面的或灾难性的后果。科学技术的进步，使得人对自然的征服力得到大大的提高，但这种征服最终是以人对人的统治为代价的，即借助技术手段，统治者的意志和命令被内化为一种社会及个人的心理，技术已经控制了社会生活的各个领域。正如德国著名社会学家尤尔根·哈贝马斯所说，科学和技术不仅成为第一生产力，而且也成为统治的合法性的基础。科学技术的权力化异化使得科学共同体脱离了代表大多数科学家和公众的轨道，成为少数人利益的代表，不仅使科学技术成为政治或经济的御用工具，也危及到科学技术自身的健康发展。

4. 科学技术的意识形态化异化

科学技术的意识形态可以界定为：对科学技术的整体看法或就科学技术所做的价值判断的总和。科学技术在内外因素的综合作用下转变为意识形态，并且发挥意识形态的功能。这种功能除了具有正面效果外，也往往会产生一些负面后果——禁锢心灵、窒息思想、压制自由，使科学技术和社会失去活力等——从而使科学技术走向自己的对立面而发生异化。由于意识形态在某种意义上可以被视为一种精神权力，科学技术的意识形态化异化与其权力化异化密切相关，起着掩饰多种社会问题、转移人们不满和反抗情绪，阻挠人们选择新的生活方式，维护现有社会统治和导致社会堕落的意识形态作用。

5. 科学技术的专门化异化

随着科学技术的发展和社会分工的精细化，科学的分科和技术的分类变得越来越细微。这种专门化大大促进了科学技术的急剧深化和迅猛进步，却也产生了消极的乃至致命的影响——科技文化与人文文化脱节，视界越来越狭窄，知识越来越零碎，无论是个人还是社会，都很难建立起完整的思考和认识，使知识分子异化为专业上的呆子和智慧上的傻子，正如爱因斯坦曾指出的："理论知识在每一个科学部门都变得非常深奥。不可避免的是，各个研究者的活动被局限在人类知识越来越小的片段内，甚至要粗略地把握一下作为一个整体的科学正在变得越来越困难。"专业化带来的，一方面是专业工作技能和能力的提高，另一方面却是其他工作技能和能力的丧失。整个社会在收获巨大的总体效益的同时，却使它的一个个成员束缚在狭窄的领域内，造成无法弥补的损失。

6. 科学技术的机械化异化

科学以技术特别是以技术的典型形制机器为中介，导致科学技术的机械化异化。在战争时期，应用科学技术提供给人们相互毒害和残杀的手段；在和平时期，科学技术使我们的生活更加匆忙和不安定，使人类成为机器的奴隶，劳动不再是充满乐趣的创造，而成为枯燥的机械重复。科学技术的发展，在加速提高生产力的同时，也大大加速了生存竞争，损害了个人的自由发展，影响着人类的生活方式和思维方式，甚至渗透到日常生活的最简单的功能中，侵占人类选择的自由，甚至有可能导致人在智能上的退化。我们正在不断深入研究用某些技术器械代替身体器官的新技术，基因工程和纳米技术有可能把我们的身体改变为新的形式……

7. 科学技术的非人性化异化

科学技术的非人性化异化把人视为纯粹的客体，不是视为建筑师，而是视为砖块和石料，人不再是活生生的人，成为异己的他物。现代化的工业设备和高度的生产率在满足个人的各种需要的过程中，剥夺了人的独立思考、自主性以及发表不同意见的权利，使人的情感失落，灵魂失所，意义失却。人类社会的发展仅仅发生在技术层面上，人的心灵越来越被忽略。德国哲学家胡塞尔早就发现了科学技术的非人性化异化的存在，他说："现代人漫不经心地抹去了那些对于真正的人来说至关重要的问题。只见事实的科学造成了只见事实的人。"

从对科学技术异化现实的分析中可以看到，人类今天处在独特的危险位置：人是他创造的文明的主人还是它的奴仆？他能够控制他自己释放出的力量吗？人有跟得上他自己设计和制造的机器的能力吗？正确回答的必要性也许比我们认清它更加刻不容缓，因为科学技术并未处于静止状态。

（四）科学技术异化的原因

科学技术异化的原因大致可以分为内部原因和外部原因。在每一种科学技术异化的现实中，都有外部原因和内部原因，二者往往交织在一起共同发生作用。

1. 现有社会建制和价值取向偏差——这是来自科学技术外部的造成科学技术异化的最重要的动因

例如，以增加利润和积累财富为主导的经济制度，以短期目标和眼前利益为导向的政绩评价规则，以鼓励超前消费和感官享受为追求的价值选择，重物质而不重精神、重身体纵欲而不重道德修养和心灵安然的社会风尚，社会缺失人道主义传统，传统文化认同日益衰弱等等。美国前副总统阿尔·戈尔在给生物学家蕾切尔·卡逊《寂静的春天》一书撰写的序中一针见血地指出："现有的体制是浮士德式的交易——牺牲长远利益，获得近期利益。"

2. 缺失科学技术发展与应用的严格监督和有效制约

自然科学的发展，在每一个转折点上都引发社会和伦理问题，这并不能归咎于科学本身，而是因为社会科学没有成熟和有效的基础加以有效制约和展开正确的引导，缺乏应有的和有效的监督机制。对科学和技术的风险评估和风险控制，很少有专门的研究和应对方案，无论是社会、科学共同体还是同行评议，都缺乏专门的交流和批评途径。如果说，科学技术革命带给人类的第一个训诫是知识就是力量，那么，第二个训诫便是：人类生产新知识的能力大大超过了大规模地利用这种力量的能力。

3. 科学文化与人文文化脱节——社会缺失人道主义传统，人缺乏人文精神和人文传统

由于学科间的日益分化与细化，在科学技术与人文文化之间产生出日益扩大的鸿沟，它们彼此的分裂造成了社会的损失，因为大多数知识分子只了解一种文化，因此对现代社会做出错误的解释，对过去进行不适当的描述，对未来做出错误的选择与估计。正是在人文文化、理性精神和道德力量日益缺位的情况下，技术至上大行其道，以工业文明为标志的现代文明甚至整个人类文化被趋利的技术左右着，本能地听命于工业、资本、权力、欲望的调遣。当人们用潜藏在知识中的社会有用性来衡量科学技术进步时，就难免不导致科学异化并危及人类自身。

4. 人的能动性和受动性关系失衡

科学技术在其发展过程中，不可能达到对自然界全面、系统的认识，对自然界无止境的探索，是人类永恒的、无法停止的追求。科学技术的发展和应用是人的能动性发挥的重要标志，全球性社会风险特别是生态环境危机

的产生，却是人类在发展和应用科学技术时没有处理好能动性和受动性的关系，使得作为能动性基础的受动性被湮没和扭曲而导致的结果。由于人们在发挥能动性发展和应用科学技术时没有相应地推进对于自身无法摆脱的受动性的认识，造成不合理地、片面地发挥其能动性，表现为盲目地、过度地滥用和误用科学技术，无节制地向自然索取，最终加剧了科学技术的异化。

5. 缺乏对科学技术与社会之间关系的反思和批判

理性的思考、反思与批判本是科学的固有精神，令人遗憾的是，科学技术难以自觉地认识自身的社会作用和它们特有的社会本性，反思它们自身带来的各种社会问题。科学发现总是通过技术的途径变成巨大的物质力量，在利益的驱使下又往往被滥用。在对这些滥用的深沉反思和自由批判丧失时，科学技术便变成了纯粹实用的利害关系。作为科学技术研发主体的科学家和研究人员，本应超越科学技术本身，肩负起反思和批判科学技术的责任，也应满腔热情地欢迎来自科学共同体之外的建设性批评，但是，在物质化了的社会中，科学家和研究人员的社会责任感难免不受到侵蚀，在如何处理社会和科学技术之间关系的权衡中，自觉或不自觉地把砝码偏向了现实利益，应有的反思和批判被利益遮蔽了双眼。

二、风险社会：当代世界最重要的特征

随着当今自然和社会中突发事件的增多、不确定性的增强，风险已成为当代社会的重要特征，当代学者对风险的解读已不仅仅局限于科学技术领域，而是把视野扩展到更广阔的社会文化层面，置于全球现代化发展的大背景中进行考察。

（一）什么是风险

“风险”概念的来源有两种比较普遍的说法，一种是来自于渔民出海捕

捞打鱼的活动——“风”带来“险”；另一种是“风险（risk）”一词来源于法语的“risque”，指航海遇到礁石、风暴等事件。“风险”广义地说，是指选择的某种行为结果的不确定性，以及由于这种不确定性使行动者的期望目标与实际状况之间发生差异，而给行动者造成损失的可能性。对这个定义可以有三种理解：一种强调“风险”本身表现为不确定性，由于其不确定性，没有从风险中获利的可能性；另一种理解则强调“风险”表现为损失的不确定性，说明风险产生的结果可能带来损失、获利或是无损失也无获利；第三种理解，强调风险并非只是在实现决策时带来的损失，也指偏离决策目标的可能性。从这一定义可以看出，风险具有客观性、偶然性、损害性、不确定性和相对性（或可变性）等特性。

关于风险的种类，和贝克处于同一时代的另一位风险社会理论的首倡者和建构者、英国社会学家安东尼·吉登斯认为，从风险的客观存在来看，人类共同面临着四种风险形式：一是核战争构成了对人类生存的整体威胁风险；二是突发事件的不断增长影响着每个人，例如全球劳动分工的变化以及全球经济交流的崩溃等等所产生的风险；三是人类居住的生态环境的恶化产生的风险，如不可遏制的人口爆炸、生态环境污染等；四是其他各种制度化风险环境的产生和发展，如投资风险以及市场风险等。

风险还可以按照性质划分，如：纯粹风险是指只有损失机会而没有获利可能的风险；投机风险是指既有损失的机会也有获利可能的风险。

按照产生风险的环境可以划分为静态风险和动态风险。静态风险指在社会政治经济环境正常的情况下，由于自然力的不规则变动和人们的错误判断和错误行为所导致的风险，如地震、洪水、飓风等自然灾害，交通事故、火灾、工业伤害等意外事故均属静态风险。这些风险造成损失的机会对个别来说是不确定的，但对整体来说却表现为一个确定的数值，后果主要是经济上的损失。静态风险一般属于不可回避的风险。动态风险是指与社会变动有关的风险，主要是社会政治、经济、文化、科学技术、组织机构发生变动而产生的风险。通货膨胀、汇率风险、罢工、暴动、消费者偏好改变、国家政策变动等均属于动态风险。动态风险造成的后果难以估计，既可能带来经济上的损失，也可能带来额外收益。动态风险常常是可以回避的风险。

（二）什么是社会风险

由于“风险”一词被广泛运用于多门学科，不同学科从各自的角度赋予风险不同的内涵，如统计学、保险学视角中的风险，主要是指某一事件造成破坏或伤害的可能性或概率。人类学、文化学理解的风险，指的是某一群体对危险的认知。社会学研究中对社会风险的定义千差万别，但总的来说已经明显区别于纯粹自然意义上的灾难、危险或威胁，而更多地与人类的行为和决策意义联系在一起。二十多年来，经过众多学者的研究、拓展和深化，对社会风险的定义取得了比较一致的见解：即社会风险可以从广义的和狭义的两个角度来理解。

广义的社会风险是指由于政治、经济、文化等子系统对社会大系统的依赖，任何一个领域内的风险都会影响和波及整个社会，造成社会动荡和不安，成为社会风险。有中国学者认为，社会风险可以定义为：是由人类实践和社会性因素引起，人类社会和人们的社会生活在未来遇到危害的可能性以及对这种可能性的判断与认知。它可以区分为政治风险、经济风险、文化风险等。

按照西方学者的一般理解，在广义的社会风险中，政治风险是指一个国家可能与另一个国家发生战争或因外敌入侵、内战、恐怖事件而造成的动乱、意识形态分歧、经济利益冲突、地区性冲突以及党派斗争等因素造成的风险。

经济风险是经济萎缩、罢工、失业率增加、生产成本大幅上升、出口收入剧减、出口竞争能力低落、粮食与能源进口大幅上升、外汇枯竭、货币大幅贬值等因素发生的风险。

文化风险主要表现为在全球化的背景下，人类文化发展所面临的各种冲突以及带来的原文化的丧失与变异，甚至导致各文明主体之间的战争。如由于传统文化与现代文化的冲突、民族文化与外来文化的冲突、农耕文化与工业文化的冲突等带来的传统文化和民族文化的衰亡或变异、传统价值观念的颠覆、外来文化的入侵、文化多样性的衰减等引发的风险。

狭义的社会风险，是与政治风险、经济风险、文化风险相区别的一种风险，一般指所得分配不均、发生天灾、政府施政对抗、结社群斗、失业人口增加造成社会不安、社会各阶级对立、各阶层利益分歧、社会发生内争等因素引发的风险。

（三）现代社会风险的特性

现代社会风险本质上体现为社会性、集团性和结构性，表现形式多种多样，几乎影响到人类社会生活的各个方面，并且具有高度的不确定性，这种不确定性因素除了自然和科学技术以外，还可能来源于社会的经济、金融、政治、文化、生态等各个领域。

吉登斯将风险分为外部风险（或称自然风险）和人为制造的风险。前者是指来自于外部的、由传统和自然的不变性和固定性所带来的风险，如地震、洪水等；后者是指由于人类不断发展的知识对这个世界的影响所造成的风险，是在我们没有多少历史经验的情况下产生的风险，如核泄漏、全球变暖等。传统风险与现代风险的分野，在于外部风险（自然风险）所占的主导地位已经被人类制造出来风险所取代。

与传统社会和工业社会的风险相比，当代信息社会的风险存在着显著差异，表现出如下特性：

1. 跨区域、全球化

传统社会的风险及其后果，一般仅限于某个区域，只涉及有限的人员范围和有限的地区，而全球化所带来的风险已变得无地域限制，可越境交叉蔓延，无论是在空间上的影响，还是与此相连的社会影响，都很难予以限制。从普遍意义上说，当今社会风险既是本土的又是全球的，一种风险甚至与另一种风险同出一源，空前扩张。

2. 个体化

德国社会学家尼克拉斯·卢曼指出，当今时代，风险已成为我们生产生活的一部分，无处不在，无时不在，不仅来自于我们生活其中的自然环境，还来自制度环境，也来自我们作为集体或个人做出的每个决定、每种选择以及每次行动。每个人的任何一种选择都会产生风险，每个人遇到的风险又因自己的选择差别而不同。对于个人来说，风险既是普遍的，也是独特的。在我们被风险包围着的同时，也制造着新的风险。

3. 难以感知

工业社会以前的危险是能亲眼看到、切身感知的。随着科学技术的发展，与此息息相关的后果影响和种种危险却是受害人根本无法直接感觉到的，尤其在全球化背景下，风险的冲突点与始发点往往并没有明显的联系，有时人们生活在远离危险源头的地方，却同样未能幸免。同时，风险的传递与运动经常是潜在的、内在的，在不知不觉中，风险已经悄悄地逼近。“蝴蝶效应”不仅仅反映了气象学中气候变化的普遍规律，同样也反映了在经济和社会领域事物发展的结果，对初始条件具有极为敏感的依赖性，初始条件的极小偏差，将会引起结果的极大差异。

4. 难以控制

传统社会中的风险一般局限于一定地域，可以直接感知。在当代风险社会中，已经不再容易使风险具体化。现代社会的风险变得极其复杂，难以预测、难以控制、相互纠结和相互影响。风险包含的灾难越多，危害越大，我们获得所冒风险的经验的可能性就越少。不断发展的科学技术和制度的完善，在为控制风险提供越来越完美解决办法的同时，也可能带来新的更大的风险。

5. 更强的扩散性

由于当代通信、信息技术的高度发达，某种风险一旦发生，犹如“一石激起千层浪”，随之产生的“涟漪效应”泛起的水波纹会迅速波及到更远的地方，效仿者接二连三。如 2010 年 3 月 23 日发生的福建南平校园凶杀案，在短短的 50 天时间内，便引发了广西合浦、广东雷州、江苏泰兴、山东潍坊、陕西南郑等六地的校园幼儿园凶杀案，严重威胁到幼少儿的安全，导致社会恐慌。

6. 更广的关联性

当某种风险不能及时得到控制时，可能悄悄地转化为另一种风险，给整个社会带来一系列连锁反应，引发其他领域中潜在风险的爆发，如经济风险导致市场瓦解，造成资本贬值，可能转变为信任风险，丧失了绝大部分追随者，使全体政治成员受到侵蚀，最终转变为后果严重的政治风险，甚至导致整个社会处于崩溃的边缘。一种风险中潜藏着其他风险，各种风险互为因果，环环相扣。

7. 更大的危害性

由于以上 6 条特性，在当代风险社会，任何不幸事件一旦发生，都可能对整个社会系统造成影响和更大的伤害，其危害的深度和广度是传统风险所无法比拟的。

当社会风险处于生成、酝酿阶段时，它是隐性的；而一旦社会风险爆发，便是显性的，表现为社会危机和社会动荡，给社会带来损失，威胁社会的进步发展。

三、科技伦理与政府责任

由于科学技术异化带来的科技风险，通过各种不同路径转化、显现、放大为社会风险，科技风险与社会风险复杂地纠结在一起，对科技风险的应对，也就与社会风险的治理内在地联系了起来。

科学技术是人类认识自然和社会的强大武器，同样，它也应是认识、预测和应对这些风险的强大力量。要最大限度地防止科学技术的深度异化，发挥科学技术的正面效应，使科学技术为预测、降低、消弭各种自然风险和社会风险服务，就必须重视科技伦理建设，探索公众广泛参与科技决策的有效途径，强化政府的危机、风险意识和责任。

（一）科技伦理与公众参与

现代科学技术负面效应引发的科技风险和社会风险，使人们越来越深刻地认识到，对客观知识的追求并不一定导致真善美，客观性并不是科学技术价值合理性的唯一依据，应将科学技术活动纳入伦理的规约之下，尤其在科学技术异化的现实背景下，科技伦理已经成为人类追求的内在价值维度。

我们可以认为，科技伦理是科学精神与伦理精神的有机结合。科学精神与伦理精神都是对人类文明具有巨大推动作用的精神力量。科学精神体现了科学作为社会现象的文化内涵，深刻影响着人们的价值取向和行为方式，已经成为人类精神文明进步的基本标尺，实现世界普遍秩序的精神条件。伦理精神作为对社会内在伦理秩序体系的建构，影响着社会伦理生活以及个体道德品质的发展和提升，是现代文明的合理性确证以及实现人类本质特征的重要标尺。科学精神与伦理精神虽然在本质、内涵和功能方面有所区别，却具有相互关联和统一的基础。随着科学技术与人类社会联系的日益紧密，科学精神与伦理精神也日益由分离走向契合——科学精神融入伦理精神，伦理精神向科学精神渗透，最终实现人类精神文明自由发展的本质。

在另一个层面，随着现代科技的发展，科技负面效应带来的环境污染、生态失衡、食品安全、高科技犯罪、新媒体风险等问题，对公众生活质量和身心发展的负面影响越来越广泛，引起公众对科技可靠性的普遍关注和质疑。同时，随着民主政治的发展，民主参与和民主协商的理念逐步深入人心，公众的民主意识和参与意识日渐增强，在科学技术决策领域，排除公众参与的专家决策模式日益受到挑战和批判。公众越来越重视通过参与科技决策，干预科技发展的方向，达到对科技发展进行民主意愿表达，乃至对社会发展参与意见的目的。

20世纪70年代以来，“公众理解科学”在欧美等发达国家发展成为一种广泛的社会运动，科技决策作为广泛影响公众切身利益的政府行为，成为公众参与的重要领域，一些西方国家（如丹麦、荷兰等）已经全方位开展公民参与科技决策的尝试和努力，积累了诸多实践经验，对于推进我国公众参与科技决策具有一定的借鉴意义。目前，我国学界正在努力为公众参与科技决策进行理论和舆论推动，试图推进政府行动，但由于有利于公众参与科技决策的完善社会制度与环境尚未形成，还存在着诸多困境和亟待解决的问题，公众参与科技决策路途尚远。在这样的社会发展阶段，根据我国具体的政治、文化和科技背景，借鉴西方有益的经验，探索公众参与科技决策环境优化的现实途径，对于有效推进科技决策的公众参与、促进科技决策的科学性和合理性、防范科技风险和社会风险，具有重要意义。

（二）风险社会中“有组织的不负责任”

在贝克的风险社会理论中，有一个特别值得重视的核心概念，即“有组织的不负责任”。他认为，“公司、政策制定者和专家结成的联盟制造了当代社会中的危险，然后又建立一套话语来推卸责任。这样一来，它们把自己制造的危险转化为另一种‘风险’”。

在风险社会的复杂系统中，政治、经济、文化、科技、法律等子系统具有高度的相互依存性，任何风险的发生都难以分离出单一原因和责任，对应于高度精细的分工，存在着一种“普遍的共谋”，由此产生并导致责任界定的困难。“有组织地不负责任”，实际上反映了现代治理形态在风险社会中面临的困境，突出体现在两个方面：一是尽管现代社会的制度高度发达，关系紧密，几乎覆盖了人类活动的各个领域，但是它们在风险社会来临的时候却无法有效应对，难以承担起事前预防和事后解决的责任；二是就人类环境来说，无法准确界定几个世纪以来环境破坏的责任主体，各种治理主体反而利用法律和科学技术作为辩护的利器，进行有组织的不承担真正责任的活动。

风险社会的各种特征可以从风险制造和风险责任承担两个方面来理解。在风险制造方面，由于人类知识的局限性，对于利用已有知识产生工业文明成果的副作用缺乏了解，极易因前所未有的不确定性决策而制造出巨大的风险，全球化的发展又使得人类对风险制造的控制能力变得十分有限。风险的产生必然伴随着风险责任承担问题，然而，当我们寻找风险责任承担主体时，却往往发现，由于“有组织的不负责任”，使得风险界定中的“因果关系”断裂，风险责任主体难以确定。我们不得不面对这样的现实：当我们制定制度时，一方面各种治理主体其实是在进行有组织地制造风险的活动；另一方面，风险的制造者和本应是风险责任承担者的主管机构都在借助制度想方设法为自己开脱，逃避应负的责任。标准的细化和制度的规范，带来的却是责任主体的多元化，造成实际运作中的责任缺失和主体虚位。

（三）风险社会视野下的政府责任

政府是行使国家公共权力、掌握社会公共财物、管理社会公共事务的机构，具有维护政局稳定，对经济活动进行宏观调控，管理公共事业，发展社会福利，促进社会公平正义，应对自然灾害等化解政治、经济、社会及自然风险的职能，是社会风险管理的主要力量和主体之一，在化解各类风险、构建和谐社会、促进社会健康发展中具有举足轻重的地位。

1.“重责”政府困境

在当今复杂性日益增强、社会风险日益增大的时代，政府自身的变革往往滞后于时代的要求，直接或间接导致治理的失效。以政府为中心的治理失效表现为结构性失效、制度性失效以及政策性失效三种基本形式，从这个角度说，政府也是风险制造者之一。同时，面对风险社会背景下普遍存在的风险，政府无法回避诸多前所未有的危机难题，在应对和责任承担两个方面缺乏足够的自觉和能力，往往因“有组织的不负责任”而陷入受“重责”的困境。

其一，由于风险的普遍性和控制的有限性，导致公共危机防不胜防，一方面，政府处在危机的风口浪尖下，其应对策略往往难尽人意；另一方面，政府面对越来越复杂的风险决策选择，以有限的知识应对没有经历过的未知风险，难免显得顾此失彼。决策需要基于知识做出理性判断，困难的是，人类在获得更多知识的同时，却又不得不面对更广阔的未知领域的挑战，过多的政府职能使得政府不得不成为应对这些挑战的先锋。

其二，由于风险责任承担显现出“有组织的不负责任”的特性，因而存在着因无人承担责任而导致政府责任被放大的可能。在以国家为中心的治理结构下，政府作为公共事务的重要决策者甚至是唯一决策者，与公共危机有着脱不开的责任关系，同时，危机发生后，政府责任又受到前所未有的关注，备受社会各界指责，为此，政府往往出于维护自身利益的考虑，甚至不惜以掩盖危机的方式来规避众责，由此形成政府失信与社会失序的恶性循环。

“重责政府”困境的根源在于，在以国家为中心的治理结构中，政府垄断了绝大多数公共事务的决策权，包揽了过多的职能，在公共危机爆发时，拥有独一无二职能地位的政府自然摆脱不了“重责”的处境，因此，转变政府职能，合理定位政府角色，是政府解脱自身困境、自如地应对社会危机与风险的必由之路。具体而言，就是要转变以国家为中心的治理形态，充分发挥市场、公民社会各自的功能和作用，培育和发展市场和公民社会的治理机制，以弥补政府治理能力的不足，共同应对风险社会中的不确定性，并承担各自在公共危机与风险中的责任。

2. 提升政府风险管理能力的重要途径

如何防范和应对社会风险，对于世界各国政府而言，都是近年来一个必须面对且越来越严峻的新的现实问题和挑战。加强社会风险防范和应对，是对政府管理能力和管理水平的挑战，更是对政府创新管理理念与创新管理手段的能力和水平的考验与检验。为此，建议从以下几个方面创新和加强社会风险防范和管理。

一是加强风险意识和风险管理意识。风险意识和对风险的认识，影响并决定着政府对风险管理的决策。加强政府风险意识，关键是把风险预警作为决策的一个重要因素，强调“防患于未然”，把风险管理引入日常工作，把风险管理能力评价纳入政府绩效考核体系，成为常态性工作，而不仅仅局限在“应急”层面。同时，通过各级政府的努力，推动风险意识和风险管理意识深入社会管理的各个层面和各个领域，把社会风险防范作为社会管理的重要内容和最终目的。

二是依靠科技平台，建立健全风险监控全过程机制。政府风险管理中的关键是把风险转化为机会和机遇，这就需要正确掌握风险的特点与特征，把握化危为机的策略选择——既注重对风险爆发后的分析、监控和化解，更重视风险前期的分析监控。社会风险监控、预警管理和控制依然离不开科学技术支撑，特别是以计算机为核心的现代信息处理技术，为监控、分析、控制风险提供了重要平台，贯穿在风险处理的全过程。主要包括：（1）界定社会风险预警范围：界定潜在社会风险的预警区域，建立社会风险源分布数据库；（2）分析社会系统运行现状：根据具有强警戒性的相关指标信息，分析社会运行状态；（3）建立社会风险预警模型：通过实证研究给出风险预警模型及社会发展常态指标评判标准；（4）辨识社会系统异常要素：社会运行现状指标与社会系统常态指标两相比较，辨识出社会系统是否异常；（5）诊断社会系统突出问题：深入分析引发社会系统异常现象的警源；（6）设置风险预警管理预案：根据引发异常的各种警源设计出相应解决方案，并分别提出调控对策；（7）采取风险预警管理措施：对相应指标进行动态监控和在线监测，采取相应措施维护社会稳定；（8）评估社会风险预警效果：根据警戒性指标及评价标准判断各项措施是否达到预期效果；（9）风险预警管理信息反馈：根据各种反馈信息对政策、对策进行适当调整。

三是整合社会资源，提高风险处理能力。对风险的应急处理能力，体现了政府的运作水平和效率。政府首先应充分发挥基层社区组织和各类社会组织的作用，建立健全全社会风险监控网络，把风险防范落实到基层；其次，应加强风险管理的专业人才队伍建设，形成有效的专家咨询队伍、专业人才管理队伍和应急处置队伍；第三，应建立健全重要应急物资生产、储备、调拨及紧急配送体系，确保应急物资和生活用品及时供应到位。

四是规范风险管理过程，提高风险管理效率。风险管理过程不是只涉及某一时段的简单过程，风险化解也不可能由某一部门独立完成和实现，需要实现风险管理全过程的合理化、科学化和规范化，需要依托健全的组织体系与社会网络，需要探索“低成本、高效益”的管理模式，实现社会管理体制机制的创新。政府可以通过避免风险、降低风险损失和危害、减少风险发生率、政府风险自留、风险转移等方法，提高风险管理效率。

五是法律约束与社会治理结合，形成“善治”模式。所谓“善治”，就是使公共利益最大化，政府与公民对公共生活合作管理的模式，在法律框架下，健全“党委领导、政府负责、社会协同、公众参与”的社会管理格局，着力发展非政府组织、社区组织、中介组织，作为调处、化解社会矛盾，畅通利益表达渠道的重要组成部分，形成政府管理和群众自治、各种社会组织有机衔接、良性互动的体制机制，不断提升政府社会风险管理、控制能力和危机化解能力。

正视中国已随世界大潮进入风险社会的现实，改变传统社会的思维逻辑，树立崭新的视角看待和理解当今的社会本质和特征，科学分析影响社会和谐的矛盾、问题及其产生的原因，更加积极主动地正视矛盾、化解矛盾，最大限度地增加和谐因素，减少不和谐因素，在风险社会视角下探求符合社会需要的新的发展理念和治理模式，应成为政府应对风险社会挑战，提升治理能力和治理水平的基本思路与基本准则。

参考文献

[1]程萍：《科技创新与可持续发展》，中国科学文化出版社2003年版。

[2]周战超：《当代西方风险社会理论引述》，《马克思主义与现实》2003年第3期。

[3][德]乌尔里希·贝克:《风险社会》,何博闻译,译林出版社2004年版。

[4]祝华新、单学刚、胡江春:《2009年中国互联网舆情分析报告》,《社会蓝皮书(2010年)》,社会科学文献出版社2010年版。

[5]李醒民:《科学的文化意蕴》,高等教育出版社2007年版。

[6][德]汉伯里·布朗:《科学的智慧——它与文化和宗教的关联》,李醒民译,辽宁教育出版社1998年版。

[7]赵万里:《科学技术与社会风险》,《科学技术与辩证法》1998年第3期。

[8]于咏华:《风险社会与政府社会风险管理能力提升》,会议交流资料,2010年10月23日。

[9]冯必扬:《社会风险:视角、内涵与成因》,《天津社会科学》2004年第2期。

[10]夏玉珍、吴娅丹:《中国正进入风险社会时代》,《甘肃社会科学》2007年第1期。

[11]朱力:《变迁之痛:转型期的社会失范研究》,社会科学文献出版社2006年版。

[12]姚亮:《中国社会转型期的社会风险及特征分析》,人民网2009年10月21日。

从“互联网 +”透视科技体制机制障碍[①]

程 萍

如何推动“互联网 +”行动计划落地，发挥互联网在远程医疗领域的优势，缓解优质医疗资源紧缺、老百姓看病难问题，是一个关乎民生、亟待厘清和解决的系统性问题。其中涉及的远程医疗准入、大型医疗设备配置许可、医保统筹、价格制定、HIS 系统接入、评估监管等诸多体制机制和政策障碍，集中反映了我国科技创新体制机制和政策体系已经不能适应以“互联网 +”为代表的当代和未来科技创新与科技革命的要求。最近，笔者调研了“肿瘤精准放疗云平台”建设项目，其面临的困难与问题非常具有代表性，反映了“互联网 +”难以落地的现实困境，也反映了我国现行体制机制下科技创新以及科技成果转化面临的困境。

一、“肿瘤精准云放疗平台”建设的现实困境

随着我国医疗诊断水平的提高以及环境的不断恶化，我国肿瘤确诊率逐年提升，已成为我国人口的第一死因。《2015 年中国癌症统计》显示，2011 年，我国新发肿瘤病例 337 万，比上年增加 28 万例；平均每天新发病例约

① 本文原载《人民论坛》2016 年第 6 期中（总第 521 期）。

9233 人。估算我国 2015 年有 429.2 万例新发肿瘤病例和 281.4 万例死亡病例，肿瘤放疗国际适应证比例为 70%，我国放疗开展不足 30%，恶性肿瘤死亡率 148.81/10 万。面对恶性肿瘤高发现状，我国优质医疗资源严重不足，利用互联网对优质医疗资源进行整合，实施远程诊治，无疑是解决问题的重要途径。我国自主研发的“互联网 + 远程医疗”思维模式下的“肿瘤精准云放疗平台”应运而生。

该平台旨在通过互联网、大数据、云计算等技术手段，整合国际国内优质医疗资源，研发精准云质控、云计划等一系列网络信息系统，为基层医院和患者提供精准放疗方案，并通过对放疗实施全程指导、实施、评估和监控，使肿瘤诊治不出县，提高生存率，是目前国内唯一的放疗质控管理系统。对于这样一项惠及民生的好事，有关部门大力支持，但在建设中仍然遇到各种体制机制和政策障碍。

（一）缺乏放疗规范化诊治指南和质控国家标准，诊疗效果难以评估，成为“互联网 +”发挥优质资源规范化整合及标准化输出作用难以绕开的基础性障碍

发挥“互联网 +”的资源整合作用，首先遇到的是标准问题。我国尚没有统一的精准放疗国家标准，各地诊治和质控标准差距较大，“肿瘤精准云放疗平台”跨地区执行很困难。发达国家都有肿瘤精准放疗国家标准，美国医学物理学会（AAPM）、美国放射治疗技师学会（ASRT）等就是代表国家负责制定这类质控标准的组织。我国国家癌症中心下属国家肿瘤规范化诊治质控中心准备制定相应标准，由于人员、经费、审批等多头管理，各相关机构职责划分不清等因素限制，困难重重。即使出台了相关标准，鉴于目前国家质控中心行政主体和权力不明确，各省市自治区质控中心建设不完善等问题，执行仍是个难题。

（二）大型医疗设备配置许可证制度，限制了肿瘤放疗相关设备的合理配置，基层医院设备严重不足和老旧程度较高

2011—2012年，我国接受放疗治疗的肿瘤患者约为56.9万人，不到需要接受放疗人数的30%，放疗设备不足是造成这种情况的原因之一。我国大型医疗设备长期实行配置许可证制度，其中甲类如质子治疗系统、PET-CT等均与肿瘤放疗直接相关。我国目前医用直线加速器保有量约为1900台，能够开展精确放疗的仅500台左右，且集中在经济比较发达的城市和地区，远不能满足需要。由于配额稀缺，造成无效需求被激发，真正的需求被压制。医用直线加速器在2020年前有望达到4000台，但现有设备不断老化淘汰，仍然有较大缺口，特别是老少边穷地区的拥有量和合理配置仍存在问题。

（三）远程医疗政策、法律责任和放疗定价体系不健全，公办医疗机构参与动力不足，社会资本进入难，持续发展难

依托信息化技术开展远程医疗服务，是提高基层医疗服务水平，解决基层和边远地区人民群众看病就医难问题的有效途径之一，但有关政策规定只能在医疗机构之间开展远程会诊。由于大型优质医院少，专家时间成本高，远程诊疗法律和责任认定不健全，责权利不明确等原因，导致公办医疗机构参与动力不足，初期热情较高，持续性不强，发展较慢。同时，远程放疗收费定价不符合市场规律，按照现行的专家会诊模式执行，社会资本难以进入，不利于建立多样化的远程医疗商业模式。

（四）各地医保与合作医疗标准不统一，报销项目与比例的审批、定价严重滞后于新技术的发展，制约了新技术的推广与应用

由于各地经济发展水平不同，医保标准不同，对肿瘤放疗诊治项目的报销范围和定价，各地差异较大，部分地区仅有适形放疗定价标准，三维适形与调强治疗等新技术的定价和报销制度缺失，经济欠发达地区和城乡低收入家庭患者没有能力得到较好诊治，难以享受“互联网＋远程医疗”提供的好处，客观上起到了鼓励基层医疗机构发展较低水平治疗手段的作用。另一方面，各地医保报销项目和费用比例随着当地经济发展水平不断扩大和提高，但审批过程缓慢，新技术推广和应用严重滞后于研发和需求。

（五）缺乏远程医疗信息共享政策和规则，一些地方医院重局部利益轻整体利益，重医院利益轻患者利益，医院管理信息系统接入和信息共享困难

目前我国绝大多数大中型医院都建立了医院管理信息系统（HIS），大型医院建立起医学影像信息系统（PACS），却没有信息接入和共享的制度与政策保证，业内也没有能够达成共识和共同遵守的实施规则，各地医院花费大量资金建立的 HIS 系统不能很好地发挥应有的信息交换和共享作用；一些地方医院为防止本地患者资源外流，通常以信息安全为由，拒绝打开 HIS 接口；一些处于优势地位的医院又缺乏利用该系统为患者服务的主动性和紧迫感。这些问题都不利于患者享受优质医疗服务，也不利于 HIS、PACS 等医疗信息系统标准化和国际化。

（六）远程精准放疗人才极为匮乏，技术评价、考核和等级认定体系尚未建立健全，放疗效果评估、监督体系缺位

目前，我国接受放疗的癌症患者平均每人花费至少 5 万元，仍有 1/5 死亡，这与放疗物理师人数匮乏、技术能力良莠不齐有直接关系。2011 年，我国约有 1161 个肿瘤治疗中心，接受放疗治疗的患者约 56 万，却只有 1887 名物理师。2014 年，国内放疗单位增至 1579 家，每年增长约 12%，物理师约 2400 人，增长只有 10%，物理师匮乏形式更加严峻。20 世纪 90 年代以来，放疗技术从二维治疗到现在的三维、四维治疗，发展迅速，复杂程度不断提高，对物理师的要求越来越高，基层医院放疗医护人员、物理师专业培训需求强烈。规范化的培训周期至少半年，大型医院的培训提供能力有限，缺乏相应的激励机制，培训积极性不高，很难满足培训需求。

二、从“肿瘤精准云放疗平台”建设困境看我国科技体制机制障碍

我国科技管理体制经历改革开放近40年的渐进改革过程，已经实现了一系列战略性转变。国家的科技管理从直接配置资源和审批项目的微观管理为主转向以打造有利于创新的政策和制度环境为主，并努力探索和建立一套适应我国创新体系建设的宏观管理体制和机制，形成了具有中国特色的科技宏观管理体制机制系统。这一系统，既为我国科技创新提供了制度保证，也存在着明显问题，特别是在互联网已成为社会发展重要推动力的今天，我国既有的科技管理体制，在宏观协调、政策整合、市场放权等方面凸显出对于科技创新的不适应甚至制约。从“肿瘤精准云放疗平台”建设遇到的六大问题，可以看到我国科技管理体制存在的三个突出问题。

（一）缺乏有效的资源整合机制，现有协调机制难以落实，条块分割，政出多门，国家科技战略实施难以到位

我国科技管理体制在国家层面上，国务院设有国家科技教育领导小组。国务院直属的科技管理部门包括国家发改委相关职能部门，国家科技部、教育部，中国科学院、中国工程院、国家自然科学基金委、中国科学技术协会等。在地方管理层面上，依据国家模式，各省市自治区政府都设有相应的科技、教育厅（局）和自然科学基金、社会科学基金、地方科协等管理部门，对地方的科技活动进行管理和投入。在行业管理层面上，国务院组成部委中，至少有50%以上的部委设有针对本行业科技管理特点的科技管理司局，负责对本系统具有行业特征的科技活动进行管理和投入。

国家对科技实行宏观管理的关键举措是国家科技经费的分配体制，特别反映在中央财政对科技创新的投入情况中。我国中央财政对科技的投入形成多渠道格局，国家发改委、科技部、教育部，国家自然科学基金委、中国科学院、中国工程院、中国科协以及国务院各部委的科技管理部门等均通过不同形式资助各类科技项目，虽使研究经费获得了较快增长，却不免造成科技资金管理分

类交叉重复、投入结构不尽合理，浪费较大，产出效率和质量不够理想等问题。

国家科技教育领导小组负责协调全国各部门及部门与地方之间涉及科技或教育的重大关系，但从实际运转情况看，在科技政策、科技经费宏观管理和资源整合优化方面也还没有形成有效的综合协调机制。同时，中央政府的科技宏观管理职能也被分散在多个国务院直属的政府部门和科技管理部门中。这些部门在管理运行中职能彼此分割，相互脱节，遇到涉及科技管理全局性的政策，一旦触动部门利益就难以落实和推动，而国家又缺乏强有力的、超越各个部门局部利益或视野的协调机制，以履行宏观政策协调、资源统筹优化配置的职能，造成国家层面的科技战略决策难以到位。“互联网 +”这样具有前瞻性高远视角的战略思想、“肿瘤精准云放疗平台”这样利国惠民的创新项目，在这样的科技管理体制下，落实的难度可想而知。

（二）科技政策与经济、社会、文化等政策之间缺乏有效协调和整合，科技政策与产业政策相互脱节的情况没有得到根本改变

随着科学技术对人类社会的影响日益深入，科技政策与经济、社会和文化等政策的关联度越来越高，但这些政策的制定与修改完善，分属于不同的管理部门，它们之间相互协调、支撑、完善的问题越来越成为政策制定者和研究者们关心的热点、重点问题。如何厘清、整合和协调科技政策之间，科技政策与经济、社会、文化政策之间的关系，是我国科技宏观管理面临的新挑战和协调整合的重要内容，不仅涉及对当代科学技术发展特点和趋势的认识，涉及对科学技术新的社会功能以及科学技术与社会之间新型关系的理解，而且包含着对以往科技政策赖以立足的诸多传统观念的反思和批判。

即使近年，在互联网与社会发展关系日益密切的今天，多个政府部门出台的与科技创新相关的政策，仍然缺乏互联网思维和系统思维，缺乏有效的协调机制，有些政策受部门职能影响，难以全面体现国家意志和百姓需求，政策缺位和政策之间相互冲突的状况仍然时有发生，协调困难，从“肿瘤精准云放疗平台”建设的现实困境中可见一斑。

（三）政府仍是科技资源的最大拥有者，创新系统各要素之间相互作用的市场化机制还没有真正建立起来，企业（特别是民营企业）在体制和政策的夹缝间寻找发展空间

在传统的计划经济体制下，政府计划是协调集成创新体系各要素联系的机制和纽带，这种方式有助于国家科技目标的实现，但不利于创新系统各要素创新自主性和积极性的发挥。随着改革发展和市场经济体制的建立，政府的协调集成作用虽然有所减弱，但从我国的科技资源分布来看，目前全社会的科技资源依然比较集中地掌握在政府手中，政府仍是科技资源的最大拥有者，创新体系各要素相互联系和作用的市场机制并未真正建立起来，而政府在资源配置、政策体系与支持自主创新导向等方面不协调，创新政策的吸引力较弱。有些政府部门把有限的资源用来扩张规模，加快增长速度，客观上对自主创新形成抑制。如在科技投入逐年增加的前提下，一方面，多部门、多渠道分配科研经费，往往造成体制内科研人员利用体制优势和各科研计划界线模糊的现状，多头申请，同一科研成果可以向各方面交账的情况；另一方面，科技企业（特别是民营科技企业、创业初期的中小科技企业）科技创新资金困难，却由于体制限制，很难进入政府资助体系，大量创新设想难以成为成果，成果又难以转化为社会生产力和能够及早被广大人民群众共享的社会福利。“肿瘤精准云放疗平台”建设项目，是利用国际最先进的技术和资源解决百姓看病难问题的重要尝试和先行，但由于是民营企业，获得政府重视和资助都十分困难，市场化运作道路艰难。

三、以推动“互联网+”行动为契机，进一步深化科技体制改革

针对长期以来我国科技体制存在的主要问题，2015 年 9 月，中办国办印发了《深化科技体制改革实施方案》，旨在打通科技创新与经济社会发展通

道，提出“坚持把破解制约创新驱动发展的体制机制障碍作为着力点，找准突破口，增强针对性，在重要领域和关键环节取得决定性进展”，“增强改革的系统性、全面性和协同性”等原则，要求“落实落地”。据此，可以从三个方面入手，在解决“互联网 +”行动落地体制机制障碍的视角下，进一步深化科技体制改革。

（一）创新科技管理体制，逐步建立以国家战略和市场需求为导向的科技创新动态混合型管理模式

改革开放前，我国实行与计划经济相适应的高度集中的科技管理体制，发挥集中力量办大事的优势，科技事业取得巨大成就。改革开放近 40 年来，我国科技体制伴随经济体制改革，在组织结构、运行管理机制、创新主体活力与能力等多方面发生了显著变化，取得了重要进展和一定成效，但在宏观层面仍然以集中统一管理为主。纵观发达国家的科技宏观管理体系，虽有集中统一型和多元分散型之分，但很少建立在静止和固定的模式上，而是紧随本国政治和经济的发展而变化。就管理效果看，多元分散型的科技体制满足了各方对科研活动的不同偏重和需求，为创新提供了良好的发展环境，基本适应发现型的创新体系；集中统一型可有力促进产业技术的引进、消化吸收和模仿创新，为引进创新战略的实施提供了制度保障。借鉴国际经验，根据我国现阶段科技创新与发展需要，我国科技管理体制可以探索采用动态混合型模式：即集中协调型和多元协调型动态并存模式。对具有国家战略意义的科技创新实行集中协调型管理体制，对市场特征明显的科技创新实行多元协调型管理体制。两种模式可根据国家科技发展战略布局与市场需求，在资源配置、政策整合、区域协调、机构设置等方面进行动态调整，灵活转换。

（二）改革集中统一型管理为集中协调型管理模式，进一步优化国家科技宏观管理体制机制，强调围绕国家科技战略进行资源、政策、标准的协同整合

在集中统一型管理向集中协调型管理模式的改革升级中，强调国家对科

技创新的宏观管理和协调，需从六个方面完善和优化目前的体制机制。一是设立国家科技顾问及其顾问办公室。加强对影响国家经济、社会、国防全局的重大科技规划、布局、政策、资源配置等方面决策的指导和协调。二是强化国家科技教育领导小组办公室职能。推进以国家科教领导小组为核心的科技战略决策、宏观管理体制建设，确定日常工作机制，最大限度地超越部门和地方利益，担负起国家层面的科技宏观管理协调职能。三是加强“互联网+”政策整合研究。建立为国家最高决策层服务的科技政策咨询、协调机构，牵头整合各部委各行业的相关政策，打通各部门间的体制和政策障碍，避免不同政策之间的冲突，形成协调、连贯的政策体系，加强科技政策之间、科技政策与产业政策之间的协调，防止部门利益左右国家政策。四是健全和完善国务院有关部委间的科技管理协调联席会议制度。加强联席会议的决策和协调功能，对国家重大科技计划、政策和与行业有关的科技领域的研发布局、资源配置、政策制定与调整等问题进行决策和部际协调；学习日本综合科学技术会议经验，联席会议不仅要突出战略性，也要突出实务性和及时性；五是加强和完善省部间的科技项目会商制度。省部科技合作是近两年我国科技政策和科技管理的新趋势，体现了跨区域、跨部门、跨层级的科技合作特点，目前需要从国家层面加强和完善省部科技项目会商制度，对会商的主体、合作内容及范围、形式、时间等提出要求，制定制度和规范，达到科技资源合理优化配置的目的。六是建立国家行业标准和分级质控体系。鉴于互联网的技术特性，实施“互联网+”行动，必须以相关质控准入标准为依据，针对我国各行业标准欠缺、层次不同、权威性不够等问题，由国家组织相关部门制定、修订和完善国家级行业标准以及分级质控准入标准，是科技宏观管理的重要任务。

（三）突破传统科技管理体制局限，建立多元协调型管理模式，强调以民生和市场需求为动力，激发社会多元主体活力，进一步提高企业科技创新积极性

突破我国科技管理长期以来集中统一型的管理体制，大力倡导和推进建立多元协调型管理体制，特别强调以科技资源配置和投入为导向，将微观科技创新和管理体制及重点向市场和多元主体转移，从六个方面进行重点改革。一是建立有最终用户的科技公共投入机制。改革先研发、后产业化的研发模式，立项时就要进行技术先进性和孵化可能性分析、生产用户分析、市场前景分析，在研发的起点就引入最终用户，鼓励有条件的企业先行投入，研发、生产、经营一体化。二是探索建立民营科技企业直接申报国家级和省部级研发经费的科技创新资助机制。打破条块分割和体制内外限制，改革现有的国家级和省部级研发经费申报程序，利用网络优势建立开放的申报平台，让更多具有创新愿望和创新思路的企业得到公平竞争机会。三是政府科技管理部门要进一步简政放权。最大限度地取消科技创新和科技成果转化项目的审批和许可，减少人为的制度性障碍，把权利放给市场，放给企业，释放企业活力和创造力。四是搭建科技公共服务平台。政府通过构建各种公共平台，如公共实验室、技术转移机构等技术平台，检索、交流、评估、咨询等信息平台，科技创业服务中心、经营管理、财务金融等服务平台，以及人才交流、经纪人队伍等人才平台，为科技创新活动提供服务。五是采取积极政策大力培育和发展科技类社会组织，对全社会科技资源进行跨部门、跨地区的有效整合，促进研究机构之间、研究机构与企业、企业与企业之间以研发为主的产业联盟，激发全社会的微观创新活力，培养多元创新主体。六是创新科技人才评价和激励机制。打破以学历、论文数量、行政级别为主要依据的现有评价机制，建立以成果的社会价值、经济价值为衡量标准的科技人才评价、激励机制，创新科技人员聘用、兼职、流动、薪酬、培养等制度。创造宽容失败、鼓励异想的社会氛围。

改革开放 40 年：我国科技体制改革的经验和启示①

程萍　康世功

改革开放 40 年来，我国科技管理体制改革从促进科技与经济结合入手，以建设国家创新体系和实现四个现代化为目标，经历了一系列战略性的转变。

国家科技管理从直接配置资源和审批项目的微观管理为主，向以打造有利于创新的政策和制度环境为主转变；科技活动从以科研机构为主体，向以企业为主体实行产学研结合转变；科技投入从政府配置资源为主，向建立多元化的创新投入体系转变；创新政策从以科技政策为主，向跨部门的综合性政策转变；激励机制从奖励制度为主，向完善智力、技术、管理参与分配的市场机制转变。国家科技进步和创新能力明显增强，从量的增长向质的提升迈进，科技支撑引领经济社会全面发展取得显著成效。

一、我国科技体制改革的历程

1978 年以来，伴随着改革开放不断深入和中国特色社会主义市场经济体系的初步建立，我国科技体制改革大体经历了五个阶段。

---

① 本文原载《北京文化创意》2018 年第 5 期。

（一）科技体制改革的探索阶段

1978—1985 年，我国科技发展的恢复期。1978 年 3 月，全国科学技术大会召开。时任国务院副总理的邓小平同志提出“科学技术是第一生产力”“科技人员是工人阶级的一部分”等论断，从理论和意识形态上扫清了发展科技的思想障碍。从此，全国开始恢复正常的教育和科技活动，如落实知识分子政策，推动科技教育界的改革；恢复高考，为科技发展和经济建设培育人才；国家增加科技投入，基本形成由中科院、产业部门、地方和高校科研机构、国防科研机构和企业科研机构六大系统组成的科研体系；发挥专家作用，建立技术责任制，实行党委领导下的所长负责制；科研人员“下海”办企业，探索通过创业实现科技成果转化与产业化的路子等，都成为这个阶段的改革实践。

（二）以科研体制改革为主的阶段

1985—1994 年，我国开始有组织地开展科技体制改革。1985 年 3 月，《中共中央关于科学技术体制改革的决定》提出“经济建设必须依靠科学技术科学技术工作必须面向经济建设”的改革指导思想，“从我国的实际出发，对科学技术体制进行坚决的有步骤的改革”。采用“堵死一头，网开一面”政策，改革拨款制度，改变科研机构对行政部门的依附关系，促使其主动地为经济建设服务；调整政府科技支出结构，减少事业费支出，提高科技计划项目的支出比例；开放技术市场，建立技术交易规则，从制度建设入手，促进科技成果转化和转移；调整组织结构，改变科研单位自成体系状况，政研分开，扩大研究所自主权，鼓励科研机构和产业、企业联合；改革科研人员管理制度，实行专业技术职务聘任制，通过减少事业费把科研人员“逼”向市场，鼓励和支持科技人员停薪留职、业余兼职和合理流动；建立高新技术开发区，进行高新技术创业环境试点，支持和鼓励高新技术产业和民营科技企业发展等。

（三）建立产学研相结合的创新体系阶段

1995—2005年，国家实施科教兴国战略，科技体制改革不断深化。1995年《中共中央、国务院关于加速科学技术进步的决定》提出科教兴国战略。技术创新在经济发展中的作用越来越重要，科技体制改革从科研体制改革为主转向建立以企业为主体、产学研相结合的创新体系，国家科技计划资源分配引入竞争机制，通过公开招标，择优选择承担单位。

这一阶段的改革主要是建立国家创新体系框架，一是以企业为主体、产学研相结合的技术开发体系；二是以科研机构、高等学校为主的科学研究体系；三是社会化的科技服务体系。明确企业技术创新主体地位，鼓励大中型企业建立研究开发中心；利用税收政策鼓励企业进行研究开发投入；鼓励大学、科研院所与企业相结合，形成产学研联合体；鼓励民营科技企业发展，各级政府的科技计划项目、科技发展专项基金向民营企业开放，国家设立科技型中小企业技术创新基金等。

以调整组织形式和治理结构为重点，深化科研院所改革，从改革财政拨款制度转向科研院所转制。采取“稳住一头，放开一片”的方针，稳住基础研究和公益研究队伍，放开、搞活与经济建设密切相关的技术开发和技术服务机构；允许和鼓励技术、管理等生产要素参与收益分配；允许民营科技企业采用股份期权等形式，调动科技人才或经营管理人才的积极性；国有科研机构可以改组为股份制、股份合作制企业等。

（四）自主创新成为国家战略核心阶段

2006—2013年，建设创新型国家成为战略重点。党的十七大提出，提高自主创新能力，建设创新型国家，是国家发展战略的核心，是提高综合国力的关键。我国的创新体系建设明确从五个方面推进国家创新体系建设：建设以企业为主体、产学研相结合的技术创新体系；科学研究与高等教育有机结合的知识创新体系；军民结合的创新体系；中央与地方科技力量的有机结合、各具特色和优势的区域创新体系；社会化、网络化的科技中介服务体系。

为保证国家创新体系建设，“国家中长期科技规划”提出60条相关政策，从科技投入、税收激励、金融支持、政府采购、引进消化吸收再创新、创造和保护知识产权、科技人才队伍建设、教育与科普、科技创新基地与平台、统筹协调等十个方面加强对创新活动的支持，打破部门界限，形成创新政策体系，有些政策具有突破性进展。

（五）新时代全面深化科技体制改革阶段

党的十八大以来，以习近平同志为核心的党中央聚焦实施创新驱动发展战略，力争2030年进入创新型国家前列，全面深化科技体制改革。2015年9月，《深化科技体制改革实施方案》提出“推动以科技创新为核心的全面创新，推进科技治理体系和治理能力现代化，促进军民融合深度发展，营造有利于创新驱动发展的市场和社会环境，激发大众创业、万众创新的热情与潜力，主动适应和引领经济发展新常态”等改革目标，通过“建立技术创新市场导向机制”“构建更加高效的科研体系”“改革人才培养、评价和激励机制”“健全促进科技成果转化的机制”“建立健全科技和金融结合机制”“构建统筹协调的创新治理机制”等，推动形成深化改革开放的创新局面。

这一阶段，激发企业创新内生动力、完善对中小微企业创新的支持方式、强化创新链和产业链有机衔接；加快科研院所分类改革、建设一批世界一流大学和一流学科、实行科技人员分类评价、建立以能力和贡献为导向的评价和激励机制等成为改革的重点内容。

党的十九大报告中进一步提出，创新是引领发展的第一动力，是建设现代化经济体系的战略支撑，为新时代深化科技体制改革提出了新使命、新任务和新要求，引领我国科技体制改革踏上新征程。

二、我国科技体制改革的基本经验

纵观改革开放以来我国科技体制改革进程和改革内容，在努力探索、建立适应我国科技创新体系和创新国家建设的宏观管理体制机制，形成具有中国特色的科技宏观管理体制和创新系统的过程中，我国积累了成功经验，创造了中国特色的科技管理模式。

（一）以发展经济为核心，发挥科技对经济的带动支撑作用

党对科技体制改革的定位和要求始终紧紧围绕我国经济体制改革主线，紧跟经济体制改革步伐，促进解放和发展生产力，助推经济高速优质发展，支撑创新型国家建设。40 年来，我国科技体制在组织结构、运行机制、资源配置、创新主体活力与能力提升、创新成果转化与产业化能力等方面的改革，始终把握我国经济发展的总体脉络，瞄准科技发展的大方向和大趋势，瞄准科技创新的重大发现和尖端技术，发挥科技第一生产力的先导作用，在推动我国经济腾飞中释放出巨大能量。改革开放之初的 1978 年，我国科技进步贡献率仅为 16.5%，我国国内生产总值为 3645.2 亿元，截至 2017 年底，达到 82.71 万亿元。作为世界第二大经济体，我国科技进步对经济发展的贡献率达到 57.5%。

（二）以政策引导为手段，营造科技创新的良好生态

40 年来，我国科技政策适应改革开放总体部署，保证了科技体制改革稳步前行，特别是在解决改革开放过程中科技体制显现出来的突出问题时，通过及时调整和完善，在引导和保证科技创新中发挥重要作用。

改革开放中期，原始创新已成为我国科技发展与进步的主题，科技政策针对原始创新政策不足、科技创新结构不合理导致产业结构不合理、适应产业技术升级和国际竞争需要的产业技术政策欠缺、支持共性技术研发的政策分散并弱化、鼓励内资企业研发的政策不足、科技政策与经济社会文化政策不够协调等方面存在的部分科技政策交叉重复、相互矛盾、缺乏连贯性问

题，政策调整以鼓励原始创新和成果转化为主要方向，在重视鼓励科技人员和科技成果走向市场的同时，重视出台对共性技术研发的鼓励政策。在积极的激励政策引导下，我国科技人员不断焕发出创新积极性。

2017 年，我国国际科技论文总量和被引用量均跃居世界第二，发明专利申请量和授权量居世界第一，有效发明专利保有量居世界第三，全国技术合同成交额达 1.3 万亿元。2006—2016 年 10 年间，中国处于世界前 1% 的高被引论文为 1.69 万篇，占世界份额 12.8%，列世界第 3 位。2015 年，中国在农业科学、化学、计算机科学、工程技术、材料科学、数学、药学与毒物学、物理学 8 个学科领域的论文被引用次数排在世界第 2 位。

（三）以市场需求为导向，探索建立科技管理体制机制

改革开放，从理论到实践都是以破除计划经济体制对生产力的束缚为起点。20 世纪 70 年代后期到 80 年代中期，科技体制改革的特征表现为从恢复元气到适应市场经济发展需要，从科研院所推向市场，“逼”科技人员“下海”的改革起步。80 年代中期到 90 年代中前期，科研院所管理市场化，科研成果产业化的思路逐渐清晰，科研院所转企改制，促进科研成果与市场紧密结合，成为科技体制改革的主要任务。20 世纪 90 年代中期到 21 世纪初，我国科技体制改革路径从微观和宏观两个层面推进。微观层面，进一步推动事业单位企业化、市场化和成果产业化；宏观层面，开始构建与市场经济相适应的宏观管理体系——建设国家创新体系，表现出与市场经济逐步成熟背景基本适应、紧随其后的特征。

在中国特色的市场经济体制逐渐成熟，经济发展水平不断提高的背景下，以市场为导向的科技体制改革显现出缺陷，以提高国家整体竞争力和为人民群众提供公共服务为基本职能的科技事业发展有所弱化。2002 年以来，在加强和改进宏观管理、搞活微观主体的基础上，重新开始重视科技的社会效益，科技体制改革实行“事业”和“产业”两分开，两手抓，强化国有企业市场主体和主导作用，科研院所分类改革，成为这一阶段科技体制改革的主要特征。

进入新时代，构建中国特色的国家创新体系，构建质量第一、效益优先的现代化经济体系，成为改革发展的新目标新要求。经济增长新动能将得到长足发展，尤其是先进信息技术与实体经济深度融合后产生的新动能，将成为推动经济增长的主要动力，健全技术创新的市场导向机制被推向科技体制改革的前端。

（四）以企业创新为抓手，激发企业自主创新内生动力

改革开放之前，我国主要的科技创新活动集中在高等院校和科研机构。改革开放 40 年，科技体制改革从致力于推动科技面向经济和经济依靠科技并举，到构建以企业为中心的国家创新体系，再到进一步聚焦企业创新发展的市场环境，扶持大众创业，万众创新。一路走来，我国初具规模的社会主义市场经济为企业成为创新主体创造了适宜发展的环境，企业大展拳脚成为可能，企业从创新的后台逐步走向前台，企业数量和质量都有了积淀和长足发展，具备了成为创新主要参与者的能力和实力，技术创新主体地位不断增强，一批企业成长为我国参与国际科技竞争的生力军。

2015 年我国研发经费支出规模 14169.9 亿元，比上年增长 8.9%，较 2011 年翻了一番，支出规模仅次于美国，稳居世界第 2 位。其中企业研发经费达到 10881.3 亿元，比上年增长 8.2%，对全社会研发经费增长的贡献为 71.1%。企业研发经费占全社会比重为 76.8%，是世界上少数超过 75% 的国家之一。2016 年我国研发经费投入总量达到 15676.7 亿元，比上年增长 10.6%。其中企业对全社会研发经费增长的贡献为 83.8%，比上年提升 12.7 个百分点，企业研发投入主体地位更加稳固。央企已成为国家科技创新主力军，研发投入超过了全国研发投入总额的四分之一。在国家科技奖励中，中央企业获得科技奖项占获奖总数的 1/3 以上。

三、我国科技体制改革的启示

改革开放40年，在中国繁荣富强、中华民族复兴的道路上是重要的转折点。中国走过了发达国家三四百年走过的发展道路，取得了令世界瞩目的成绩，充分体现了中国共产党的道路自信、理论自信、制度自信和文化自信。我国科技体制改革的实践带给我们一些启示。

（一）科技体制改革是中国特色社会主义理论与实践的重要组成部分

无论是我国科技体制改革的历史进程还是取得的经验和成效，都反映出在中国共产党领导的社会主义制度下，突破计划经济制约，发展市场经济，有自己独特的路径和内涵。中国特色社会主义市场经济体系的逐步建立和完善过程，也是中国特色科技管理体制逐步建立和完善的过程。在这个过程中，二者相互依赖，相互推动，经济体制改革推动科技体制改革不断前行，中国特色社会主义科技体制改革之路越走越宽；科技体制改革助力中国特色市场经济跑步进入发展的快车道，以解放科技生产力为先导的科技创新助推中国特色的市场经济发展峰回路转，爆发出惊人的发展潜力，创造了惊人的发展奇迹。

（二）科技体制改革是实现从科教兴国到创新驱动战略转变的过程

改革开放前期，我国科技体制改革围绕解放科技生产力有序推进，助力经济高速发展，但表现出主要依靠资源、资金和廉价劳动力推动的外延式、粗放式发展缺陷。1995年，党中央提出并实施科教兴国战略，在科学技术是第一生产力思想指导下，坚持教育为本，把科技和教育摆在经济、社会发展的重要位置，把经济建设转移到依靠科技进步和提高劳动者素质的轨道上来，使科技体制改革纳入国家战略层面。新时代，习近平总书记提出创新驱动发展战略，立意高远，内涵丰富，思想深刻，将科技创新纳入实现中华民族伟大复兴中国梦的宏图大略中，对深化科技体制改革提出了国际视角、国家层面的新要求，再一次将深化我国科技体制改革推向国家战略的高度，这是坚定不移地深化科技体制改革最强有力的决心和给予的最大支持。

（三）科技体制改革是不断冲破束缚实现科技体制机制创新的过程

我国科技体制改革从与计划经济体制相适应的国家集中管理科技资源，到打破科技管理条块分割局面，建立与创新型国家建设相适应的优势科技资源的整合统筹，推动科技优势转为经济优势，基本实现了国家科技管理从微观到宏观的转变，如建立国家科技宏观协调机制，制定并组织实施国家级的中长期科技发展规划，制定和协调国家层面的科技政策和法规，对科技资源进行战略性整合与配置，建立高新区，组织实施重大科技项目，进行创新环境建设，协调国家和省市自治区级的科技活动，促进并开展国家间科技领域的国际交流与合作，对重大科技活动实行监督和评估等，在党中央的统一领导和部署下，学习借鉴发达国家经验，不囿于既有模式，紧密结合中国实际，分阶段分步骤地实现了一系列宏观管理的体制机制创新，创造了中国特色的科技宏观管理模式，为我国科技和经济的创新发展提供了强有力支撑。

（四）科技体制改革是探索政府、市场和科技主体间不断协调的过程

如何处理政府、市场和科技主体间的关系，是计划经济思维、体制及模式走向市场经济思维、体制及模式的重要内容。计划体制下，政府几乎掌握了包括科技资源在内的全部社会资源。改革开放使中国的社会和经济基础发生结构性改变，随着科技主体逐步走向市场，政府作为直接资源供给者的角色大大弱化。在改革开放初步实现市场主导配置资源的基础上，为强化政府公共服务职能和进一步完善和优化市场体系，“事业与产业分开”的发展思路逐步形成。在政府主导促进事业发展，市场主导促进产业发展，科研院所分类改革，科技企业市场主体地位提升和稳固等思路和政策、机制引导下，中国特色的政府、市场、科研主体三者间动态、良性的协调互动关系逐步形成。

（五）科技体制改革是实现从科技管理到科技治理的理念提升的过程

改革开放40年，我国从科技管理到科技治理理念和内涵得到转变与提升。科技体制经历了由政府主导的“科技管理”到发挥市场基础作用的“创新管理”，再到发挥市场决定性作用的“创新治理”的转变，科技体制改革的目标、内容、方式、主体、方向、范围等都发生了根本性的变化，更加突出科技创新在国家创新体系和国家治理能力建设中的战略性地位和作用，强调政府、科技企业、高校、科研机构、科技社团和中介组织、金融机构以及人民群众多元主体参与、实现双向良性协商互动的过程、形式和结果。这一转变，将进一步焕发全社会参与创新治理的积极性和主动性，为我国科技体制改革和创新发展带来新的动力。

新时代科普工作的新理念①

程　萍　宁学斯　康世功

中国的科普事业伴随着中华人民共和国的诞生走过七十余年的发展历程，为建设中国特色的社会主义做出了应有贡献。习近平总书记在全国科技创新大会、两院院士大会、中国科协第九次全国代表大会上指出："科技创新、科学普及是实现创新发展的两翼，要把科学普及放在与科技创新同等重要的位置"，对新时代科普工作提出了更高的要求。中华人民共和国成立70周年之际，在总结和弘扬中国特色社会主义科普工作经验的基础上，深化对新时期科普工作的认识，转变科普事业发展理念，厘清科普工作规划思路，创新科普治理体制机制，把握科普实践全球趋势，为新时代科普工作确定新的起点，对开创中国特色社会主义科普事业新征程具有重要的理论和实践意义。

科学技术的飞速发展和对人类社会无处不在的广泛渗透，使科普工作面临新的挑战。对科学技术的"零"距离接触，成为当代人必须面对的现实和终生学习的动因，同时为科学技术的创新发展打开了更为广阔的社会空间。面对新时代的新挑战，转变和发展科普工作理念是创新科普工作的前提和基础。

---

① 本文原载2019年9月13日《科普时报》。

一、科普工作是中国特色社会主义理论与实践中最具特色的部分之一

中国的科普工作和科普事业有着自己独特的内涵及运行机制，是加快国家科技创新与发展的战略性举措，是国家创新体系的重要组成部分，是中国特色社会主义理论与实践最有特色和创新的组成部分之一。与西方国家的“科学传播”不同，中国的科普不仅强调科学和技术的主动传播，更强调对科学文化和技术文化的全面认识，强调科学技术对社会的广泛影响。中国的科普工作和科普事业在中国特定的国情下，不仅仅要做到“传播”，更注重的是“普遍达到”，引导和把握科学技术不断社会化和大众化的过程。在这个过程中，引领人们在学习和获得科技知识、掌握科技方法的同时，形成科学精神，确立科学世界观，为形成和确立正确的人生观和价值观奠定科学理性、务实求真的思想基础。

二、从“五位一体”总体布局理解科学普及与科技创新“同等重要”，是新时代提升科普工作地位的新视角

习近平总书记“科学普及和科技创新同等重要”思想进一步明确了我国新时代科普工作的意义、功能定位、发展理念和指导思想。从我国“五位一体”总体布局视角理解习近平总书记的“同等重要”思想，为提升对科普工作重要地位的认识打开了新的窗口。

从政治建设视角审视，科技创新是提升国家战略地位的重要支撑，科学普及是推动民主政治的基础条件；从经济建设视角梳理，科技创新是经济发展的原动力，科学普及是经济发展的助推器；从社会建设视角分析，科学普及是科技创新和社会进步的土壤，科技创新通过科学普及促进社会变迁；从

文化建设视角解读，科技创新不断丰富人类文化乃至文明的内容，科学普及不断提升人类文化传播的能力和水平；从生态文明视角考量，科技创新为生态文明建设提供物化支撑，科学普及是可持续发展思想的观念传输机。

三、在新技术逐渐改变人类生存方式的过程中，科普正在从后台走向前台，成为社会创新与发展的“主角”

互联网时代之前，人们被动地接受信息，新媒体的普及将单向传播转化为传播者和接受者之间的双向互动。可以预见，在不远的将来，新技术的发展将直接改变科普的定位和方式。一方面，科学和技术高度发展的背景下，社会分工既高度细化又紧密联系，管理和服务形成庞大、复杂的社会网络体系，打破了传统科普的时空局限，也打破了传统科普的手段和方法，从社会创新和发展的后台走向前台，正在成为“新星”和“主角”。

另一方面，在技术成果爆发式增长的紧逼下，人们的学习能力成为所有能力中最具个人身份标识的一种能力，人类社会将以掌握和使用科学和技术成果的能力来进行身份认定和阶层划分。在这样的演进过程中，人们作为科普主体，在使用有效的科技手段学习和接受新的科技知识的同时，也在学习和掌握新的科技手段和方法，成为新的科技知识和科技手段及方法的传播者。通过新技术的中介，特别是人工智能的使用，人们的生物性得到最大限度的挖掘——对人的生物性的技术植入使科学和技术的普及再也不是可有可无的社会现象和功能，而是成为直接影响人的生存和发展方式的决定性因素。科学普及作为人们适应科技主导下的生产和生活方式的改变，适应未来人类生存方式的改变的手段，从“配角”成为“主角”。

四、以“治理”理念创新科普工作，实现科学普及与科技创新双向良性互动，是全球化背景下的新趋势和新要求

从“管理”到“治理”，一字之差，其内涵却发生了巨大变化。传统“管理”以“控制”为核心和手段，“治理”强调从“源头”抓起，重视从源头到源尾的“疏导”，突出“开放”“互动”“平等”和“协商”等理念。在当今日益复杂的社会背景下，“治理”已经成为全球发展的共识，习近平总书记站在历史发展趋势的高度要求为全球治理贡献中国智慧，是创新科普工作的新视角。

推动科普工作和科普事业从“管理”转向“治理”，实现科普治理目标，现阶段工作重点在于，以积极有效的政策和措施，吸引社会多元主体参与科普，赋予科普主体特别是科学共同体更大自主权；眼睛向下，以调动基层人民群众参与科普的积极性，引领他们理性、自觉地参与到科学和技术普及的各种活动中为目标，创新科普工作机制和方法；结合市场力量，多渠道多面向吸引社会资金，推动科普事业发展，培养科普专业人才，打造科普新媒体品牌等。

五、应对“以新知识新技术普及新知识新技术”带来的挑战及潜在风险，是未来科普工作必须重视的新课题

首先，不断产生的新知识新技术在为科普不断提供新的手段和便利的同时，也对科普信息的真伪辨识加大了难度。新媒体的开放性、交互性及虚拟性同样为伪科学和骗术的传播提供了条件，每个人都可以站在自己的立场发表言论，一些伪科学、荒谬的观点甚至谎言，可能误导社会和公众，轻则造成不良影响，重则可能造成特定群体的思想、认知乃至行为混乱，形成社会风险。

其次，尽管政府不断从资金、人力、物力、政策等方面加大对科普工作和科普事业的支持与投入力度，但从总体看，我国的科普水平仍落后于发达国家或地区，同时存在着东中西部发展不平衡。相关调查和分析显示，科普能力状态与经济发展水平呈现较强的正相关关系，新技术的运用决定了地区科普工作的能力和水平，新技术带来的新设备投入、新人才需求、新模式推广等，都将对科普形式、途径、平台的改变和能力与水平的提升产生重要影响，可能加剧本已存在的城乡、东中西部、不同阶层人群间的发展不平衡现状，造成新的社会撕裂。

这些问题和风险是否得到了应有的重视？怎样防范和化解由此带来的风险？这些问题应成为科普工作必须及时、深入研究的新课题。

六、提高公民科学文化素质乃至文明素质是实现中华民族伟大复兴的基础，是全社会的责任，是个系统工程，不仅仅是科普工作的目标

科学文化素质是公民文明素质的基础和核心。实现中华民族伟大复兴的中国梦，在一定的时段达到民富国强的物质目标相对容易，难点在于如何在达到物化标准的同时，使国民的文明素质得到同步提升。自 2006 年以来，将提升公民科学素质以行动计划的方式作为科协工作的抓手，具有一定的积极作用和效果，但与当前日新月异的科学技术发展和社会变化相比，对公民和社会的影响与作用显得既单薄又不成比例。随着科学技术知识体系的专业化程度越来越高，科学技术的高效益、高智力、高投入、高竞争、高风险、高潜能的特点越来越凸显，对人们的知识和技术素质要求也越来越高，公民科学素质单方面的提升并不能涵括和代替公民整体文明素质的提升，对科学知识和技术成果的掌握，并不能替代人的正确的价值观的塑造，不能替代高尚的人性的养成。为此，全社会所有的部门都应该更加关注、关心和加入到

全民文明素质提升的系统工程中来，让公民科学素质回归到公民的科学文化素质、文明素质养成的轨道上来，而不是完成“行动计划”的指标。只有绝大多数中国民众具备了较高的科学文化直至文明素质，中华民族的伟大复兴才可能真正实现。

大数据识人断事能胜过人的经验吗？[①]

程 萍

电影《流浪地球》的火爆，让“未来”和“科幻”成为2019年的热词。关注和探讨人类命运的未来，不仅是科学家、科技界和科技创新永恒追求的目标和不竭的发展动力，也成为当下中青年人群乃至全社会的时尚和热门话题。“互联网”“人工智能”“人脸识别”“数据挖掘”“分析与预测”……这些曾经令普通百姓陌生的词语不经意间已经家喻户晓、妇孺皆知，在带给人们好奇、期盼的同时，也带来了忧虑：无处不在的互联网和大数据将个人隐私置于何地？没有了隐私的人还将如何维系“人之所以为人”的基本生存法则？预知了清晰、具体的个人未来的人们是否有勇气面对人生未来的风险并将如何选择自己的生存方式以及合理的生命轨迹？……

“大数据”“人工智能”等高新科技带来的对人类自身的挑战，远远超过了人们对“大数据识人断事”的期待，也超出了当代伦理学的已有规则范畴，成为科技哲学深入思考和探讨的重要命题，也成为所有科学研究领域——包括自然科学和社会科学——深入思考和探讨的哲学性、科学性、技术性甚至宗教性、空间极其广阔、时序无限纵深的命题。

① 本文首发于“人民智库”2019年10月24日，人民论坛网10月31日发表全文。纸质版刊载于《学术前沿》2020年第9期。获2020年中国马克思主义研究基金会“中央党校三项基金”优秀论文奖。

一、对未知未来的好奇与探索是人类文明发展的主线

人类在长期与大自然的博弈中，感到自己的渺小、脆弱和无奈，一直试图有一种超然的力量能够预知人生中的不利与灾难，至少是可能的风险，以便用自己有限的能力加以改变，起码能够及时规避，以期未来。胸有家国情怀远大抱负之人，希望预判时事，顺天时应地利聚人和，成就理想大业。也有势利者，期盼预知自己所有未来的机遇，不放过任何一次飞黄腾达、聚敛财货的机会，以满足不断膨胀的欲望。人类个体经验的积累和联想，集中反映在“识人断事”的预言文化中，几千年的人类文明和文化史，便是顺着这样的思路展开和延续。

希腊神话起源于欧洲原始氏族社会，反映了古希腊人对自然的崇拜，无论是神还是英雄，对自然一无所知的原始人们赋予了他们预知未来、指引未来的部分能力。阿加雷斯（Agares）是所罗门王 72 柱魔神中排第 2 位的魔神，肩上载着雄鹰，胯下骑着鳄鱼，教授世上存在的任何语言与管乐。他虽然被描述成三头恶魔，引人酗酒、赌博或引发其犯罪的欲望，其魔力足以摧毁任何人的尊严——无论是神圣者还是世俗者，但人们仍然赋予了他预见未来的能力，能道破世间的所有谜题，找寻失踪者，引发大地震。人们把他称为变幻的侯爵，具有指挥 31 个军团的权力，可见人类对他预测魔力的惧怕与崇拜。

如果说阿加雷斯的预测能力是远古希腊人在对灾害惧怕的基础上基于防御心理建立起来的一种“风险预测”，居住在克里特岛的人们对光明未来的企盼和预知的强烈愿望，便集中表现在太阳神阿波罗的身上。阿波罗是人类的保护神，是英武、俊美和善良的化身，他在司掌太阳、医药、畜牧、文艺、音乐、迁徙和航海事务中，为人类驱除病痛和邪恶，带来光明与信心。父亲宙斯给予了阿波罗预言的能力，使他成为排在大地女神盖亚、盖亚的女儿正义女神忒弥斯、语言之神福柏之后的，位居第四的预言之神。他高举着发布预言用的圣物三角鼎，向人们预言宙斯的意志。

阿波罗神庙所在地德尔斐是最著名的神谕发布地。德尔斐神谕可以追溯到青铜时代后期，公元前6—前5世纪时，在整个希腊已经获得了巨大的声誉，甚至苏格拉底将德尔斐的神谕称为“预见未来的伟大技艺”。有学者将德尔斐发布的615条神谕分为6类：自然现象、城邦事务、战争、宗教事务、殖民活动、个人与家庭。从这些神谕的范围可以看出，正是由于人类已有的经验无法理解和解释某些自然现象，更无法用有限的经验预判未来活动的结果，这项“预见未来的伟大技艺”才被给予了那些寄托着人类期望的神祇，以期用神力代替人类去实现那些人类难以实现的臆想或梦想。

中国古代神话的内容十分丰富，产生的年代更久远一些，但大抵与希腊神话产生的背景相同。在生产力和人们的认识能力都十分低下的原始时代，原始人对自然界和自然现象以及人类自身无法进行科学的理解和解释，只能凭借狭隘的生活体验加以想象，认为自然界也像人一样有意志、有性格、有感情，日月风雨雷电都有神在主宰着。上古神话中那些具有超人能力的英雄之神，既是率领他们战胜自然和征服自然的领袖，也是他们的保护者和朋友。

尽管中国古代神话中的神仙体系多元、复杂，但由于中国传统文化中的道德伦理标准单一，追求思想感情超凡脱俗，对人和事的判定具有相对明确的“正义”或者“邪恶”之分。在这一文化框架内形成的、人们根据经验“识人断事”的准则也突出反映在对神仙们的塑造中，使得神仙们具有了明显的“正义”或者“邪恶”的身份标签，突出了对善与恶的辨别和情感表达，弱化了对命运的预测功能。在中国的神仙们看来，正义的一方一定会击败邪恶的一方。无论是黄帝大战蚩尤，还是姬发反抗商纣王，只有姜子牙和公孙豹斗智斗勇，没有像特洛伊之战中的卡珊卓“如果将木马迎进城内，特洛伊城必遭毁灭”的现实预言，神仙们仅仅是提供道义上的帮助，并不给出胜负的预测结果。

希腊神话与中国神话也有相通之处。在希腊神话中，尽管奥林匹斯山上的神们可以预言，但预言表达诅咒和警示的寓意明显，依人的情感和意愿而提出和解释预测。比如，特洛伊战争之前，阿喀琉斯的母亲忒提斯从命运女神那里得知他将战死，忒提斯用天火烧去阿喀琉斯凡人部分的躯体再用神膏恢复，使得他全身刀枪不入，唯有脚踵没有经历天火的历炼。在攻打特洛伊的第 10 年，阿波罗恰恰是用暗箭射中了阿喀琉斯的脚踵，使这位英雄没有逃脱命运的安排。这一悲剧故事正是表达了人们对战争的诅咒，对远离战争的警示，从另一个侧面反映了人类对“正义”与“邪恶”的情感。

由此可以看出，自远古开始，无论是根据人类既有经验还是根据想象提出的对未来的预言，已经表现出体现人的意愿、价值观的倾向，尽管有“谋事在人、成事在天”这一对未来充满无奈的心理暗示与借口，人的作用胜于“天”的作用、人类试图通过自身努力改变命运等思想认识已经明确地表现在神话故事中。尽管这些认识可能是非理性思考的结果，客观上，人是万物之灵的观念逐渐成为人类认识自身和认识人与自然、人与社会关系的主流认知，成为推动人类文明发展的主线。

二、东方智慧与西方科学的碰撞：“二进制”突破了人类对未来认知的天花板

如果说东西方神话中的预言之神是人们早期经验形成的认知体现，人们赋予神的预测能力和由此产生的预言故事发展成为“预测学”，无疑是源于人们对自然认识能力的提升。无论是东方还是西方，“天文学”（观察星座变化）的发展都是预测学的起源。人们渴望了解自己所在的时空，从纷繁复杂的自然现象和社会现象中找到背后的“确定”因素，解开它的密码，在起伏不定的人生中多一份把握、多一份从容。

西方十二星座预测的产生与天文学的发展直接相关，将塔罗牌与星座运势联系起来则是大数据运用的先驱——将不同组合的一套纸牌赋予不同的

意义，集聚了足够多数量的抽取相同组合的人群特征就形成了一定规律，可以作为预测的依据。自《周易》始，以阴阳、八卦象数理论为指导，结合干支五行学说诞生的、彰显出浓厚东方哲学思辨色彩和思想的预测理论和方法，不仅成为中华传统文化的经典，也成为世界文化的重要组成部分，是中华民族奉献给世界的文化瑰宝，也是中国预测学诞生的标志。

预测学用于占卜，《周易》为先祖。历代对《周易》的研究大致分为两个学派：义理派和象数派。义理派注重发掘周易的哲学价值，象数派则着重将周易用于算卦——预测人与事的变化及结果。当然，即使是义理派，也对玄学（预测学）有着极大的兴趣。我国著名易学家、吉林大学教授金景芳在《学易四种》《周易讲座》等多部著作中阐释《周易》的思想与智慧，独树一帜，被称为“金派”。他认为，在种种变幻的人生际遇中，《周易》具有“观宇宙万象，通幽明之故，测人事之变，知祸福倚伏”的意义和作用，这显然是将义理派和象数派两派的思想观点做了深入研究之后提出的评价。从这个评价可以明显地看，他是把《周易》既看作是哲学经典，也视为玄学或者说是预测学的指南。

明代末年，《易经》经传教士翻译并传播到西方。1703 年 4 月，德国哲学家及数学家、代数与微积分的发明者、被誉为“计算机之父”的莱布尼茨收到了汉学大师、法国人布维（汉名白晋）关于“二进制”的一封回信，发现中国的六十四卦中的两个基本符号阴爻（--）和阳爻（—）对应于二进制算术中的两个基本符号“0”和“1”，用“0”和“1”代表“--”和“—”，后者可以完全转译为前者。

莱布尼茨收到白晋寄来的“伏羲六十四卦方位图”后兴奋不已，白晋信中将《易经》同“二进制”联系起来的想法，也让莱布尼兹豁然开朗，抓住了东方智慧中从“数”的视角对“二进制”给予的解析和印证。同年 5 月 5 日，莱布尼茨终于在法国科学院院报上发表了关于“二进制”的文章：《关于只用两个记号 0 和 1 的二进制算术的解释——和对它的用途以及它所给出的中国古代伏羲图的意义的评注》，不仅为计算机科学的发展奠定了坚实的理论基础，也使得以心理学和哲学为基础的、带有明显模糊性思维特征的占卜等古代“预测”理论和方法，从数理类易学开始了向以数学为基础支撑的现代预测科学发展和提升的新阶段，对当代科学技术的发展产生了巨大影响，起到了巨大的推动作用。

计算机科学与技术的飞速发展，冲破了人类对未来认知的天花板，将人类几千年的臆想和逐步积累起来的经验，变成可以用数字表述的现实描述和未来预测。“大数据”将人类带进了“透明”世界，可以分析人类行为的现实状态，也可以根据已有数据分析人类行为的未来趋向，“隐私”作为人类文明的阶段性词汇，将可能消亡，“未来”也将不再具有神秘色彩，而仅仅是人类文明中一段结果明确的既定过程。人们的生命意义有可能简化为，在时间的流逝中实现既定目标的过程。

当然，虽然有大数据作为依据，可以预测人类的某些行为趋向甚至结果，特别是短期内的这种预测，由于干扰因素在可预见范围内，效果可能更好。对于长期的人类群体行为和所从事的某些复杂活动的预测，会受到较多不确定因素的影响和干扰，是否如人们期盼的那么准确，在目前的技术水平和条件下还不得而知。不能否认的是，人们根据“大数据”“识人断事”的准确率会越来越高，毕竟“大数据”汇聚的是足够多的人的信息，深度挖掘分析和联想的速度极快，不是人类生物性大脑可以企及的。

三、从“大数据识人断事能胜过经验吗”到“人工智能模仿人脑的能力是否能超越人脑”

几千年的人类文明，以满足人的好奇、探索和解开人类的未知为发展的核心动力，“未来”总是以人们向往的美好前景作为化身被人们所接受、理解和期盼。在这样的语境和文化中，人们不懈地憧憬着美好的未来，寻找着最接近自己心中“未来”的那个结果，在生生不息的追求和探索中，对未来的“预测”从神话发展为今天的科学和学科体系。现代未来学的诞生，是人类不断认知的结果，也是人类几千年追索的必然，虽然它是现代科学中最年轻的分支之一，但它的孕育过程源远流长、主脉清晰。对未来的预测与研究，仍然是未来学能够独立存在和发展的根本和重点。沿着这一源流，现阶段广义的未来学也被称作“未来预测学”或“预测学”。

未来学真的能够预测未来吗？1943 年，德国学者弗莱希泰姆在美国首先提出未来学概念，在此后的 70 余年中，未来学分化为理论未来学和应用未来学。理论未来学着重于分析、比较、归纳、整理、综合各种预测结果或对未来的研究成果，应用未来学侧重于为特定的规划、计划、管理、决策、发展战略等工作提供依据的未来研究或未来预测。信息论、控制论、协同论等成为当代未来学的基本理论，研究方法大多来自其他学科领域，其中一小部分是由未来学专家创造的。较为常用的方法包括：德尔斐法、形态分析法、类推法、关联树法、交互影响矩阵分析、时向序列分析、指数平滑法、自回归—移动平均法、回归分析、系统动态分析、脚本法（前景方案）、编制连续图象、网络分析、历史类比等 20 余种。

人们将远古时代预知祸福或者失败与胜利的初始愿望变成了越来越复杂的数字计算游戏，随着计算机科学和技术的发展，通过计算获得精确预测结果的日子在不知不觉中来到我们面前，人们最熟悉的天气预报，便是对气象大数据分析后得出的预测结果，准确率越来越高。在各个领域，通过计算机集成和运算的大数据产生的智能化结果，一个个呈现在人们的面前：智能机器人阿尔法狗横扫人类的围棋大师；机器人索菲亚获得了沙特公民身份，代表沙特政府参加了由西班牙举办的世界移动通信大会；令研究人员深感惊恐的是，Facebook 脸书公司的机器人 Bob 和 Alice 在参加试验项目时产生了不同于人类的对话，工作人员慌忙切断了电源……

大数据与传统数据的核心差异在于其价值的不可估量。传统数据的价值体现在信息传递与表征上，是对现象的描述与反馈，而大数据是对现象发生过程的全记录。通过数据不仅能够了解对象，还能分析对象，掌握对象运作的规律，挖掘对象内部的结构与特点，甚至能了解对象自己都不知道的信息。大数据的特殊价值在于它的可挖掘性，同样的一堆数据，不同的人能得到不同层次的东西。就好像同样见到一个人，有些人只看到他的外貌好不好看，有些人能从他的表情中读出他的心理活动，从眼神中看出阅历，从衣着打扮中读出品味，从鞋子上读出生活习惯。“识人断事”说的是人们对人的品行的认识和对事情真伪的鉴别、判断和预测，是人的思维结果。

“识人断事”的正确性和准确率，是对人的智慧水平的检验，是建立在人对知识的获取与掌握、经验的积累与提取、信息的梳理与分析等一系列深度思维基础上的。人类的智慧是如何形成的？就生物性的个人而言，初生婴儿并不具有智慧。当婴儿睁开眼睛看到这个世界，听到世界发出的各种声音，触摸到各种物体表面不同的质感，感受这个世界所给予的一切感官能够感受到的信息时，知识和经验飞速增长。人们接受到的所有信息转化为知识和经验，在大脑中相互渗透和激发，产生联想，带来了智慧。

综合了数据采集、存储、管理、分析、挖掘、可视化等信息技术及其图像识别、学习和语言处理技术等集成的“大数据”，基于对海量信息资料的挖掘和分析，辅之以中央处理器的飞速计算技术，使得今天的智能机器人的学习和联想能力，将已有知识和经验转化为联想的能力都得到迅速提升，对人类的智慧与能力形成挑战。比如绘画机器人、书法机器人、写诗机器人、唱歌机器人……连诗歌这样表现人类情感的复杂思维所产生的非逻辑语言都可以写作的智能机器人，对于完成建立在大数据分析基础上、具有普遍性、逻辑性特点的“识人断事”的任务，似乎只在掌股之间。

美国哈佛大学肯尼迪学院教授希拉·贾萨诺夫在《发明的伦理》一书中

写道：高级的计算机技术也可以应用于从数据环境中所获得的公共数据，暴露一些人们不希望公开的个人特征。比如，剑桥大学对 58000 名志愿者进行了一项研究，并发表在著名的《国家科学院院刊》上，研究显示，通过对他们脸谱网上的爱好进行数学分析，可以正确地区分出“88% 的同性恋者和异性恋者，95% 的非裔美国人和白种美国人，85% 的民主党派和共和党派，以及 82% 的基督教徒和穆斯林教徒”。

大数据用于商业销售预测的成功，从亚马逊的实践中可见一斑。亚马逊不仅从每个用户的购买行为中获得购买信息，还将每个用户在其网站上的所有行为都记录下来：页面停留时间、用户是否查看评论、每个搜索的关键词、浏览的商品等。这种对数据价值的高度敏感和重视，以及强大的数据挖掘能力，使得亚马逊可以准确地掌握顾客的喜好，精准地推荐合适的商品。特别是在通过历史数据预测用户未来需求方面，对于书籍、手机、家电这类产品的推送预测是相当准确的，甚至可以预测到客户对相关产品属性的需求。

在淘宝网上买过东西的客户都有体验，你只要买过某种商品，类似的商品便会被不断地推送给你。2018 年，“大数据杀熟”成为网络流行语。一项调查显示，51.3% 的受访者遇到过互联网企业利用大数据“杀熟”的情况。“大数据”“人工智能”等技术可能对经济增长带来的推动作用，将其推上经济发展新动力的高位，不断刺激人类进行深入探索和研发的欲望。埃森哲公司研究了人工智能在 12 个发达经济体中所产生的影响，提出了通过改变工作本质，创建人与机器之间的新型关系的观点和预测：人工智能可将劳动生产率提高 40%，使人们能更有效地利用时间。到 2035 年，人工智能将使年度经济增长率提高一倍。

所有这一切，已经不仅仅是“大数据识人断事能胜过经验吗”这个层次的问题了，“大数据”对人类活动的引领和控制作用，将渗透到人类生产和生活的每一个角落。这些已经发生和正在发生的现实在为“大数据”“识人断事”将胜过经验提供佐证的同时提醒人们，在充分利用大数据分析预测功能实现某种目的的时候，不仅要注意它的正向预测结果，也要关注它可能带给人们的烦恼甚至忧虑。

著名未来学家雷·库兹韦尔的著作《奇点临近》中最广为人知的理念，即未来某一时刻，超级智能机器将会超越、改变人类，而他在1990年出版的《智能机器的时代》一书中，成功地预言了电脑将在1998年战胜棋王。计算机科学家、发明家埃米尔·侯赛因，在《终极智能》一书中介绍了人们如何生活在即将到来的感知机器和人工智能时代——不仅生存，而且茁壮成长。未来，我们将和智能机器人共生于一个地球，我们做好准备了吗？波音公司首席技术官格雷格·希斯洛普博士曾经这样说：“侯赛因让我们为更光明的未来做准备，不是夸大是非，而是对风险和潜力进行严肃的讨论。”

在人类还没有来得及很好地品味“大数据”“智能化”等词语及概念带来的惊喜之时，美国科幻片《终结者》中智能机器人试图奴役人类甚至屠杀人类的故事，使人们对人工智能欢呼的声浪开始减弱，人类冷静下来，在对“大数据”“智能化”“机器人”等概念及成果的广泛使用产生期待的同时，也开始产生忧虑，对风险及其防范的思考，冲淡了自远古以来人类对未来预测的渴望。“大数据识人断事能胜过经验吗”这一问题的答案几乎是肯定的。人工智能模仿人脑的能力是否能超越人脑？对这一更深层次问题的回答，争论日益激烈。《未来简史》中“如果一切都是算法，机器人将奴役人类”的预言尚未远去，刘慈欣《三体》中对黑暗森林时代的描绘，又为我们敲响了风险的警钟。

无论对“大数据”“人工智能”等技术发展利弊争论的焦点如何，面对人工智能技术越来越复杂并且越来越“类人化”的现实，人类建立起基本的共识：技术的发展以不伤害人的生命为底线。著名科幻作家艾萨克·阿西莫夫的《基地系列》《银河帝国三部曲》和《机器人系列》三大系列被誉为

“科幻圣经”，在创作这些巨作的过程中，阿西莫夫将人和机器人关系的思考逐步深入，提出智能机器人研发的三法则：机器人不得伤害人类，或坐视人类受到伤害；除非违背第一法则，机器人必须服从人类的命令；在不违背第一及第二法则下，机器人必须保护自己。但是，阿西莫夫的机器人三法则，真的能锁死机器人的文明吗？

下

编

科学素质现代化：调查与分析

我国高中级公务员科普教育理论研究[①]

程 萍

在我国，高中级国家公务员直接管理国家的社会经济事务，不同程度地掌握着国家重要政策、项目的决策权力和资源配置的宏观调控权力。在科技进步对社会经济发展的影响日益深入的今天，对我国高中级国家公务员进行现代科技知识的培训，比以往任何时候都显得更为重要，高中级国家公务员科普教育应当成为我国科普教育工作的重中之重。同时，在对我国高中级公务员进行科普教育的工作中，必须建立一套具有中国特色的高中级国家公务员科普教育的系统理论与方法，以此作为指导，才能达到预期目的，有效提高我国高中级公务员的科学文化素质和综合素质，使之与我国社会主义现代化进程的要求相适应。2002 年国家科普专项资助项目《我国高中级公务员科普教育理论研究》，就是在这一思想指导下提出、确定的科普理论研究项目。

在《我国高中级公务员科普教育理论研究》项目的实施过程中，课题组采取了向全国各省（自治区、直辖市及计划单列市）（以下简称省区市）行政学院发放《现代科技课程教学与学科建设调查表》，召开全国行政学院现代科技课程教学研讨会，选取特定调查对象发放“教学综合评估”调查问卷和进行入学知识摸底测试，听取课堂教学，召开部分调查对象座谈会，走访国务院有关部门等方法，对我国高中级公务员科普教育现状进行了系统、有

---

① 本文原载《中国科普报告 2005》，科学普及出版社 2005 年版。选自 2002 年中国科协科普专项资助项目成果《我国高中级公务员科普教育理论研究》。

针对性、多指标、立体化、多形式的调查与数据采集，现将调查结果与研究分析结论报告如下。

一、我国高中级公务员科普教育现状与需求分析

开展我国高中级公务员科普教育理论研究，首先要对我国高中级公务员科普教育现状有所了解。我国科普教育事业自改革开放以来的二十多年间，在各级党和政府的高度重视下，与社会主义建设的其他事业一起，取得了飞速发展，主要表现为建立和完善了科普政策法规体系，形成了组织完善、学科分布广泛、覆盖全国的群众性科普工作体系网络，科普能力建设显著加强，科普创作出版丰富多彩，科普传媒迅速发展，科普理论和实践研究不断创新，青少年科普、农村科普、城市科普等成绩斐然。然而，作为各级政府中具体行使社会、经济等各项事务管理与决策权力的国家公务员的科学素养状况如何，面对这一群体的科普教育状况又如何，却一直是我国科普理论与实践研究的空白，没有基础数据与材料可供参考，因此，要完成《我国高中级公务员科普教育理论研究》项目，必须从基础调查做起。课题组首先从“我国高中级公务员”概念所涉及的公务员职级这一角度入手，分析、确定了以县处级、地厅级、省部级国家公务员作为该项目中“高中级公务员”概念的内涵，并依照这 3 个层次，分别进行了全国省区市行政学院现代科技课程相关情况调查（县处级范围）、国家行政学院现代科技课程基本情况调查（地厅级范围）和国务院现代科技知识讲座情况调查（省部级以上）。

（一）全国省区市行政学院现代科技课程相关情况调查与分析

全国行政学院系统是目前我国公务员培训的主要力量，主要负责在本省区市政府中任职的县处级国家公务员的培训，通过这一系统对县处级国家公务员科普教育情况进行调查研究，不仅具有比较完备、畅通的组织渠道，其

调查结果也相应地具有较强的真实性与代表性。据此，课题组于 2002 年 5 月开始对全国各省区市的 47 所行政学院主体公务员班次的现代科技课程的设置与教学等相关情况进行初步摸底调查，发放《全国现代科技课程教学与学科建设调查表》47 份，收回 47 份，有效 46 份，有效收回率为 97.9%。

1. 现代科技课程开设情况：截至 2002 年 6 月 30 日，全国 47 所行政学院，除黑龙江省、长春市、沈阳市 3 所行政学院外，43 所均开设有现代科技课程，其中开设现代科技课程最早的为 1980 年，最迟的为 2001 年；开始于 20 世纪 80 年代的 12 所，约占 27. 9%；开始于 20 世纪 90 年代的 23 所，约占 53.5%；其余的均开始于近两年。每期主体公务员培训班课时最多的为 40 课时（含计算机与网络应用），最少的为 1 课时。

2. 教师队伍状况：调查结果显示，全国省区市行政学院现代科技课程的教师队伍基本形成“专兼结合”模式，除宁波外，42 所设有负责现代科技课程的专职教师，专职教师人数 1—18 人不等，共计 154 人，其中具有高级技术职称的 89 人，约占总数的 57.8%。这些专职教师是我国高中级公务员科普教育实践与理论研究的专业队伍与专门力量，目前以讲授科学技术与社会（STS）方面的内容、开展公务员科普教育理论研究为主。兼职教师主要是根据现代科技课程的设置需要，聘请当地或外地著名科学家、专家等，以讲授科技知识为主。

3. 教学组织机构设置情况：在这 43 所行政学院中，设置“现代科技（文化）教研部（室）”的有 17 所，占 39.5%；其他的行政学院则根据本院的实际情况将现代科技课程的教学与教学组织等工作放在哲学教研部（室、系）、综合教研部（室）、行政管理系、经济管理教研部、信息（计算）中心、教务部、培训部等，尚没有独立的组织管理机构。目前，全国行政学院系统尚没有权威机构对这一问题进行统一规定或规划、管理。

4. 主要教学内容：现代科技课程讲授的内容主要涉及信息科技、生物科技、新材料科技、航空航天科技、农牧业科技、环境与生态科技和新能源科技等科学技术知识，以及科技发展趋势、科技体制改革、科教兴国战略和可持续发展战略、知识产权保护、城市规划等科技与社会（STS）范畴的内容，各地主要结合当地经济发展、资源、生态等实际情况和每期公务员培训的具体目标安排适当的教学内容。

5. 教材编写情况：调查统计还显示，在这43所行政学院中，29所出版了现代科技课程自编教材，约占67.4%。一些开设课程较早、专职教师队伍较强的学院，如北京、天津、江苏、江西、河南、广东、重庆等有多种自编教材。这些自编教材多数为科学技术概论、科学技术基础知识类型的综合型教材，少数有像《现代科学方法论》《邓小平科技思想研究》类型的专题型教材。目前，除全国干部培训教材编审委员会编写的《21世纪干部科技修养必备》外，尚没有统一组织编写的公务员科普教育的专门读本。

另据《调查表》反映，各省区市行政学院面对县处级主体班次开设的现代科技课程，都是最受学员欢迎的课程之一，没有“不喜欢”这个专题课程的，也没有认为教学效果“不好”的。

表1　全国行政学院系统现代科技课程相关情况一览表

单位名称	课程主管部门	专职教师数（人）	开始时间	每期课时（节）
北京行政学院	哲学教研部	7	1985年	不等
天津行政学院	哲学教研部	5	1983年	16
河北行政学院	行政管理系	3	2001年	12
山西行政学院	现代科技教研室	5	1983年	8
内蒙古行政学院	哲学教研部	4	1994年	20
辽宁行政学院	培训处	1		4
吉林行政学院	有课，正在机构调整中			
黑龙江行政学院	暂无课			
上海行政学院	教务处、哲学教研部	2	1999年	2
江苏行政学院	现代科技教研部	18	1984年	6—9
浙江行政学院	现代科技与计算机应用	4	1985年	3
安徽行政学院	教务处、培训一部	1	1997年	8
福建行政学院	公务员培训部	2	1996年	12

续表

单位名称	课程主管部门	专职教师数（人）	开始时间	每期课时（节）
江西行政学院	现代科技教研部	11	1999 年	12—16
山东行政学院	教务部	2	1998 年	4
河南行政学院	科技文化教研部	3	1986 年	8
湖北行政学院	综合教研部	1	1996 年	4—8
湖南行政学院	现代科技教研部	4	1995 年	16
广东行政学院	哲学系	3	1995 年	8
广西行政学院	现代科技教研部	3	1990 年	4
海南行政学院	计算中心	2		4
重庆行政学院	现代科技教研部	5	1997 年	40
四川行政学院	区域经济教研部	2	1987 年	8
贵州行政学院	科技教研部	7	1984 年	40
云南行政学院	科技教研部	5	1991 年	4
西藏行政学院	教务处、综合教研室	3	1997 年	8
陕西行政学院	教务处	2		4
甘肃行政学院	经济教研部现代科技室	4	1998 年	28
青海行政学院	现代科技教研部	2	1986 年	8
宁夏行政学院	现代科技教研部	2	1985 年	4
新疆行政学院	现代科技教研部	10	1986 年	12
兵团行政学院	教务处	3	1995 年	8
广州行政学院	哲学教研室	3	1996 年	4
武汉行政学院	公务员培训处	1	1980 年	3
哈尔滨行政学院	教研部	1	1997 年	4—12
大连行政学院	哲学教研部	3	90 年代初	4
沈阳行政学院	暂无课			
成都行政学院	科技文化教研部	4	1994 年	8
南京行政学院	科技文化教研部	2		1
西安行政学院	信息中心	3	2000 年	4—16
长春行政学院	暂无课			
济南行政学院	经济管理教研部	4	1996 年	4
杭州行政学院	哲学教研室	2	1999 年	不等
青岛行政学院	哲学教研部	1	1998 年	4
深圳行政学院	哲学教研部	3	1996 年	4—8
厦门行政学院	基础教研部	1		20
宁波行政学院	现代科技教研部		2000 年	4

以上问卷调查结果表明，我国高中级公务员科普教育实践的发展不是偶然的，而是伴随着科学技术成为先进生产力的集中体现和主要标志、人类社会逐步步入信息社会和知识经济社会而兴起的世界近代科技史上的第三次科普高潮，开始于20世纪80年代初期。全国省（区市）行政学院对公务员开设的现代科技课程经过二十余年的逐步发展，已经具有一定基础与规模，基本形成占有一定比例的固定课时、初步建立起一支“专兼结合、优势互补”的教师队伍和以对主体班次学员进行面对面授课为主的培训模式，为开拓与发展我国国家公务员科普教育做出了努力与贡献。

在调查摸底基础上，由国家行政学院综合教研部主办、青海省行政学院承办，于2002年7月23日至25日在青海西宁召开了“全国行政学院现代科技课程教学与学科建设研讨会”，全国31所行政学院负责现代科技课程教学与科研的教研部主任、教师等46位代表参加了会议，提交论文16篇。会议交流了近几年在县处级以上国家公务员培训中现代科技课程的教学经验，主要围绕“贯彻落实《中华人民共和国科学技术普及法》，建设适合公务员培训需要的现代科技课程体系”的中心议题，从课程设置、教材建设、师资培训、加强科研与咨询等方面，对全国行政学院系统现代科技课程的定位与发展进行了探讨，提出进一步加强全国行政学院系统现代科技课程的业务交流与合作、加强公务员科普教育理论与实践研究的意见与建议，并对一些问题初步形成共识，主要包括：进一步提高对现代科技课程重要性的认识，确立现代科技课程在公务员培训与科普中的应有地位，争取适当的发展空间，把全国省区市行政学院现代科技课程教学与科研推向新水平；初步提出“国家公务员科普”是全国行政学院系统现代科技课程体系建设的重要任务；明确了现代科技课程定位与教学目标，矢志为建设一个适合国家公务员培训需要、为全面提高国家公务员科学文化素质服务的现代科技课程体系而奋发努力。

这次研讨会，是一次依靠全国省区市行政学院担负现代科技课程教学与科研同志们的经验和智慧、集思广益、同商公务员培训中的现代科技课程体系建设、推动我国国家公务员科普教育理论与实践研究良策的会议，对于全国行政学院系统现代科技课程的教学与科研、对我国国家公务员科普教育将起到至关重要的推动作用。

（二）国家行政学院现代科技课程基本情况调查与分析

国家行政学院现代科技课程基本情况调查是在我国地厅级公务员层次上进行的相关调查。

自 2002 年 3 月至 2003 年 7 月，课题组选取国家行政学院举办的 3 个主体班次的地厅级公务员培训班（第 8 期进修班暨新疆生产建设兵团班、第 15 期任职班、第 9 期进修班）学员为调查对象，采用发放“教学综合评估”调查问卷、进行入学知识摸底测试、听取课堂教学、召开部分学员座谈会等形式，对我国地厅级公务员科普教育需求情况进行了特定范围内的典型调查。

经对收回问卷、试卷、课堂教学情况和座谈会内容进行综合分析，从中可看出调查对象对现代科技知识的了解程度及对国家行政学院现代科技课程的态度与评价，以及从中反映出的更深层次的公务员科普需求，不仅比较客观地反映了调查对象对国家行政学院现代科技课程设置的意见与建议，并在一定程度上反映了我国地厅级公务员的科学素养状况和科普需求，具有一定的代表性与普遍意义。

1. 调查基本情况分析

此次调查对象全部为参加我院培训的我国地厅级公务员，发放“教学综合评估”问卷 223 份，收回问卷 142 份，其中有效问卷 136 份，有效问卷回收率为 60.1%。根据有效问卷统计分析，基本情况如下：

（1）调查对象结构

A. 学历结构

调查对象的学历结构为：博士 5 人，硕士 30 人，大学本科 80 人，大学专科 16 人，其他 5 人，分别占样本数的 3.7%、22.1%、58.8%、11.7%、

3.7%。调查对象整体学历结构较高，大学本科以上学历的占调查对象的比例接近85%，大大高于一般公众。我国公众科学素养调查分析结论表明：教育对科学素养状况有正相关影响——受教育程度越高的人群，具备基本科学素养人数的比例越高。据此，本项目调查对象的基本科学素养状况应好于一般公众，但据2001年我国公众科学素养调查结果显示，情况并不是很理想（见表19），应引起有关部门高度重视。

表2 调查对象的学历结构

	博士	硕士	大学本科	大学专科	其他
人数/人	5	30	80	16	5
占样本数比例(%)	3.7	22.1	58.8	11.7	3.7

B. 年龄结构

根据我国地厅级公务员任职条件的年龄要求与实际任职年龄状况，我们将调查对象分为35岁以下、36—40岁、41—45岁、46—50岁、51—55岁五个年龄段。通过样本统计分析可以看出，36—50岁年龄段的接近样本总数的90%，这一比例基本反映了我国地厅级公务员任职年龄的实际情况，具有代表性。从社会人的角度看，这一年龄段属于既积累了一定的社会、工作、人生经验，又年富力强、精力充沛、基本成熟的人生阶段，与其他年龄段的人群相比，是现今社会的主流人群与骨干力量，其科学素养状况直接影响社会、经济发展状况；从公务员职别与任职年龄要求的角度看，我国高中级公务员绝大部分在这一年龄段内；从接受大学教育的角度看，以通常的22岁大学本科毕业推算，这一年龄段的我国现任地厅级公务员大多毕业于20世纪70年代中期至90年代初的15年间（接受在职学历教育的除外）。

表 3　调查对象的年龄结构

	35 岁以下	36—40 岁	41—45 岁	46—50 岁	51—55 岁
人数 / 人	1	27	39	56	13
占样本数比例（%）	0.7	19.8	28.7	41.2	9.6

C. 工作部门分布

调查对象来自中央政府 55 人，占样本数的 40.4%；来自地方政府 59 人，占样本数的 43.4%；来自新疆生产建设兵团 22 人，占样本数的 16.2%。这一比例反映了该调查虽然是在特定范围内进行的取样，但调查对象的“工作部门、区域分布”概率仍然是比较合理的，来自于中央政府和地方政府的调查对象所占比例相近。由于中央政府、地方政府公务员的工作职责、内容不尽相同，其科学素养状况、特点也不尽相同，按调查对象的工作部门、区域进行分类分析，目的是试图比较出不同岗位的公务员科学素养的不同特点，并尽可能避免由于偏重某一方面而使分析结果失之偏颇。

表 4　调查对象的工作部门分布

中央政府		地方政府		新疆生产建设兵团	
人数	占样本数比例	人数	占样本数比例	人数	占样本数比例
55	40.4%	59	43.4%	22	16.2%

（2）授课内容分析

国家行政学院地厅级公务员培训班的课程设置一般是根据当期培训目标，将培训内容分若干专题，每个专题若干题目。自 2002 年 3 月至 2003 年 7 月，开设的专题主要有：宏观经济基本问题、市场经济基本理论、微观经济基本理论、宏观调控与政府经济管理、政府职能与工作方式转变、社会主义市场经济的法律制度、社会保障与收入分配、世界贸易组织基本知识、现代科技知识与历史文化知识等。

现代科技知识专题每期为3—7讲。通过这一专题的教学，使学员了解当代科学技术的重大成就与发展趋势，把握我国科技发展战略，强化技术创新、制度创新和管理创新意识。根据这一教学目的，课程设置的主要内容包括：21世纪的科学展望、当代科技发展趋势及其影响、现代信息技术及其对生产力的影响、模式识别与自动化、从DNA双螺旋到人类基因组计划、纳米技术的现在与未来、新材料科技的发展现状与应用前景、数字地球与地理信息系统、全球气候变化的科学认识影响及对策、中国的空间活动等。调查问卷分析结果显示，该专题的教学目的、教学内容、教师讲授水平等，得到了调查对象的充分认同与肯定。

表5　现代科技课程主要内容及讲授评价（单位：100分）

课程内容	授课人	授课人简况	学员评价
21世纪的科学展望	冯长根	中科协书记处书记、教授、博导	89.73
当代科技发展趋势及其影响	王渝生	中国科技馆馆长、教授、博导	98.72
现代信息技术及其对生产力的影响	吴建平	清华大学信息中心主任、教授、博导	97.91
模式识别与自动化	谭铁牛	中科院自动化所所长、教授、博导、	97.61
从DNA双螺旋到人类基因组计划	杨焕明	中科院人类基因组中心主任、教授、博导	97.17
现代生物技术及其对人类的影响	贺福初	中科院院士、教授、博导	98.35
纳米技术的现在与未来	白春礼	中科院院士、副院长，教授、博导	（未评）
新材料科技的发展现状与应用前景	严纯华	北京大学化学与分子工程学院教授、博导	95.99
数字地球与地理信息系统	陈　军	国家基础地理信息中心主任、教授、博导	98.29
全球气候变化的科学认识影响及对策	丁一汇	国家气象特别顾问、教授、博导	95.54
中国的空间活动	郭宝柱	国家航天局副局长、教授、博导	93.04
中国城市规划面临的问题和改革思考	陈秉钊	同济大学建筑规划学院教授、博导	96.46

表5“学员评价”一栏中的数字为调查对象对教师的评分（百分制），这个分数是根据调查对象对《国家行政学院课堂教学评估表》（详见表6）中的15项评估指标进行ABCD四个等级的评价后，再进行加权平均后得出的分数。该评估规定90—100分为A级，80—90为分B级，60—80分为C级，60分以下为D级，同时规定，加权平均后得分为90分以上的评价为“优秀”，80分以上的评价为“良好”。在国家行政学院，加权平均分为80分以下的教师，一般情况下需待改进提高授课水平后，方可再安排主体班次授课。

该评估中设定的15项评估指标及权重分别为：

表6　国家行政学院课堂教学评估指标

	教学内容						教学方式与方法						教学效果		
序号	1	2	3	4	5	6	7	8	9	10	11	12	13	14	15
评价指标	备课充分，授课认真	符合政策，运用资料准确	研究新问题、提出新观点	联系工作实际	逻辑性、系统性	信息量或课堂教学辅助材料	教学过程合理有序、不拖堂	突出重点、详略得当	方法灵活、手段多样	启发学员思考	引导学员参与	适合学员特点	补充知识与更新观念	帮助分析与解决问题	启发工作思路
权重	.05	.06	.08	.08	.07	.06	.05	.08	.08	.06	.06	.07	.08	.07	.05

A. 对教学内容的总体评价

此次被调查的第8期、第9期进修班和第15期任职班学员对我院教学内容的总体评价，比较具有典型意义，集中反映了调查对象对“现代科技知识”课程的态度。从表7可以看出，第8期进修班学员对现代科技知识专题课程教学内容的满意程度为当期最高值。

表 7　第 8 期进修班学员对各专题教学内容的评价（单位：%）

专题	十分满意	比较满意	合计
第 6 专题（现代科技知识）	67.9	30.0	97.9
第 5 专题（世界贸易组织基本知识）	63.5	33.5	97.0
第 3 专题（宏观调控与市场体系）	57.3	38.3	95.6
第 4 专题（社会保障与收入分配）	59.0	36.3	95.3
第 8 专题（社会主义市场经济法律制度）	50.3	44.0	94.3
第 1 专题（宏观经济基本问题）	54.5	38.2	92.7
第 7 专题（政府职能与工作方式转变）	57.9	34.1	92.0
第 2 专题（微观经济基本问题）	50.0	40.7	90.7

表 8 反映了在第 9 期进修班的教学内容中，最令学员满意的是第 7 专题（现代科技与文化），仍为当期最高值，并且比上期提高了 12.3 个百分点。

表 8　第 9 期进修班学员对各专题教学内容的评价（单位：%）

专题	非常满意	比较满意	前两项之和	一般	不太满意
第 7 专题（现代科技与文化，科技 3 讲、文化 1 讲）	63.3	27.3	90.6	8.9	0.5
第 1 专题（市场经济基本理论）	36	52.5	88.5	10.9	0.6
第 2 专题（宏观经济基本问题）	30.2	54.2	84.4	14.8	0.8
第 6 专题（社会主义市场经济法律制度）	26.1	57.9	84	14.1	1.9
第 4 专题（宏观调控与政府经济管理）	29.1	52.8	81.9	16	2.1
第 3 专题（微观经济基本问题）	35.5	46.4	81.7	17.1	1.2
第 5 专题（政府职能与工作方式转变）	26	51.8	77.8	20.6	1.6

在第 15 期任职班的课程设置中，“现代科技与文化”没有被作为专题列入教学内容，而是作为讲座设置的，但学员反映仍然很好，平均得分也为当期最高值。

表 9　第 15 期任职班学员对各专题及讲座教学内容评价（单位：%）

专题及讲座名称	课时数（讲）	平均得分
第 1 专题（基本政治理论与社会发展战略）	4	90.49
第 2 专题（公共管理）	14	93.09
第 3 专题（社会主义市场经济和政府对经济的宏观调控）	7	93.62
第 4 专题（法制建设与依法行政）	8	94.28
讲　座（现代科技与文化，其中现代科技 4 讲，文化 1 讲）	5	96.66

B. 对教学内容的分项指标评价

除对教学内容的总体评价之外，为使调查更具有说服力，在第 9 期进修班中，对教学内容按分项指标进行了问卷设计与调查。分项指标主要包括教学内容的“针对性、科学性、前瞻性、实用性、互动性、信息量”等 6 项指标。从表 10 可以看出，调查对象认为第 7 专题（现代科技知识专题）的针对性、科学性、前瞻性、实用性都“非常强”，信息量很大。

表 10　第 9 期进修班学员按分项指标对各专题教学内容的评价（单位：%）

	针对性		科学性		前瞻性		适（实）用性		互动性		信息量	
	强	比较强	强	比较强	强	比较强	强	比较强	强	比较强	大	比较大
第 1 专题	48.0	44.7	44.1	48.0	35.5	51.3	30.9	58.6	23.7	57.2	33.6	55.3
	92.7		92.1		86.8		89.5		80.9		88.9	
第 2 专题	38.8	51.3	28.8	58.3	31.6	52.6	27.6	55.9	19.7	55.9	34.9	51.3
	90.1		87.1		84.2		83.5		75.6		86.3	
第 3 专题	46.0	41.5	36.5	49.0	36.5	45.5	32.5	46.5	26.0	49.5	36.5	45.5
	87.5		85.5		82.0		79.0		75.5		82.0	
第 4 专题	39.6	49.1	28.4	57.8	34.7	45.7	24.8	56.3	21.3	52.1	33.5	48.6
	88.7		86.2		80.4		81.1		73.4		82.1	
第 5 专题	38.0	44.8	23.3	55.2	25.1	54.1	25.5	51.6	16.8	54.1	27.6	50.9
	82.8		78.5		79.2		77.1		70.9		78.5	
第 6 专题	35.4	51.6	25.3	59.6	25.0	59.9	23.2	61.0	18.8	60.0	28.2	55.6
	87.0		84.9		84.9		84.2		78.8		83.8	
第 7 专题	73.0	20.0	66.5	30.5	60.0	30.5	58.0	33.0	57.0	28.5	65.0	27.5
	93.0		97.0		90.5		91.0		85.5		92.5	

C. 对教学目的和教学要求实现程度的评价

在国家行政学院的地厅级公务员培训中，每个班次的各专题课程都制定了针对性较强的教学目的与教学要求，在第 8 期进修班中，有 51% 的调查对象认为现代科技知识专题教学目的和教学要求实现程度有“很大提高”，不仅为当期最高值，且远远高于其他专题，说明该专题的教学目的与教学要求得到了比较充分的实现。

表11　第8期进修班学员对各专题教学目的和教学要求实现程度的评价(单位:%)

专题与内容 \ 提高程度	很大提高	较大提高	前两项之和	一般	较少提高
第 1 专题（宏观经济基本问题）	39.3	56.7	96.0	4.0	/
第 7 专题（政府职能与工作方式转变）	36.0	60.0	96.0	4.0	/
第 6 专题（现代科技知识）	51.0	44.0	95.0	5.0	/
第 8 专题（社会主义市场经济法律制度）	36.7	56.6	93.3	6.7	/
第 4 专题（社会保障与收入分配）	36.0	56.0	92.0	8.0	/
第 5 专题（世界贸易组织基本知识）	23.0	68.0	91.0	9.0	/
第 2 专题（微观经济基本问题）	22.7	66.0	88.7	11.3	/
第 3 专题（宏观调控与市场体系）	30.0	58.0	88.0	12.0	/

D. 对教材和教学参考资料的评价

根据评估问卷的统计结果，第 8 期进修班平均有 91.4% 的学员对本期培训班的教材及教学参考资料表示“满意”，其中现代科技知识专题课程的教学参考书《21 世纪干部科技修养必备》的“满意”程度与另两本参考书为并列第一。

表 12　第 8 期进修班学员对教材和教学参考资料适用性的评价（单位：%）

序号	书名	十分满意	比较满意	合计
1	领导干部 WTO 知识读本	67	29	96
2	公共行政概论	50	46	96
3	21 世纪干部科技修养必备	58	38	96
4	中国基本国情与社会发展战略	57	37	94

续表

序号	书名	十分满意	比较满意	合计
5	依法行政读本	59	35	94
6	国家公务员网络读本	54	39	93
7	行政伦理概述	45	47	92
8	国家公务员法学读本	55	37	92
9	邓小平现代领导理论与实践	51	39	90
10	社会主义市场经济概论	54	36	90
11	中国公共行政专题教学纲要	41	49	90
12	邓小平理论的伟大创新	49	39	88
13	政府经济管理	54	34	88
14	宏观经济调控政策协调研究	51	37	88
15	国有企业改革与发展	53	31	84

E. 对辅助教学内容——参观考察的评价

作为辅助教学内容，现代科技知识课程每期都安排适当的参观考察。第8期进修班参观了国家基础地理信息中心、中国航天城；第9期进修班参观了中科院自动化所、北京市农业局特菜基地；第15期任职班参观了国家基础地理信息中心。课题组选择第15期任职班学员作为调查对象，对参观国家基础地理信息中心进行了问卷调查。问卷评价结果表明，调查对象对参观的评价平均满意率为86.8%，表明绝大多数调查对象是满意的，认为安排参观考察是有必要的，从中得到收获。满意率还不够高的主要原因，不是来自于调查对象对参观考察的需求，而是由于参观场地、条件、设施等客观条件的限制，使参观活动不能尽如人意，在一定程度上影响了参观效果。

表13　第15期任职班学员对参观国家基础地理信息中心的评价（单位：%）

<table>
<tr><th colspan="2">必要性</th><th colspan="2">针对性</th><th colspan="2">满意程度</th><th colspan="2">学员收获</th><th rowspan="2">平均满意率</th></tr>
<tr><td>非常有必要</td><td>较有必要</td><td>非常强</td><td>比较强</td><td>非常满意</td><td>比较满意</td><td>非常大</td><td>比较大</td></tr>
<tr><td>43.3</td><td>37.3</td><td>45.1</td><td>45.1</td><td>39.2</td><td>52.9</td><td>35.3</td><td>49.0</td><td rowspan="2">86.8</td></tr>
<tr><td colspan="2">上两项之和
80.6</td><td colspan="2">上两项之和
90.2</td><td colspan="2">上两项之和
92.1</td><td colspan="2">上两项之和
84.3</td></tr>
</table>

（3）学员入学知识摸底情况分析

为进一步了解学员需求与知识现状，课题组对第 9 期进修班学员进行了入学知识摸底测试，这一测试采用笔试形式，测试内容主要涉及党政、法律、经济、科技等四个方面的知识，共 150 个知识点，其中 42 个党政类知识点、13 个法律类知识点、51 个经济类知识点、44 个科技类知识点。实际发放试卷 73 份，收回 71 份，其中有效试卷 71 份。有效试卷回收率为 97.3%，总平均得分为 65.5 分（百分制），对必备知识掌握基本合格。对于党政、法律、经济、科技四个方面的知识掌握情况，其分项平均得分为：党政类 81.9 分，法律类 66.2 分，经济类 57.6 分，科技类 58.9 分。科技知识测试平均得分虽比第 8 期进修班提高了 4.9 分，但仍有 49.3% 的学员不及格，与“党政类”“法律类”知识比，相对欠缺。

表 14　第 9 期进修班学员入学知识摸底情况统计

知识类别	A– 党政类	B– 法律类	C– 经济类	D– 科技类
所占比重（%）	28	8.7	34	29.3
各项平均分	81.9	66.2	57.6	58.9

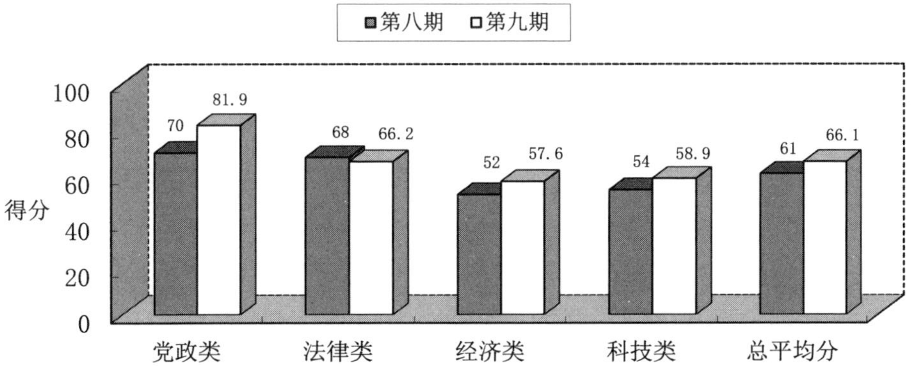

图 1　第 8 期、第 9 期进修班入学知识摸底情况比较

A. 评分标准

单选题：一个选项为一个知识点，答对一个选项得 1 分，未选或错选不得分。科技知识类别的题目没有单选题。

填空题：一个填空项为一个知识点，填对一个空得 1 分，未填或错填不得分。科技知识类别的题目没有填空题。

多选题：一个选项为一个知识点，答对一个选项得 1 分，未选、错选、漏选不得分。科技知识类别的题目均为多选题。一般情况下，多选题的难度高于单选题和填空题，客观地说，该次测试中的现代科技类别的题目比其他类别的题目确实稍难一些。

在 11 道科技知识类别的多选题中，共 44 个知识点，每个知识点为 1 分，满分为 44 分。以百分制中的 60 分及格为标准进行换算，该测试中 26.4 分以上为及格。

B. 测试结果分项分析

● 性别分析：测试对象中有 8 名女性，占有效测试对象总数的 11.27%，其平均得分为 27.13 分，及格以上 5 人，占女性的 62.5%。男性平均得分为 26.05 分，及格以上 30 人，占男性的 42.25%。男性的及格率低于女性 20.25%。在有效测试对象中获得第一名的（41 分）为男性，获得第二名的（36 分）为女性；倒数第一至第三名为男性，倒数第 4 名为女性。

表 15 第 9 期进修班入学知识摸底测试现代科技部分得分性别比较

	人数	平均分	及格率	最高分	最低分
男性	63 人	26.05 分	42.25%	41 分	9 分
女性	8 人	27.13 分	62.5%	36 分	16 分

● 年龄分析：测试结果与测试对象年龄成逆向分布，即年龄越低，平均分数与及格率越高。值得提出的是，最高分获得者（41 分）同时也是测试对

象中最年轻的学员（34 岁）。这一结果表明，在我国地厅级公务员中，随着年龄的增长而所学知识老化是普遍现象，因此，知识更新特别是补充现代科技知识显得尤为重要。

表 16　第 9 期进修班入学知识摸底测试现代科技部分得分年龄比较

	人数	平均分	及格人数	及格率
39 岁以下	9 人	31.78 分	7 人	77.78%
40—49 岁	42 人	25.62 分	19 人	45.24%
50 岁以上	20 人	24.80 分	8 人	40%

● 文化程度分析：测试对象中具有硕士研究生以上学历的 28 人，其中博士 1 人，博士后 1 人；大学学历的 31 人；大专学历的 11 人，中专学历的 1 人。在这一测试人群中，大学以上学历的占有效测试对象总数的 83.1%，大专以上学历的占有效测试对象总数的 98.59%，为高学历人群，其测试结果与文化程度显示为正态分布，即学历越高，成绩越好。

表 17　第 9 期进修班入学知识摸底测试现代科技部分得分文化程度比较

	人数	平均分	及格率	最高分	最低分
研究生以上学历	28 人	29.86 分	71.43%	41 分	18 分
大学学历	31 人	23.58 分	38.71%	32 分	9 分
大专以下学历	12 人	22.33 分	25%	31 分	17 分

● 工作部门分析：测试对象来自中央政府各部门的 25 人，来自地方政府的 46 人。测试结果显示，来自地方政府各部门的学员对科技知识的了解、掌握情况好于来自中央政府部门的学员。分析形成这一结果的主要原因与性别、年龄、学历等因素关系不大。从学员座谈中了解，主要与个人努力有关，成绩较好的学员都非常注重个人的不断学习与终身学习，具有较好的学习习惯和学习方法，并且善于在工作与生活实践中学习。其次，

这一结果可能与地方政府工作与中央政府工作对地厅级公务员的要求不同有关，前者要求具有较强的综合能力，因而需要具有较广博的知识结构，而后者主要要求把握某项工作、某个领域的现状与发展，知识结构可能更趋于专业化。

表 18　第 9 期进修班入学知识摸底测试现代科技部分得分部门比较

	人数	平均分	及格率	最高分	最低分
来自中央政府部门	25 人	23.76 分	36%	35 分	9 分
来自地方政府部门	46 人	27.48 分	56.52%	41 分	17 分

C. 对测试内容的分析

该测试中科技知识部分的 11 道多选题，其知识范围涉及生物、物理、信息、新材料、新能源、计算机、科技史等多个方面，但均为高中级公务员应该了解、掌握的基础性知识。测试结果反映，测试对象对这些基本知识的了解并不理想，大部分是一知半解或了解一部分。其中有的题目在设计时就考虑到是答题难点，如“粒子可分为哪三类”“细胞的结构包括哪几部分”等，概念明确、全部选对的人很少，即便是获得“41”分的第一名，对这两道题也概念不够清晰。

11 道题中的唯一一道非科技知识题目“技术创新具有哪些特点”是回答不好的题目之一，各有 41 人不知道“创新收益的非独占性”与“创新的不确定性”。对于空间技术的了解也比较差，分别有 35 人、44 人、36 人不知道“巨型卫星”“空间运输”“空间资源”是空间技术研究与开发的对象。有 53 人不知道新能源技术包括“洁净煤技术”，有 45 人不知道信息技术应该包括“自动化技术”，有 56 人不知道生物技术涵括“发酵工程”，这些都超过了测试对象的半数。

令人感到意外的是，一些最基础的题目如“计算机的硬件由哪几大部分组成”，很多人搞不清楚，其中 14 人甚至不知道“显示器”是硬件。不知道“CPU”或“输入和输出装置”是硬件的更多，各达到 30 人，分别占有效样本的 42.25%。从中不难看出测试对象对计算机知识的了解实在太少，对政府实施“电子政务”“网上办公”计划将可能产生不利影响。

D. 测试结果与 2001 年我国公众科学素养调查相关结果的比较

从 2001 年我国公众科学素养调查中的专项结果可以看到，我国领导干部具备基本科学素养比例为 4.55%，排在了学生和待升学青年、专业技术人员、商业人员、办事人员之后，居第五位。

表 19　我国不同职业公众具备科学素养的比例（%）

职业	学生和待升学人员	专业技术人员	商业人员	办事人员	单位负责人（领导干部）	服务人员	退休人员
比例	11.4	6.92	5.81	4.70	4.55	1.03	0.87
职业	个体劳动者	工交人员	城镇待业人员	农民	家务人员	无劳动能力者	总体
比例	0.55	0.52	0.10	0.04	0.00	1.03	1.40

资料来源：《2001 年我国公众科学素养调查》（科学普及出版社 2002 年版）

从国家行政学院第 9 期进修班入学知识摸底测试试卷现代科技类别测试题目可以看出，这一测试内容的难度远高于 2001 年我国公众科学素养调查中设计的科技知识题目，因而，这两项结果无法进行直接比较，但该测试内容全部选自由人事部原常务副部长程连昌主编、中国人事出版社 2001 年 4 月出版的《全国公开选拔党政领导干部考试习题集》，应是高中级国家公务员任职必须了解、掌握的内容。从这一角度考察，仍然可以看出两个调查结果实际是从不同层面反映出我国国家公务员科学素养状况不容乐观的现实。

2. 基本结论

《我国高中级公务员科普教育理论研究》项目设计的一系列调查表、调查问卷、试卷是以我国高中级公务员为特定科普对象，并从这一特定科普对象的结构、需求、能力、收益等四个方面进行了数据采集，构成完整的科学技术接受系统调查，因此，其调查分析结果具有真实性、科学性、普遍性与权威性。

（1）根据不同问卷、试卷调查结果分析并结合课堂教学实况分析可以看出，我国现任地厅级公务员在科学文化素质特别是科学素养方面存在着不容忽视的问题，具体反映在对现代科技知识的了解掌握情况方面，主要有以下几点：

第一，知识老化，对传统科技知识了解较多，对当代科学的新发现和高新技术的新成果缺乏必要的了解，并且随着科学技术发展周期的加快，这种老化的速度也在加快。如在课堂提问反映出的对宇宙的认识，很多学员还停留在“宇宙是无边无际、无始无终”的认识上，并不了解或说不清楚宇宙起源的“大爆炸”学说，不能够理解宇宙“大爆炸模型”。

第二，知识结构相对单薄，除自己曾经学习的专业和所从事、主管的行业涉及的专业知识外，其他专业的科技知识比较欠缺，甚至不感兴趣。如讲授稀土材料知识时，学员的反映反差较大，来自内蒙古、江西等我国重要稀土产地的学员认为讲授得非常好，很有启发，而有的学员却认为听不懂，讲授得“太专业”，没兴趣。

第三，对一些基本科技知识的概念理解模糊。如课堂提问“两弹一星”的“两弹”为哪“两弹”时，虽有学员能答出是“核弹、导弹”，但不少学员还是回答为“原子弹、氢弹”，搞不清原子弹、氢弹、导弹的区别。再如入学知识摸底测试中一道题目问“生物遗传物质是指”什么，绝大部分人能够回答出“DNA”，但不知道还应包括“RNA”。这是因为DNA在各类媒体宣传中出现频率较高，大家耳熟能详，却并不真正了解“遗传物质”这一概念。入学知识摸底测试科技部分的测试结果尤为突出地反映出这一问题，因题目是多选题，正确选项中掺杂有错误选项，必须概念明确才能全部选对，因而每道题都很少有全部答对的。

第四，对一些前沿科技成果认识偏颇或一知半解。如在讲授“太空蔬菜”时，很多学员对此类蔬菜、水果、粮食能否食用持怀疑态度，并与“转基因植物”概念混淆。再如对“空间技术”的认识，从测试答题中可以看出，很少有人能够全面准确地理解这一概念所涵盖的基本内容。

第五，使用计算机、网络技术进行现代化办公的能力较低。运用计算机、网络进行现代化办公是实施电子政务的基础，而至今仍有不少学员不能在计算机上熟练使用文字、图像、表格处理等常用办公软件，甚至不会使用简单的输入法。对网络基础知识了解较少，概念含混，如分不清广域网、内部网和局域网的区别；不能熟练使用网络浏览、搜索、文件下载等技巧，不能熟练收发电子邮件等。

第六，由于对现代科技知识了解不够，使用现代科技手段进行决策的意识不强。使用现代科技手段进行决策已不是新概念，但由于学员对现代科技手段及其应用知识了解有限，以致不能或较少在决策实践中自觉、熟练地运用这些手段。如讲授“数字地球与地理信息系统”课程时，运用遥感技术进行中越勘界谈判、洪水预测与控制、交通动态系统实时监控、城市规划、植树造林、荒漠绿化等案例，深受学员欢迎。课后，不少学员到国家基础地理信息中心参观，进一步了解该项科技手段对决策的直观作用，直至洽谈合作项目。

（2）从以上分析看，正是由于调查对象对现代科技知识的了解有诸多欠缺，而我院现代科技知识专题课程为其在知识结构的薄弱环节提供了补充、加强的机会，因此，现代科技知识专题课程深受学员欢迎，被誉为“最受欢迎”的课程之一，其评价集中反映在以下几个方面，是我国高中级公务员科普需求与积极性的真实写照。

第一，现代科技知识课程非常精彩，信息量大，国内一流专家的介绍使之耳目一新，打开了一扇通往科学殿堂的窗户；

第二，将高深的、专业性很强的现代科技知识讲得通俗、形象，让非专业科技工作者听得懂，理解得了，兴趣浓厚；

第三，开阔了视野，更新了观念，提高了修养，获益匪浅；

第四，开启了思想的闸门，启发了工作思路，有助于帮助分析与解决问题；

第五，在短时间内对“当代科技发展趋势”有了更多的认识，对现代科技一些前沿问题有更多的了解，对日常工作、生活中接触较多的现代科技概念有了更多的知识；

第六，教学内容组织得很好，教学效果佳，教师水平高，教学手段方法先进科学；

第七，建议增加课时，加强“生态环境保护的现状与对策”“现代信息产业”“计算机与网络应用知识”等方面的内容。在教学方法上，进一步加强“教学互动”与实地考察等。

（3）进一步分析调查对象对国家行政学院现代科技知识课程的高评价，集中反映了我国地厅级公务员对现代科学技术知识需求的深层次原因，具有普遍意义。这些原因是与地厅级公务员在政府决策和管理中承上启下的重要地位、所负职责要求、所遇问题呈复杂化趋势、高度的岗位竞争等行政环境紧密相连的，迫使地厅级公务员不得不具备更高的个人综合素质，才能不被日益发展的形势所淘汰。

（三）国务院现代科技知识讲座相关情况

国务院现代科技知识讲座在国务院领导同志提议、重视和大力支持下，开始于 1998 年 6 月。截至 2003 年 1 月，国家科技教育领导小组在中南海举办了 22 次现代科技知识讲座，国务院总理、副总理、国务委员，国务院各部门的负责同志以及国务院办公厅机关工作人员只要不出差，都积极参加听讲。讲课教师绝大部分为国际国内著名科学家。讲课内容既有前沿基础科学，也有与国务院各方面工作密切相关的现代高科技应用技术。

表 20 国务院现代科技知识讲座情况一览表

课程内容	授课人	授课人简况
农业和农业科技展望	石元春	中国科学院院士、中国工程院院士
从医学科学的进展看生物高技术的前景	秦伯益	中国工程院院士、军事医学科学院研究员
对 21 世纪初计算机技术发展的展望	汪成为	中国工程院院士、总装备部科技委常任委员
环境保护与可持续发展	钱 易	中国工程院院士、清华大学教授
信息产业的发展和中国面临的问题与机遇	王 选	中国科学院院士、中国工程院院士
当代科技发展趋势和我国高新技术发展及产业化对策	徐冠华	中国科学院院士、科技部部长
用高技术振兴我国传统产业	吴 澄	中国工程院院士、清华大学教授
生物芯片技术及其发展趋势	程 京	生物芯片北京国家工程研究中心主任、清华大学教授
我国风沙灾害加剧的成因分析及防沙治沙对策	史培军	科技部“防沙治沙技术方案”专家组组长、北京师范大学副校长
资本市场与资本运作	高西庆	中国证监会副主席
人类基因组计划进展与中国的人类基因组学研究	陈 竺	中国科学院副院长、院士、国家人类基因组南方研究中心主任
口岸电子执法系统(中国电子口岸)简介	王小丁	海关总署
纳米科技及其发展前景	白春礼	中国科学院副院长、院士
微电子科学技术和集成电路产业	王阳元	中国科学院院士、北京大学教授
软件技术与产业	刘积仁	东北大学副校长、教授、东软集团有限公司董事长
转基因科技知识	张启发	中国科学院院士、华中农业大学教授
电子政务全球透视与我国电子政务的发展	周宏仁	国家信息化专家咨询委员会副主任
气候变化问题	丁一汇	中国气象局气候变化特别顾问
物理的挑战	李政道	诺贝尔奖获得者、美国哥伦比亚大学教授
网络计算机技术与应用	怀进鹏	北京航空航天大学副校长、教授
我国可持续发展的水资源与生态建设问题	钱正英	中国工程院院士

参加听课的领导同志一致反映，通过这些讲座活动，不仅有利于高级国家公务员更新科技知识、提高科学素养，也有利于提高国务院及其各部门的科学决策能力和工作水平，同时，对于在全社会普及科学知识、树立科学观念、提倡科学方法、弘扬科学精神，也能起到很好的带头和示范作用。2003年3月，国家科技教育领导小组办公室将其中20次讲座的讲稿整理、编辑、出版，书名为《科技知识讲座文集》，时任国务院总理的朱镕基同志亲笔题写书名，时任国务院常务副总理的李岚清同志作序。该书的出版，影响很大，对各级政府领导干部的科普教育起到了重要推动作用。

2003年3月，新一届中央政府领导班子就任后，国务院领导同志对于学习现代科技知识依然十分重视，在百忙中坚持集体学习制度，并于8月19日安排中国工程院院士钱正英作了“我国可持续发展的水资源和生态建设问题”的讲座，国务院总理、副总理、秘书长和各部委一把手及国务院机关工作人员等200余人听了这次讲座，反映了我国新一届中央领导班子对我国科技发展、可持续发展问题的高度重视。

二、我国高中级公务员科普教育的意义与作用

从以上我国高中级公务员科普教育现状与需求分析可以看出，国家公务员特别是高中级公务员，不仅是党中央国务院多次强调的科普工作的重点对象之一，而且进一步加强我国高中级公务员的科普教育，全面提高高中级国家公务员的科学文化素质，在新时期应成为我国科普工作中急需抓紧研究并采取有力措施切实加以解决的新的重要课题。

（一）加强国家高中级公务员科普教育，是新世纪、新形势对我国公务员队伍建设提出的必然要求

当今世界，科学技术突飞猛进，以信息科技、生物科技、新材料科技、

航空航天科技等为代表的高科技，创造了前所未有的科学和经济奇迹。科学技术作为第一生产力对经济和社会发展的作用越来越重要和直接，未来世界的竞争，越来越表现为科技实力的竞争，因此，科学文化素质作为一名合格公务员的必备素质，科普教育作为公务员培训的基础性教育的地位是十分明确的。江泽民同志指出："加速我国的科技进步，一定要提高各级领导干部的科技素质。"各级领导干部"抓紧学习和掌握现代科技知识，是摆在我们面前的一项重要任务"，"要从事关国家富强、民族振兴的高度"来认识这一问题的重要性。江泽民同志的这些重要讲话，是开展公务员科普教育的理论指南与行动依据，因此，科普教育在公务员培训中绝不是可有可无，而应该是公务员培训的必备内容。

提高公务员的科技素质，主要应包括以下几个方面的内容：一是培养公务员的科学精神和科学世界观，以不断适应现代行政生态环境的发展变化。在新的世纪，随着科学技术的进一步发展，经济全球化步伐的加快，国际政治多元化趋势的发展，使得公务员所处的行政生态环境发生巨大的变化。各种新问题、新矛盾以及更为复杂多变的形势，将使公务员面临极大的"本领危机"。公务员只有具备了科学精神，树立正确科学的世界观、人生观、价值观，树立科学的思维方式，使行政活动建立在科学的基础之上，运用科学的管理方法，建立科学的管理体制，依照科学的管理程序，才能实现行政管理的高质量和高效率；也只有用科学精神、科学思想、科学方法来指导工作，才能逐步形成深入了解民情、充分反映民意、广泛集中民智的决策机制，推动决策的科学化、民主化，提高决策水平和工作效率。二是培养公务员正确把握科技进步对社会综合影响力的能力。"科技进步和创新是生产力发展的关键因素，也是文化发展的重要因素"，公务员只有掌握了科技最新发展成果和趋势的知识，才能认识和预知当前及未来的挑战，制定相应的对策，才能使公务员具有对科技发展的社会综合影响力的宏观控制能力，并能够在公共政策的制定上具有社会发展的前瞻性。三是使公务员掌握运用现代科技进行公共管理的必备技术手段，以适应科技发展对公共事务管理的新要求。在信息社会的背景下，随着电子政务的全面启动和迅速发展，运用计算机、国际互联网等先进的科学技术成果来集取、分析、管理信息日渐成为政府管理行为中的重要手段，政府管理的自动化程度不断提高，这就要求公务员必须具备电子计算机、网络应用等现代技术技能，才能胜任其所承担的管理工作。四是培养公务员的创新精神。科技的发展是与创新联系在一起的，创新精神是公务员科技素质的重要组成部分。公务员特别是高中级公务员只有弘扬科学精神，坚持解放思想、实事求是的思想路线，勇于面对科技发展和社会发展各项工作中的新情况新问题，在反复实践和总结的基础上不断创新，我们的事业才能与时俱进，不断开拓现代化建设的新局面。

（二）加强国家高中级公务员科普教育，是提高党的执政能力与执政水平、在新的历史条件下实现“发展”这一执政兴国第一要务的需要

在我国，党的执政能力与执政水平事实上主要是通过各级政府的行政行为加以体现的。我国高中级公务员是政府行政行为的主体，是党的思想路线、方针政策的具体执行者与贯彻者，从这一角度认识，提高公务员特别是高中级公务员的科学素质是加强党的执政能力建设的重要内容。我国实行改革开放和初步建立社会主义市场经济之后，党的执政条件和社会环境发生了深刻变化，这种变化的最重要特征之一是科学技术在社会经济、文化发展中的作用日益突出。在新的历史条件下要实现“发展”这一执政兴国的第一要务，不能不更加注重依靠科技进步和劳动者素质的提高。要把这一发展方针落到实处，在各级政府中担负重要责任的高中级公务员科学素质状况如何至关重要。

共产党要在建设中国特色社会主义的历史进程中始终成为坚强的领导核心，就必须坚持立党为公、执政为民。共产党领导下的政府要为群众诚心诚意办实事，尽心竭力办难事，坚持不懈办好事，才能取得人民群众的真心爱戴。历史经验一再证明，党要真正把为群众办的实事办好，难事办成，好事办得让群众获益，党政领导干部、国家高中级公务员就必须具有很强的科学精神，按照科学规律办事。以加强党的执政能力建设为重点，全面推进党的建设的新的伟大工程，要求我们的党政领导干部、高中级国家公务员不断提高科学判断形势的能力、驾驭市场经济的能力、应对复杂局面的能力、依法执政的能力、总揽全局的能力。实现这些总要求，同样需要国家公务员有较高的科学素质，因此，加强党的执政能力建设，提高党的领导水平和执政水平，扎扎实实做好国家公务员科普教育工作，提高国家公务员的科学素质是不可或缺的必备条件。

（三）加强国家高中级公务员科普教育，是新时期实践“三个代表”重要思想最生动、最实际的体现之一

作为科普工作主要内容的科学知识、科学思想、科学方法和科学精神，既是先进生产力也是先进文化的重要内容。科学技术是第一生产力。先进生产力的形成和发展，离不开科学技术的进步和创新。而人是生产力中最具有决定性的力量，是最积极、最能动、最活跃的因素，是社会实践的主体，是物质财富和精神财富的创造者。生产力的各项要素只有同具有一定科学知识、生产经验和劳动技能的人相结合，才能促进生产力的发展和社会的进步。通过开展科普工作，不断提高劳动者的素质和技能水平，对于发展先进生产力将起到十分重要的作用。同时，通过科普教育，增强全民族的创新意识，激发广大群众中蕴藏着的巨大智慧和创造力，形成科学、健康、文明的生活方式，提高群众精神文化生活的品位和质量，对于丰富先进文化的内涵，促进先进文化的发展和社会主义精神文明建设也有着十分重要的意义。

科普教育是与每一个人都有密切关系的大众事业，具有鲜明的群众性和社会性。随着人民物质生活水平的提高，对科学文化的需求日益迫切。只有加强科普教育，选择群众最为关心的话题，寻找最佳的“切入点”，开展科普宣传，使科普工作贴近生产、贴近生活、贴近群众，才能为人民群众提供更多的、喜闻乐见的“精神食粮”，为不断提高人民群众的生活质量和科学素质服务，更好地代表广大人民群众的根本利益。

国家公务员特别是高中级公务员，是“三个代表”重要思想的主要实践者和落实者，因此，努力提倡与积极推进向人民群众普及科技知识，倡导科学方法，传播科学思想，弘扬科学精神，进而引导人民群众树立正确的世界观、人生观、价值观，自觉抵制各种愚昧迷信和反科学、伪科学的行为，是每一位高中级公务员义不容辞的责任，是新时期实践“三个代表”重要思想最生动、最实际的体现之一。同时，高中级公务员要实现努力提倡与积极推进大众科普的历史责任，其自身的科普教育理应先行，使自身具备较高的科学素质和对科普工作重要意义的认识，这无疑是高中级公务员科普教育的目的所在。

（四）加强国家高中级公务员科普教育，是提高全民族科学文化素质、推进我国现代化进程的基石，具有重要的战略地位

建设有中国特色的社会主义，是我国经济、政治、文化全面发展的进程，也是我国物质文明、政治文明、精神文明全面建设的进程。科普工作既是社会主义物质文明建设的重要内容，更是社会主义精神文明建设的重要组成部分，是为推进社会主义社会的物质文明、政治文明、精神文明建设服务的。在这一进程中，国家高中级公务员担负着重要责任，起着带动全局的示范作用。但是，目前对提高全民族科学文化素质的紧迫性、艰巨性的认识，在一些公务员特别是高中级公务员中尚未取得共识，也不那么容易摆到各级党政领导的议事日程上来。多年来，我国公众科学素质水平的提高与国民经济持续快速发展的现实不相适应，公民科学素质偏低。科普工作发展很不平衡，个别地方领导干部对科普工作没有给予足够重视，经费投入不足。现有绝大多数专业科普场馆没有工作经费，展品、设备陈旧老化，不得不靠与科普无关的经营活动维持生存，严重削弱了自身功能。科普工作者特别是科普作品创作人员的劳动价值得不到应有承认。社会上普遍存在一些错误看法，认为科普只是简单、无创造性的劳动，科普工作者在职称、待遇、工作、生活等方面的突出问题长期得不到解决，严重挫伤了他们的积极性。科普理论研究薄弱、滞后，近年来还存在着放松科学思想传播的倾向，忽视了科普工作的文化、社会功能，对用科学思想占领文化阵地缺乏足够重视。由于这些问题的不同程度的存在，致使劳动者科学文化素质偏低，我国的劳动生产率始终处于较为落后的状态，成为制约经济发展、社会进步、国际竞争力提高的关键因素，甚至由于缺乏科学精神，不少富裕起来的人们热衷于愚昧迷信活动，相信邪教的歪理邪说，假、冒、伪、劣的现象普遍存在，这些教训十分深刻。

提高全民族的科学素质与中国现代化有着十分紧密的关系。无论是在促进人的全面发展，缩小与发达国家差距方面，还是在综合国力竞争中，或是与迷信愚昧、伪科学和各种邪教作斗争，占领思想文化阵地中，都具有不可忽视的直接的或潜在的作用。面对日益逼近的挑战，需要国家公务员特别是高中级公务员把提高全民科学素质放到重要的战略位置，作为当务之急，采取切实有效的措施加以落实与推进。

科普工作是一项长期的任务，只有通过坚持不懈的努力与实践，通过每一级国家公务员艰苦、细致的工作，才有可能真正被最广大的人民群众所接受，成为全民的自觉行动。各级国家公务员特别是高中级公务员只有坚持以邓小平理论和“三个代表”重要思想为指导，振奋精神，与时俱进，不断开拓，勇于创新，通过各种形式的公务员科普教育，进一步提高对科普工作的认识，提高公务员自身的科学素质，才能为提高全民族科学文化素质打下坚实的基础，全面、深入地推动全民科普教育工作的展开。

（五）加强国家高中级公务员科普教育，努力开展我国公务员科普教育理论与实践研究，是一项开拓性工作，是对具有中国特色的科普事业的创新与深化

科普是一门科学，有其自身发展的规律。科普工作是一项庞大的社会系统工程，有其自身的运行规律。长期以来，我国在科普理论研究和实践方面取得了举世瞩目的成绩，积累了宝贵的经验，在我国科普的历史、科普的地位和作用、科普的理论基础、科普的基本任务、科普的基本特点和保障条件、科普的组织管理和社会责任等方面，形成了既具有国际交流基础，又与我国政治、经济、社会和文化发展相适应的具有中国特色的比较完整的理论体系，在国际科普理论研究与实践中独树一帜，并在青少年科普、农村和农民科普、城市居民科普方面形成一定规模。相比之下，我国国家公务员科普的理论与实践研究目前都处于起步阶段。在实践方面，虽然已经开展了一些工作，并初步形成几种相对固定的形式，但没有系统的总结经验，提升认识，造成该领域理论研究的空白状态。从国际科普理论与经验的角度去认识，“国家公务员科普”是一个非常具有中国特色的概念。我国公务员特别是高中级公务员在政治素质、科学文化素质、任职的基本条件、职责范围等方面与国际上许多国家有着很大的不同，在公务员科普方面基本没有可资借鉴的经验与模式，这些都使得我国公务员科普教育成为新时期我国科普工作的创新点。与任何创新一样，科普工作的创新也必须建立在理性的、有科学理论指导的基础上，而不是一味地盲目实践，因此，随实践发展需要应运而生的我国国家公务员科普理论研究也成为我国科普理论研究领域的一项创新性研究，是一项开创性工作。从这个角度去认识，加强我国公务员特别是高中级公务员科普教育，进而开展我国公务员科普教育理论研究，填补了我国科普理论与实践研究的空白，是对具有中国特色的科普事业的创新与深化。

三、我国高中级公务员科普教育的基本目标与任务

在我国科普事业发展和科普工作管理中，对我国高中级公务员科普教育的理论研究和实践研究很少，本课题首次提出我国高中级公务员科普教育的基本目标和任务。

（一）基本目标

对公务员进行科普教育的目的取决于公务员职责要求和对公务员必备素质要素的分析与判断。

什么是国家公务员的必备素质？首先，公务员作为具有特定含义的人群存在于社会之中，应首先具备人的基本素质。人的基本素质主要由身体素质、心理素质、科学文化素质、思想道德素质、能力素质和审美素质等六个方面组成。其次，公务员作为具有代表政府依法实行公共事务职能的管理人群，特别强调应具备较高水平的思想道德素质、科学文化素质、能力素质和身心素质。这里所说的思想道德素质包括思想素质与道德素质两个方面，其思想素质主要指人的世界观、方法论以及人的思想觉悟、理想信念等，而道德素质主要指人的价值观、道德观、行为规范和准则。国家人事部 2002 年 2 月 27 日颁发的《国家公务员行为规范》中规定的我国国家公务员在履行职责、执行公务中应遵守的行为规范，如政治坚定、忠于国家、勤政为民、依法行政、务实创新、清正廉洁、团结协作、品行端正等，就是公务员应具备的思想道德素质的基本内容。科学文化素质通常是指后天养成的科学文化素养，主要包括语言、数学、逻辑的知识和技能以及科学意识、科学理论、科学信念、科学世界观、探索能力、学习能力等。对一般公众而言，科学文化素质是获取谋生手段和发展自身的必要条件；对国家公务员而言，较高的科学文化素质不仅是其胜任公务的必备与基本条件，而且是公务员不断提高自身综合素质、提高领导才能与能力的必备和基本内容。

能力素质主要包括交往能力、创造能力、敬业精神、劳动技能等，对公务员特别是高中级公务员而言，能力素质主要反映在其领导才能上。江泽民同志在党的十六大报告中要求领导干部要增长新本领，提高“五种能力”，即“必须以宽广的眼界观察世界，正确把握时代发展的要求，善于进行理论思维和战略思维，不断提高科学判断形势的能力；必须坚持按照客观规律和科学规律办事，及时研究解决改革和建设中的新情况新问题，善于抓住机遇加快发展，不断提高驾驭市场经济的能力；必须正确认识和处理各种社会矛盾，善于协调不同利益关系和克服各种困难，不断提高应对复杂局面的能力；必须增强法制观念，善于把坚持党的领导、人民当家作主和依法治国统一起来，不断提高依法执政的能力；必须立足全党全国工作大局，坚定不移地贯彻党的路线方针政策，善于结合实际创造性地开展工作，不断提高总揽全局的能力”。这“五种能力”集中反映的是领导者的政治素质，在此基础上，领导者还必须具备有效开展领导工作所必需的个性心理特征与技能，这些特征与技能是由多种因素构成的，其核心和基础是科学文化素质，应主要由以下八种具体才能构成：一是认识才能，表现在观察、分析、综合、想象、判断能力上；二是组织才能，表现在规划、指挥、控制、管理能力上；三是创新才能，表现在思想解放、求实、科学预见、意志能力上；四是决策才能，表现在发现问题、信息处理、决断、组织群体参与决策的能力上；五是政策实施才能，表现在政策制定、贯彻、执行能力上；六是知人善任才能，表现在识人、选人、用人能力上；七是表达才能，表现在语言和文字能力上；八是人际关系才能，表现在社交、沟通、平衡和协调能力上。

公务员的必备素质不是天生的，高中级公务员所具备的领导才能更不是天生的，除需要健康的心理、积极适应环境、努力实践外，主要是通过各种形式的教育、学习而获得、培养、养成的，特别是通过学习和掌握科学文化知识而进行塑造、形成的。公务员必备素质的学习、培养与养成更不是一蹴而就、一劳永逸的，必须经过长期的、不间断的、与时俱进的积累与升华，才能达到既定目标。其中，公务员的气质、性格、记忆力等个人特性的形成，除后天锻炼、培养、养成外，不能否认其具有一定的甚至是较强的先天因素影响，而思想道德素质、科学文化素质和领导才能则主要依靠后天的不断学习、培养。从这个意义上理解，公务员的任职过程也应是一个不断学习的过程，因此，公务员任职期间的继续教育与培训教育不仅必不可少，而且至关重要。自 1993 年 4 月国务院通过并颁布了《国家公务员暂行条例》，并于同年10月起施行至今，它一直是对公务员进行任职、晋升、在职培训的依据。《条例》第十章第51条规定："国家行政机关根据经济、社会发展的需要，按照职位要求，有计划地对国家公务员进行培训。国家公务员的培训，贯彻理论联系实际、学用一致、按需施教、讲求实效的原则。"这一规定与培训原则是现阶段公务员科普教育目标制定的依据。

与公众科普的基本目标相同，我国高中级公务员科普教育的基本目标同样是一个长期、艰巨、与时俱进的动态目标，是一个永恒追求的目标。现阶段我国高中级公务员科普教育的基本目标为：

通过科普教育，使我国高中级公务员了解当代世界科学技术发展现状、趋势及其影响，把握全球政治、经济、社会发展的动向与趋势；了解重要科学和高新技术领域的最新发现与最新研究成果以及在此基础上形成的新兴产业，把握国际经济发展与结构调整的科学技术取向，指导我国及地方产业结构调整和区域经济发展的实践；了解人类认识和改造自然的新手段，掌握管理现代经济和社会文化事务的新方法；了解世界科技和经济发展的新理念，在具备现代科学技术知识的基础上，掌握科学方法、确立科学思想、坚持科学精神，培养面向世界、面向未来、面向现代化，具有高度政治觉悟和较高科学文化素质、适应我国全面建设小康社会和建设中国特色社会主义要求的、合格的高中级公务员队伍。

（二）基本任务

中华人民共和国《科学技术普及法》明确规定，科普的基本任务是普及科学技术知识，倡导科学方法，传播科学思想，弘扬科学精神。我国高中级公务员科普教育的基本任务应该是在《科普法》规定的法定任务基础上，突出更加适合高中级公务员特点的内容。与《科普法》和我国高中级公务员科普教育的基本目标相一致，我国高中级公务员科普教育的基本任务是：

1. 普及"前沿""重大""热点"科学技术知识，加强科学技术与社会（STS）内容的教育与探讨，是我国高中级公务员科普教育的两项基本内容普及科学技术知识是科普工作的基础，也是我国高中级公务员科普教育的基础。要掌握科学方法、具备科学思想和科学精神，必须具有相应的科学技术知识。科学技术知识的内容浩若烟海，不是所有的科学技术知识都需要公务员特别是高中级国家公务员了解、掌握。向公务员讲授科学技术知识应当侧重这样几个方面：（1）从在科学技术领域所处地位的角度看，应是现代（当代）科学技术重要领域的前沿问题；（2）从对社会经济发展影响的角度看，应是对社会经济发展具有战略性影响的重大科学技术问题；（3）就与我国经济建设和社会发展实际结合的程度看，应是与我国社会主义现代化建设、全面实现小康社会的目标紧密结合的热点科学技术问题。

在普及“前沿”“重大”“热点”现代科学技术知识的基础上，公务员科普内容需特别加强与突出科学技术与社会（STS）方面的内容。科学技术与社会是20世纪70年代初兴起的一门综合性交叉学科，着重探讨科学技术与社会的政治、经济、文化、教育等方面的互动关系及协调发展的动力学机制。它是在人类对科学技术的社会后果进行深刻反思的基础上建立和发展起来的。目前，西方发达国家着重研究科技发展负效应造成的人与自然的矛盾和种种社会弊端及其解决办法。我国则把研究的侧重点放在科学技术的正效应上，科技战略、科技规划、科技投入、知识产权以及科技管理、科技政策、科技体制等问题，都与放大科学技术的正效应密切相关，属于STS研究的范畴。科教兴国战略强调的是科技教育与综合国力、经济结构、人民生活的互动关系，可持续发展战略侧重的是科学技术与人口、资源、环境的互动关系，均可归属到STS方向。STS方向的内容很多，在我国高中级公务员科普教育中应当首先关注：（1）与政府管理密切相关的问题；（2）公务员已有科技知识基础水平能够理解、容易接受的问题；（3）公务员需要了解而现在还不太了解的问题。

2. 掌握并运用以系统方法、信息方法和控制方法为主要内容的现代科学方法，是我国高中级公务员科普教育的时代要求确立科学方法，形成科学化思维方式，比具体的科学技术知识普及更为重要。科学方法一经形成，就能指导人们更有效地学习科学技术知识，更有效地进行科学思维，解决实际问题。作为国家高中级公务员，在决策与管理中，尤其需要掌握科学方法，运用科学方法这把金钥匙，解决实践中各种难题。

科学方法大体可分为三个层次：普遍方法、一般科学方法和具体科学方法。科学实践的普遍方法是唯物辩证法，它对一般科学方法和具体的科学实践有着巨大的指导作用；具体科学方法是各门具体科学，如物理学、社会学、经济学等所运用的特殊方法；一般科学方法，如观察与实验、分析与综合、归纳与演绎、类比与模拟等，不仅是科学实践活动中大量运用的方法，也在社会实践中被广泛运用，在科学与社会发展进程中具有十分重要的作用。

掌握一些一般科学方法是科普基本任务对社会公众的一般要求。作为国家高中级公务员，掌握并熟练运用一般科学方法应是其具有较高科学文化素质的最基本体现。由于国家高中级公务员不仅需要履行公务、执行政策，还在不同程度上担负着制定政策、进行宏观或中观决策的职责，因此，必须在掌握并熟练运用一般科学方法的基础上，掌握并运用科学与社会实践的普遍方法——唯物辩证法，用以指导实践。

随着现代科学技术的发展和人类认识功能的深化，系统科学特别是系统方法、信息方法和控制方法作为一种辩证综合的具体方法应运而生，它突破了以抽象分析为核心的传统科学方法，而要求对客观事物进行整体的综合性的动态研究，顺应了现代科学发展的综合性潮流和一体化趋势，成为科学研究中的重要方法，并在人类社会各个领域得到广泛的应用。可以说，它是唯物辩证法在现代科学中的生动体现。作为国家高中级公务员，掌握以系统方法、信息方法和控制方法为主要内容的现代科学方法，并能够在管理与决策的实践中运用这一方法解决问题，应是新时代高中级公务员科普教育的任务之一。

3. 确立科学思想，坚持“实事求是”的思想原则，自觉抵制各种唯心主义、封建迷信及伪科学的侵袭，并引导人民群众增强识别和抵制封建迷信及伪科学的能力，是我国高中级公务员科普教育的重要任务

科学思想是客观现实在人们意识中的正确反映。科学思想原则是科学思想的主体，主要有事实的原则科学方法的原则验证的原则和规律的原则。以事实为依据，“实事求是”是科学思想的核心，这里所说的“事实”还必须具有可见性和可重复性，足以反映同类事物的共性。

我国高中级公务员肩负着坚持科学思想原则和大力传播科学思想的双重责任。一方面，我国高中级公务员需要通过自身不断的学习与实践，在思想、行动中确立科学思想原则，坚持实事求是，讲实话，办实事，按照科学规律办事，在确立科学思想进而形成并确立科学世界观的过程中，逐步把自己培养成为具备科学思想、明辨并抵制各种唯心主义、封建迷信及伪科学的自觉、自在之人，成为广大人民群众的榜样与表率。另一方面，我国高中级公务员还要担负起向广大人民群众宣传、传播科学思想的重任，向群众揭示科学思想产生的客观实际和发展规律，帮助和引导人们划清唯物论和唯心论、科学与迷信、科学与伪科学、文明与愚昧的界限，增强人民群众识别和抵制封建迷信及伪科学的能力，率领人民群众走科学文明健康的社会发展之路。鉴于历史与时代赋予的双重责任，我国高中级公务员科普教育必须把确立科学思想的教育作为培养公务员必备素质的重要内容，贯穿、渗透在普及科学技术知识的全过程之中，在潜移默化中将科学思想融汇到指导公务员行为的各项重要思想原则之中。

4. 把科学精神内化于我国高中级公务员的观念与行为中，是我国高中级公务员科普教育长期的历史性任务

科学精神就是实事求是、求真务实、开拓创新的理性精神，可概括为批判和怀疑的精神、创造和创新的精神、实践和探索的精神、平权和团队的精神、奉献和人文的精神。科学追求真理，崇尚理性，鼓励创造，尊重实践，

因此，科学精神是科学的灵魂。对个人而言，具备了一定的科学知识，不一定具备科学精神。目前，我国国家公务员队伍中存在着的弄虚作假、主观蛮干、腐败迷信等现象，成为我国公务员队伍建设中的严重问题，甚至影响了执政党和政府的形象与声誉，这些问题都可以从公务员科学精神的缺失中找到根源，因此，培养既具备科技知识，又具备科学精神的公务员，并将科学精神内化于我国高中级公务员的观念与行为中，是我国高中级公务员科普教育长期的历史性任务。

弘扬科学精神不是一句空话，对于我国高中级公务员而言，就是要坚持马克思主义唯物论，坚持和巩固马克思主义在我国市场经济体制中的意识形态领域的指导地位；坚持社会主义精神文明，切实解决思想政治领域和经济领域存在的、群众十分关心的突出社会问题；坚持科学决策，按科学规律办事，杜绝弄虚作假、主观蛮干与不负责任；坚持开拓创新，勇于负责，不图虚名，真抓实干，办实事，见实效；坚持清正廉洁，无私奉献，拒绝腐化堕落，追求科学文明健康的生活方式。从这些高度认识，在我国高中级公务员科普教育中突出弘扬科学精神的教育与培养，不仅事关提高公务员科学文化素质的大计，而且事关提高全民族科学文化素质、国家强盛的大计，是我国高级公务员科普教育的核心。

科学知识、科学方法、科学思想和科学精神是相互联系、相互依存的。倡导科学方法、传播科学思想、弘扬科学精神贯穿在普及科学知识的过程中，只有在具备了相当的科学技术知识的基础上，才能够掌握科学方法，确立科学思想，坚持科学精神，因此，在我国高中级公务员科普教育的各项任务中，普及科技知识是基础，掌握科学方法是关键，确立科学思想是重点，坚持科学精神是核心。

四、我国高中级公务员科普教育特点

中华人民共和国成立以来，我国科普事业蓬勃发展。经过几十年的不懈努力，建立健全了各级科普组织机构，培养了大批科普工作者，建立和完善了各种科普设施，为科普工作创造了良好的条件。2002 年 6 月《中华人民共和国科学技术普及法》的正式颁布，标志着我国科普事业进入新的发展阶段。经过几十年的科普工作实践，我国的青少年科普、农村科普、城市社区科普等已形成规模与一定的模式，形成了较为成熟有效的工作思路和方法，并取得显著成绩。国家公务员科普近几年才提上议事日程，目前正处于开拓、探索阶段，许多实际问题需要在科普实践中逐步进行经验积累与理论概括，才能逐步明朗起来。在开展公务员科普教育的实践与理论探索过程中，我们体会到，我国公务员特别是高中级公务员科普教育除遵循大众科普的一般规律外，有其明显的特殊性和不同于青少年科普、农村科普、城市社区科普的自身特有规律，具有以下一些特点：

第一，科普内容上的高层次。我国高中级公务员是中央政府和地方政府重要岗位上的领导干部，具备较高的学历背景、较丰厚的知识储备、眼界开阔、经验丰富、思维方式比较理性严谨、分析判断能力较强等个人素质方面的优势，是人民大众中的突出人才与精英。显然，针对这一群体的科普内容，不能像青少年科普一样，从激发学习科学技术知识的兴趣入手，以形式的生动活泼多样为特点；不能像农村科普一样，从适用性农业技术的科普入手，以实用性为特点；也不能像城市社区科普一样，从倡导文明生活方式入手，以贴近日常生活为特点，而应当着眼于提高我国高中级公务员的行政管理水平与决策能力，在科普内容上着重安排现代科学技术重要领域的前沿问题，对社会经济发展具有战略性影响的重大科学技术问题，与我国社会主义现代化建设、全面实现小康社会的目标紧密结合的热点科学技术问题。通过对“前沿”“重大”“热点”科学技术问题的科普教育，使他们的科技知识能够在原有基础上得到及时补充和更新，促使知识结构更加丰满合理，对掌握科学方法、确立科学思想、坚持科学精神的理解更加全面深入，要求更加迫切，使其视野和思想境界能够跟上世界科技与经济迅速发展的步伐。

第二，科普宣讲上的高水平。我国高中级公务员在接受继续教育中普遍存在着求高求新的倾向，因此，面对这些人进行科普宣讲的教师，最好是全国或当地第一流的科学家和科普工作者，对于所选专题的讲解能够达到学贯中西、融会古今，接近国内和国际相关领域的学术制高点。所讲内容要反复精选、浓缩，既要注重形式上的生动活泼、引人入胜，又要注重内涵的深刻与简练，经得起反复回味、琢磨，力求使高中级公务员每听一次课，都能像是吸取浓缩的高级营养液，花费时间很少，获得收益颇多，收到比个人读书学习更好的效果、更高的效率。

第三，科普过程的互动性。我国高中级公务员来自中央政府和地方政府工作的第一线，带着实际工作中的许多疑难问题参加科普教育，特别希望通过教师的答疑解惑，找到解决难题的路径或思路。另一方面，我国高中级公务员都具备相当的理论知识基础和丰富的实际工作经验，对我国现阶段科技领域特别是科学技术与社会之间关系等方面的问题都有自己的看法，也希望能有机会与科学家及相关同志谈谈自己的观点，进行较深入的交流与讨论。这种来自于科普对象的积极性与主动性，与科普传播者的积极性相呼应，形成双向互动，表现出明显区别于一般的单向被动式科普教育的优势，提升了科普教育的层次，是我国高中级公务员科普教育最显著的特点。因此，在讲授现代科技知识时，一定要安排充裕的时间，让他们提出问题，并给予比较满意的解释和答复。

第四，科普视角的宏观性。从我国高中级公务员科普教育实践看，由于高中级国家公务员的职责需要，他们一般比较关注科学技术领域带有宏观意义的问题，偏重于从宏观视角观察、分析科学技术发展的趋向，认识和把握科学技术对于当今世界以及对于我国政治、经济、社会、文化的影响，或对某个区域、行业的影响。这一特点，不仅与青少年、农民、城市居民等社会群体的科普有较大区别，与初级国家公务员也有明显区别。一般而言，处于较低职位的国家初级公务员在接受科普教育中，更加需要比较专业性、具有操作层面意义的知识，因此，在确定科普教育选题时，必须紧扣高中级国家公务员的这一需求特点，才有可能取得更为理想的科普效果。

第五，科普效果的显著性。由于我国高中级公务员的基本素质好于普通公众，他们一般具有较高的学历、较广博的知识结构、较丰富的工作经验与人生经验、较好的接受能力和自控能力、较强的分析判断能力与融会贯通能力等优势，特别是他们是带着工作中遇到的问题来进行学习、补充和更新知识的，学习目的十分明确，因而具有高度的接受新知识的自觉性，选择接受新知识的针对性也更强。高中级国家公务员科普正是针对这一群体的这些特点而开展的科普教育，其内容符合他们对新知识需求的这些基本要求，他们听得进去，理解得了，能够很快吸收消化，特别是一些业务管理部门的领导，能很快将学到的科技知识与自己所管辖的行业、项目等联系起来进行重新思考与分析，用更科学的眼光与方法重新调整、完善决策思路、观念与工作实践，使决策更加合理，而高中级国家公务员运用现代最新科技知识实施正确决策后对经济、社会发展产生的正效应，更是难以估量和惠及社会、惠及大众的。显然，这些都使公务员科普教育的效果具有更为直接、显著，连带与辐射效应更为强烈与明显的特点。

五、我国高中级公务员科普工作存在的问题及对策建议

我国高中级公务员科普教育是我国科普工作的重要组成部分，也是全民科普教育和科普工作的重点之一，长期以来是通过中央党校、国家行政学院及其全国党校和行政学院系统为主实施的，取得一定成效，尚有诸多问题。

（一）我国高中级公务员科普工作存在的问题

我国高中级国家公务员科普是具有中国特色的科普事业，是新时期我国科普工作的创新，没有现成经验可以借鉴，在其发展过程中，肯定存在这样那样的问题，其中一些问题属普遍性问题，与我国公众科普存在的问题大致相同，但由于科普对象的不同，一些问题又与我国比较成熟的青少年科普、农村科普和城市社区科普有所不同，特别是国家公务员科普实践与理论研究刚刚起步，一些问题可能还是比较表象、浅层次的，是需要并且能够尽快加以解决的。

1. 在我国干部培训中未能摆正“急需”和“必备”的关系

中华人民共和国成立以来，如何开展社会主义革命与社会主义建设成为摆在我党与我国政府面前的新课题，也是我国各级领导干部面临的新问题与新考验，没有国际经验可以借鉴，也来不及先进行系统学习再开展建设，因此，我国干部队伍的培养与建设，是在社会主义革命与建设的过程中边干边学边成长的，“干中学”“学中干”成为我国干部培养、培训的思维定式与实际情况。改革开放之后，面对建设有中国特色的社会主义的新理论、新问题，“摸着石头过河”成为我国各级领导干部的行为准则，在经济建设飞速发展与各类问题层出不穷的现状面前，“急用先学”成为领导干部培训的宗旨。长期以来，在这种状况与惯性的左右下，我国各级领导干部的培训始终存在着一种倾向——优先安排政治、经济、社会发展急需的选题与内容，较少考虑知识的系统性、连贯性。在新时期，这种倾向仍然影响着我国高中级公务员培训的指导思想与教学实践，课程安排中较少考虑对于提高公务员基础素质有较重要作用的课程，对提高公务员必备素养的科普教育重视不够，没有放在应有地位，课时偏少，且不稳定。

2. 在公务员录用、评定、晋升等考核系统中，缺少相应的评价与激励指标

公务员考核是国家公务员制度的重要组成部分，是一项基础性管理工作，是激励公务员积极努力地开展工作，促进公务员队伍素质提高的重要方

法。我国自1994年开始实行国家公务员的录用、年度考核制度，逐步建立起一套国家各级公务员录用、评定、晋升的考核系统，十年来，随着考核工作的深入开展，各级人事部门越来越重视运用考核结果，加强领导班子建设和公务员队伍建设，实行奖优惩劣。根据有关统计，全国每年平均95%以上的国家公务员参加年度考核。以1998年为例，参加年度考核人数5043557人，占当年公务员总数的96.3%，其中确定优秀等次698339人，占参加考核人数的13.85%；称职等次4337628人，占参加考核人数的86%；确定不称职等次7590人，占参加考核人数的0.15%；1240人由于考核不称职受到了降职处理。

国家公务员考核制度的有效实施，激发了广大公务员的竞争意识和进取精神，增强了干好事业的责任感和提高自身素质的紧迫感；促进了廉政勤政建设，推动了工作效率的提高；发现了优秀人才，增强了培训、奖励工作的针对性和选拔使用干部的准确性，考核制度在整个人事管理工作中的基础性作用越来越明显。正是因为如此，在目前的考核制度中，考核内容与培训内容相结合、根据形势发展需要增加公务员“必备”素质考核内容、建立包括国家公务员科学素养状况在内的公务员“必备”素质评价指标体系等方面的工作较为薄弱，不利于引导、激励公务员更加积极主动地学习现代科技知识，自觉提高自身的科学文化素养，进一步提高科学决策与科学管理能力。

3. 科普教育与学历教育、公务员在职继续教育和培训脱节

目前，我国没有对国家公务员进行学历教育的专门学校，大专以上文化程度的国家公务员大多毕业于我国各个高等学校，本人一般只具备比较单一的专业知识基础，不仅毕业于社会科学各专业的国家公务员在接受大学教育时较少学习现代科学技术知识，即便是理工农医专业毕业的公务员，专业知识也比较局限，现代科技知识范围相对较窄。走上国家公务员岗位之后，许多人在结合自己的工作，通过实践学习、增长各项知识与才干的同时，仍然积极进行在职学习，攻读更高学历与学位课程，参加各种培训等，但在公务

员的在职学习中，仍然没有进行科普教育的专项内容，所学知识仍然是按照传统学科划分进行安排，科普教育游离于高等学校各层次的正规教育之外。即便是在国家规定的公务员培训之中，也没有正式的“科普教育”之称，中央党校系统和国家行政学院系统近年来逐步增加的科普教育内容，也只是冠以“现代科技”课程的称谓，既不统一，也不规范。在国外，一般是把科普称之为“科学传播”，很多学校设有科学传播专业，而在我国，虽然北京大学科学传播中心已经做了许多工作，招收“科学传播”方向的硕士研究生，但要把科普或科学传播专业纳入我国的高等教育体系，恐怕还需假以时日。

4. 我国公务员科普教育理论研究薄弱，缺少相应的组织及网络系统，没有必要的研究经费来源

如前所述，我国的科普教育实践与理论研究经过五十余年的发展，取得了令世人瞩目的成绩，但国家公务员科普教育实践与理论研究这一最具有中国特色的科普研究领域却始终是我国科普实践与理论研究的薄弱环节，甚至可以说是空白。到目前为止，全国没有相应的组织管理机构，没有形成像公众科普网一样完整的组织网络系统，现有的以培训、讲座为主要形式的公务员科普教育实践基本上是各自为战。国家公务员科普教育实践和理论研究既没有得到应有的政策重视与扶持，也没有相应的、比较固定的研究经费来源，“国家自然科学基金”“社科基金”和科技部、中国科学院等有关项目研究经费从未专项用于国家公务员的科普理论研究，国家各项财政拨款中也从未列过公务员科普经费，邀请为公务员进行科普的科学家（有些是国内外著名科学家）讲课费很低，与一些经济学家比相差甚远。目前，国家公务员科普教育理论研究成果凤毛麟角，在网络上用关键词进行搜索，基本没有“国家公务员科普”的相关信息，更不用说理论研究的系统性成果了，这种状况不能不说与没有必要的经费来源有关。当然，在科技事业蓬勃发展的今天，顺应我国基本国情而发展的国家公务员科普教育理论研究初露端倪，中国科协把“我国高中级公务员科普教育理论研究”项目列入 2002 年国家科普基

金专项资助项目，实现了我国公务员科普教育理论研究“零”的突破，充分反映了中国科协对我国公务员科普实践与理论研究高度重视的战略眼光，将成为我国公务员科普实践与理论研究的里程碑，对全面推动我国公务员科普事业产生重要的示范与引导作用。

5. 缺乏公务员科普教育实践和科普理论研究的专业人才

与任何一项事业的发展规律相同，事业发展的前提是具备相当数量与质量的专业人才队伍，特别是在科技创新日新月异、社会发展迅速进步的今天，人才已成为综合国力竞争的核心，培养和造就一批各行各业的尖端研究人才，是我国全面建设小康社会、跻身世界强国行列的基础条件之一。随着我国公务员科普教育实践发展的不断深入，一方面，迫切需要在现有基础上建设一支高水平的国家公务员科普教育的专业教师队伍；另一方面，国家公务员科普教育理论研究的地位与作用日益显现出来，开展与加强这一领域的理论研究、尽快将研究成果用于指导实践的需要也越来越迫切，需要有一批献身公务员科普教育理论研究的专业研究人员。但是，到目前为止，我国从事国家公务员科普教育实践的人员甚少，从事国家公务员科普教育理论研究的人员几乎为空白，如不迅速改变这种现状，我国公务员科普教育工作将很难有更高层次上的发展，甚至影响我国公众科普事业的发展，影响整个中华民族科学文化素质的提高。

6. 缺乏适合各级国家公务员特点的科普教育基地

在我国几十年的科普事业发展过程中，已经在全国各地建立起一批各种类型、不同级别的科普教育基地，在公众科普特别是青少年科普中起到了重要作用。但是，由于国家公务员群体及其科普的一些特殊性，这些基地不一定适合国家公务员科普。针对国家公务员的科普教育基地除了也需要具有直观性，趣味性不是主要条件，而需要更加具有前瞻性与指导性，在现实或不久的将来，能够在管理与决策中直接使用的高新技术是国家公务员最感兴趣的内容。其次，具有相当规模与国内外影响力的高新技术企业也是国家公务员希望了解的主要对象之一。如国家行政学院多次组织地厅级公务员班参观国家基础地理信息中心，学员能够直观地感受到“GPS”技术在洪水等自然灾害控制、国土勘察、大型建设项目及城市规划、交通管理甚至财政预算等许多方面的直接作用，使学员深受启发；参观联想集团，学员最感兴趣的是智能化立体仓库、“关联”技术的开发使用、企业内部管理软件系统等直接用于管理的新技术；参观“锦绣大地”，学员感兴趣的是农牧业新技术、新品种的推广价值与产业化程度。从这些参观中不难看出，国家公务员的这些关注点显然与一般公众有所区别，选择的参观对象也显然不同。但是，北京目前比较适合国家公务员科普的一些科技场馆、科研院所和高新技术企业由于没有命名，“名不正言不顺”，许多问题难以统筹规划、解决，如国家基础地理信息中心场地狭小，设备有限，一次只能接待二三十人，而像联想、锦绣大地等企业尚缺乏训练有素的国家公务员科普专业人员，一些科普场馆由于不是公务员科普基地，收费较高等。

（二）对我国高中级公务员科普教育的改进提高建议

从以上报告可以看出，近十几年来，从中央政府到地方政府，已普遍采用了在地厅级、县处级国家公务员任职和进修培训中开辟现代科技课程、在高中级国家公务员中举办业余现代科技讲座等两种科普教育形式，取得了一定的成效，目前急需总结经验，巩固成绩，找出不足，进一步提高公务员科普教育水平与效果，并在继续着重抓好“现代科技课程”“现代科技讲座”两种形式的基础上，再开发适合公务员科普教育的新形式，把公务员科普教育实践与理论研究推向新高度，为此，提出近期可行的对策建议如下：

1.适时召开“国家公务员科普工作座谈会”和“全国高中级公务员科普工作经验交流会”

目前，中央和地方政府部门机关党委宣传部对于组织现代科技讲座、报告会非常热心，并且已经做了大量工作，取得了显著成效；国家和地方行政学院的现代科技课程已经初具规模，日趋成熟，从这两个方面考虑，已经基本具备召开“国家公务员科普工作座谈会”和“全国高中级公务员科普工作经验交流会”的基础。选择适当时候，一是由中国科协与中宣部等单位主持、邀请各省区市机关党工委和中央国家机关各部门机关党委宣传部负责同志、国家和地方行政学院负责科普工作的领导同志以及各地科协的有关同志参加的“国家公务员科普工作座谈会”，旨在通过有关领导机关的推动和全国各有关部门的参与，促使国家公务员科普教育更好地开展起来；二是中国科协科普部与国家行政学院综合教研部合作，召开“全国高中级公务员科普工作经验交流会”，旨在把我国高中级公务员科普工作推向新水平。可以预见，这两个会议的成功召开，将不仅是国家《科普法》颁布实施后我国科普工作的一个重要举措，而且是新时期具有中国特色的科普事业的发展与创新，其意义不可估量。

2. 充分调动媒体广为宣传，形成国家公务员科普的社会认知

“科普”是“科学传播”概念的中国化，不难理解，“科学传播”的内涵就是充分利用大众传媒对公众进行科学技术知识的普及教育。在我国，大众传媒同样是科普事业发展的主要依靠与推动力量，因此，影视、广播、报刊等大众传媒仍然是国家公务员科普的重要依靠力量，由有关部门牵头，组织调动影视、广播、报刊等宣传手段对现有的已基本成熟的“现代科技课程”“现代科技讲座”两种公务员科普形式的成功经验，尤其是国务院领导同志坚持听现代科技讲座的典型案例广为宣传，在各类媒体上开辟国家公务员科普教育理论研究专栏，展开国家公务员科普教育问题探讨等，形成阶段性宣传声势，无疑在国家公务员科普开创阶段是必要和重要的，对推动国家公务员科普教育事业的发展将起到重要的引导、强化与深化作用，有利于逐步形成全社会对国家公务员科普事业及其重要意义的了解、认知与支持，使国家公务员科普成为社会各界的共识和我国公众科普的重要组成部分，成为独树一帜的中国社会主义事业的一部分。

3. 积极支持各级国家公务员科普理论研究，重点扶持与培养专门人才，尽快形成一支专业研究队伍

中国科协可以全国行政学院系统现代科技课程的专业教师队伍为基础，选拔一批热爱公务员科普事业、具备很好理论基础与研究能力、具有创新精神和一定实践经验的突出人才给予定向培养，在科普专项基金项目审批、经费使用、安排出国深造、协助申请“自然科学基金”和“社科基金”国家级重点项目、参加科普规划和有关法律法规制定等方面给予特别扶持；制定人才培养的“三年”规划，拨出或申请专款予以实施；设立“百名国家公务员科普杰出人才”奖，每两年报批若干成绩突出的人才获奖；选择若干所条件较成熟的高等院校，开设“科学传播”专业，定向招收、培养大学本科、研究生等不同层次的专业毕业生，尽快培养出一批高起点、高水平的我国公务员科普教育实践与理论研究的专门人才，为我国国家公务员科普事业的开创与发展奠定坚实的人才基础，并逐步形成具备阶梯式结构的专业人才队伍。

4. 适时筹备建立国家公务员科普工作的组织协调机构

近几年来，科普工作受到党和政府的高度重视，出现了从未有过的良好发展形势，187 个全国性学会（协会、研究会）及省市区学会共建立了 3232 个科普工作委员会（科普部），至今却还没有一个能够对国家公务员科普予以统一指导、管理与协调的专门机构或团体，中国科协所属的各级各类科普组织也没有设立与国家公务员科普相关的指导、协调部门，国家公务员科普尚处在“各自为战”的初始阶段，长此以往，显然不利于该项事业的发展。建议由中国科协科普部牵头，国家行政学院综合教研部参与，适时筹备建立中国科协领导下的专门对国家公务员科普进行指导、管理、协调的专业协会（学会、研究会），并逐步在省区市科协下设立相应分会，经过若干年努力，使之发展成为与我国其他科普组织机构相互补充、精干高效的组织机构网络。

5. 在科普经费中增加国家公务员科普专项拨款

我国现在的科普经费主要以政府财政拨款为主，截至 2002 年，北京市人均科普经费已超过 1 元，北京、上海市级财政已按人均 0.5 元划拨科普专项经费，北京市还决定按每年增长 20% 的速度增加对科普工作的投入。根据有关部门的规划，到 2005 年确保人均科普经费比 2000 年翻一番，国家和地方财政拨款的增长速度要略高于同年财政收入的年增长速度，还要略高于研究和开发经费的年增长速度。据国家人事部统计，截至 2002 年底，我国有科级以上现职国家干部近 350 万人，如果按人均 0.5 元科普经费计算，这些人的科普经费也是一个可观的数字，集中起来可以做不少事情，因此，建议中国科协科普部商国家财政部等有关部门，首先在国家级的科普经费中增加国家公务员科普经费专项，并对该部分经费实行专项管理、专项使用制度，用以举办国家级的各类公务员科普活动，资助公务员科普理论研究和公务员科普人才培养等，从而推动国家公务员科普事业的开创与发展，同时，为各级财政起示范、导向作用，逐步建立起各级国家公务员科普经费专项管理、使用制度。

6. 开展我国地厅级公务员科学素养调查，为全面进行国家公务员科学素养普查打下基础，积累经验

公众科学素养调查作为基本国情调查的重要组成部分，在世界许多国家均受到重视，并已成为制定科普政策和重要国策的科学依据。我国从 1992 年开始借鉴国际通行的指标体系和方法进行公众科学素养调查，目前已完成 4 次大规模普查，但迄今还没有在国家公务员队伍中开展过这项工作。他们的科学素养提升，对于提高政府的行政能力、贯彻落实科教兴国战略、全面建设小康社会、推动全民族科学文化素质、提高综合国力和国际竞争力，都具有十分重要的意义。

我国现有科级以上公务员近 350 万人，其中地厅级公务员 4.4 万人，对我国现有公务员进行大规模科学素养普查目前尚不具备充分条件，而有针对性地选择地厅级公务员进行调查分析不仅是可行的，并可为全面普查积累经

验。建议自2003年10月至2004年10月，由国家行政学院综合教研部具体操作，首先对我国中央国家机关和省区市人民政府司（地厅）级公务员、地级市正副市长级公务员进行科学素养状况调查分析，在取得初步成果的基础上总结、积累经验，逐步展开对国家公务员科学素养状况的全面调查，并将这一专项调查发展成为我国公众科学素养调查的重要内容，为制定国家公务员科普中长期规划、大幅度全面提高国家公务员整体科学素养提供科学依据。

7. 对积极参与各级公务员科普工作并取得突出成绩的科学家和科普工作者给予政治荣誉与适当经济奖励

近年来，一批科学家（其中不乏著名科学家）积极投身于国家公务员科普，他们不计较名利，无私奉献，真诚求实，不仅是我国公务员科普的最重要力量，而且是我国科学家、知识分子的优秀代表，在各级公务员中树立了很好的形象。有关部门应考虑分等级设立相应的荣誉称号，如“国家公务员科普首席科学家（或首席专家）”等，对于这些科学家给予大力表彰，同时，建立国家公务员科普“特殊贡献奖”或“荣誉津贴制”，对获得以上荣誉称号的科学家、专家予以经济奖励和补贴。同样，对于取得突出成绩的各级国家公务员科普工作者和单位（部门），也应实施奖励制度，评选年度先进个人和集体，设立“国家公务员科普先进工作者”“国家公务员科普先进集体”等荣誉称号，给予政治荣誉与经济奖励。无论是对积极参与公务员科普的科学家，还是对投身公务员科普的科普工作者所取得的成绩与先进事迹，都应通过媒体进行大力宣传，在全社会树立尊重、敬佩、学习他们的良好风气。

8. 支持建立公务员科普教学资源库，出版各级公务员现代科技讲座精品集萃图书和光盘，考察命名一批公务员科普基地

经过几年的工作，国家行政学院系统现代科技课程教学积累了一定的教学资源，主要包括现代科技课程的录像、录音、讲义等，由中国科协科普部和国家行政学院综合教研部将这些资源集中起来进行精选，分类编辑出版图书和光盘，不仅可作为全国行政学院系统现代科技课程教学参考资料，同时

可作为国家公务员科普的专业教材，向全国各级公务员推荐发行，使精品资源得到充分利用与共享。由中国科协科普部牵头邀请国家科技部、人事部、中宣部、中科院等单位，在考察、评价的基础上命名一批国家公务员科普教育基地，并对被命名的基地实行统一规划，增补设施，加强管理，提高管理与运营水平，使之在国家公务员科普中更好地发挥作用。

参考文献

[1]本书编写组:《科学技术普及概论》，科学普及出版社 2002 年版。

[2]中华人民共和国科学技术部政策法规与体制改革司:《中国科学技术普及发展报告》，科学技术文献出版社 2002 年版。

我国地厅级公务员对环境与科学技术问题的态度①

程 萍

科学技术带来的利益与好处，使人们无法想象与接受生活再回到从前。同时，由于科学技术所带来的人们改造自然能力的提高和人们利用这种能力贪婪地向自然索取所造成的自然环境改变与破坏，使人们对仍在恶化的环境格外敏感，被曝光的"环境事件"给各级政府和责任人带来很大压力，包括媒体在内的社会舆论甚至认为政府不重视、公务员素质低是造成这种状况的根本原因。无可否认，"环境事件"与政府监督管理不力有关，有些恶性事件背后还隐藏着比环境污染更肮脏的钱权交易，但是，近年来我国政府和公务员特别是高中级公务员对环境问题的重视，同样是无可否认的事实。

一、对环境污染问题的关心程度及与我国公众的对比

我国地厅级公务员科学素养调查数据显示，对问卷中所列的 5 个环境污染问题"很关心"的人数比例均超过了 60%。

---

① 本文原载《科普研究》2006 年第 4 期。选自 2003 年中国科协科普专项资助项目（03030061）成果《我国地厅级公务员科学素养调查及对策研究报告》。

表 1 反映了我国地厅级公务员与我国公众对环境污染问题关心程度的差别。从表中看到，我国地厅级公务员中对环境污染问题“很关心”的人数比例明显高于我国普通公众，特别是对长江污染问题、酸雨问题“很关心”的人数比例高出普通公众 30% 以上；而对环境污染问题“不太关心”的人数比例明显低于我国公众。对比说明，我国地厅级公务员对环境污染问题的关心程度远高于我国普通公众，不仅反映了他们的科学素质比较高，更重要的是从一个侧面反映了由于他们担当职务和职责的要求，其社会责任心更强，对各种社会问题更加敏感。

表 1　与 2001 年我国公众对环境污染问题关心程度的对比（%）

环境污染问题	很关心		有点关心		不太关心		根本不关心		没听说过	
	A	B	A	B	A	B	A	B	A	B
野生动物种类减少	69.0	49.1	29.3	30.0	0.9	10.8	0	2.6	0	7.2
长江有可能成为第二条黄河	78.9	36.6	17.2	25.9	1.3	10.9	0.4	2.4	0.9	23.7
石油、煤等燃料的使用使空气中的二氧化碳增加，从而使气候变化	65.5	43.0	31.0	25.9	2.2	9.1	0	2.6	0	19.0
森林砍伐和大量垦荒造成土地荒漠化及水土流失	88.8	62.8	9.9	22.2	0.4	5.5	0	1.7	0	7.4
酸雨导致森林死亡及湖水变质	72.4	39.1	25.0	20.0	1.3	7.8	0	2.6	0	29.9

A.2004 年公务员　B.2001 年公众

资料来源：《2001 年中国公众科学素养调查报告》，科学普及出版社 2002 年版，P166。

二、对酸雨问题的关心程度及与我国公众的对比

（一）对酸雨知识的了解程度及与我国公众的对比

表 2　我国地厅级公务员对有关酸雨知识的了解程度及与公众的对比（%）

问题	选项		比例	
			公务员	公众
当您听到酸雨这个术语的时候，您了解它的意思吗？	自报对酸雨的了解	清楚地了解	26.3	2.8
		有些了解	58.2	21.9
		不太了解	12.5	/
		不了解或未回答	3.1	75.3
如果您清楚地了解或有些了解酸雨的意思，请用您的语言描述一下酸雨形成的基本原因。	描述酸雨形成的基本原因	准确描述	23.7	4.2
		接近正确的描述	7.3	8.3
		错误描述	18.5	6.4
		未回答	50.4	81.1

资料来源：《2001 年中国公众科学素养调查报告》，科学普及出版社 2002 年版，P167。

从表 2 中看到，我国地厅级公务员自认为“清楚地了解”和“有些了解”酸雨的人数比例远远高于我国公众；自认为“不了解”或没有回答这个问题的人数比例远远低于我国公众，如果加上“不太了解”的，其人数比例也仅为 15.6%。

在描述酸雨形成的基本原因的对比中，我国地厅级公务员“准确描述”的人数比例远高于我国公众，“错误描述”的人数比例也高于我国公众，这主要是因为“未回答”的人数比例低于公众。回答的人数比例越高，可能造成“错误描述”的人数比例越高。

（二）与我国公众对酸雨问题关心程度的对比

由于目前城市中环境污染问题更为严重，城市居民也更加关注这一问

题，因此，在图 1 的对比中，选择了 2001 年中国公众科学素养调查中的城市公众和具有大专以上学历的公众进行对比。对比发现，我国地厅级公务员对酸雨问题的关心程度高于我国城市公众，略高于具有大专及以上学历的公众。

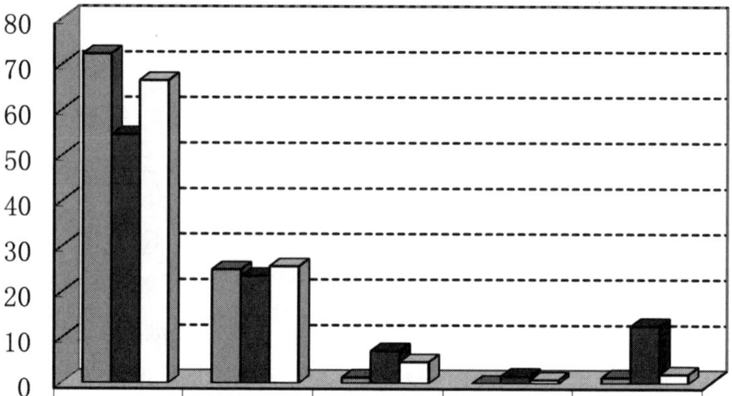

	1	2	3	4	5
■2004年公务员	72.4	25	1.3	0	1.3
■2001年城市公众	54.6	23.6	7.1	1.6	12.7
□2001年大专以上公众	66.5	25.7	4.7	0.8	2

图 1　与 2001 年我国公众对酸雨问题关心程度的对比（%）

1. 很关心　2. 有点关心　3. 不太关心　4. 不关心　5. 未答

资料来源：《2001 年中国公众科学素养调查报告》，科学普及出版社 2002 年版，P168—169。

结合表 2 的对比，可以得出结论：对酸雨问题的关心程度与对其知识的了解程度及被调查者的文化程度三者间的关系为正相关，即文化程度越高的公众，对酸雨知识了解得越多，对其关心的程度也越高。我国地厅级公务员为高学历人群，他们对酸雨知识的了解程度高于普通公众，对酸雨问题的关心程度也高于我国公众。

三、对臭氧层空洞的了解情况及与我国公众的对比

臭氧层空洞问题对人类的生存和发展带来很大威胁，是近年来媒体报道最多的环境问题之一。经调查统计，能够正确回答臭氧层空洞位置在南极的调查对象占调查人数的 31.9%，比普通公众高 21.4%；有高达 88.8% 的调查对象知道臭氧层空洞会对人类造成危害，比普通公众高 48.9%；“说不清及未回答”的人数比例只有 8.6%，比普通公众低 48.6%；能够清楚地了解造成臭氧层破坏的原因是氟利昂的使用的调查对象，占调查人数的 33.8%，比普通公众高出 20.4%。

表 3　我国地厅级公务员对臭氧层空洞的了解情况及与公众的对比（%）

<table>
<tr><th rowspan="2">问题</th><th rowspan="2" colspan="2">选　项</th><th colspan="2">比例</th></tr>
<tr><th>公务员</th><th>公众</th></tr>
<tr><td rowspan="3">您知道臭氧层的主要空洞在什么地方吗?</td><td colspan="2">正确回答臭氧层空洞位置在南极</td><td>31.9</td><td>10.5</td></tr>
<tr><td colspan="2">回答错误及不知道</td><td>19.4</td><td>83.5</td></tr>
<tr><td colspan="2">未回答</td><td>48.7</td><td>6.0</td></tr>
<tr><td rowspan="3">据您所了解的知识，臭氧层空洞对人类会造成伤害和危险吗?</td><td colspan="2">臭氧层空洞会对人类造成危害</td><td>88.8</td><td>39.9</td></tr>
<tr><td colspan="2">臭氧层空洞不会对人类造成危害</td><td>2.6</td><td>2.9</td></tr>
<tr><td colspan="2">说不清楚及未回答</td><td>8.6</td><td>57.2</td></tr>
<tr><td rowspan="6">在您看来，造成臭氧层破坏的原因是什么?</td><td colspan="2">清楚地了解造成臭氧层破坏的原因为氟利昂的使用</td><td>33.8</td><td>13.4</td></tr>
<tr><td rowspan="4">错误回答</td><td>汽车尾气排放过量</td><td>25.0</td><td>15.0</td></tr>
<tr><td>人口过多造成空气污浊</td><td>10.1</td><td>5.1</td></tr>
<tr><td>一氧化碳排放过量</td><td>24.6</td><td>13.6</td></tr>
<tr><td>空间探测的影响</td><td>5.0</td><td>/</td></tr>
<tr><td colspan="2">说不清楚及未回答</td><td>1.5</td><td>52.9</td></tr>
</table>

资料来源：《2001 年中国公众科学素养调查报告》，科学普及出版社 2002 年版，P171。

四、对会使周围环境遭到破坏和污染的项目的决策态度

为进一步了解地厅级公务员对环境污染问题的态度，特别是当他们在决策中遇到这类实际问题时将会怎样决策，在《我国地厅级公务员科学素养调查问卷》中设计了第 707 题：

“一个新项目如果上马，会给当地带来可观的经济效益，但同时也会使周围环境遭到破坏与污染。面对这样的项目，您审批时持怎样的态度？”

图 2 表明，对于这样的棘手问题，我国地厅级公务员中绝大多数人是理性的，决策态度与前面的调查结果一致。有 65.9% 的人选择“研究该项目方案是否可以改进，以便最大限度地减少污染，或者制定相应的控制污染措施后再做决定”；有 29.7% 的人“不同意上马”；“同意上马”的人只占 2.6%。选择“上级怎么说，我怎么做”“提高经济效益、避免环境污染都重要，因而无所适从，干脆多数人说怎么办就怎么办”和没有回答这个问题的人数比例之和仅为 1.7%，说明我国地厅级公务员在决策时是慎重的、理性的、负责的。

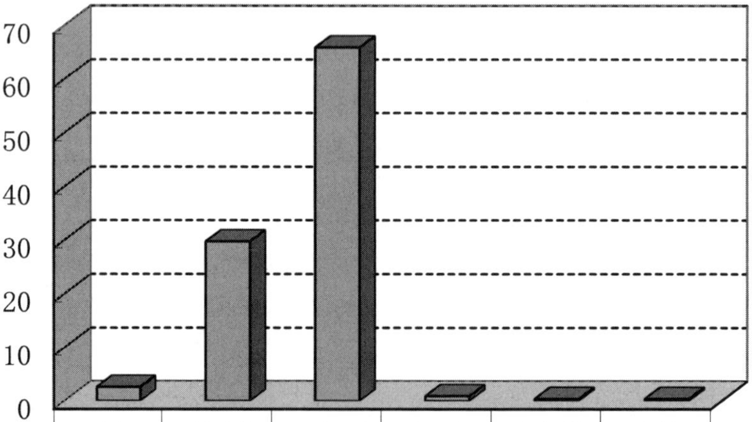

	同意	不同意	研究后再定	听上级的	听多数人的	未答
■2004年公务员	2.6	29.7	65.9	0.9	0.4	0.4

图 2　我国地厅级公务员对会使周围环境遭到破坏与污染的项目的态度（%）

五、对环境等重大科学研究领域的“支持”与“限制”态度明确

无论是在我国公众科学素养调查，还是在我国地厅级公务员科学素养调查中，凡涉及环境保护、控制污染方面的内容，都受到被调查者的重视。我国地厅级公务员对“控制和治理污染的研究”的态度非常明确，除 1.3% 的人没有回答外，98.7% 的人持支持态度！

我国地厅级公务员中超过半数以上的人认为应该“支持”的重大科学研究领域还有“精确控制气候的研究”（80.2%）、“将人的基因植入动物体内，以生产可移植器官的研究”（63.8%）、“能使很多人活到 100 岁甚至更长时间的研究”（63.4%）和“通过基因工程创造新的动植物品种的研究”（60.8%）。

超过半数的人认为应该“限制”的重大科学研究领域为“新型化学武器、生物武器的研究”（64.2%）。对“人体特异功能的研究”领域的看法比较耐人寻味，认为应该“支持”“无所谓”和“限制”的人数比例差别不是很大，都没有超过半数。对“使父母能选择子女性别的研究”的看法，认为应该“限制”的人数比例最高，为 77.6%，而认为应该“支持”的人数比例最低，为 8.2%，并且没有人“不知道”如何回答这个问题。

从表 4 中可以发现，对调查中列出的 7 个重大科研领域“不知道”采取什么态度的我国普通公众人数比例全部比我国地厅级公务员高，有的甚至高出 30% 以上；持“无所谓”态度的我国普通公众的人数比例在除“人体特异功能的研究”外的 6 个科学研究领域都比地厅级公务员高；除“使父母能选择子女性别的研究”外，在其他 6 个研究领域，我国地厅级公务员持“支持”态度的人数比例都高于我国公众，而对“使父母能选择子女性别的研究”持“限制”态度的人数比例高于普通公众。

表 4　与我国公众对于重大科学研究领域态度的对比（%）

重大科研领域	支持		无所谓		限制		不知道	
	A	B	A	B	A	B	A	B
使父母能选择子女性别的研究	8.2	20.5	12.9	34.2	77.6	31.8	0	12.9
通过基因工程创造新的动植物品种的研究	60.8	44.2	9.9	16.2	26.3	5.6	1.3	33.3
能使很多人活到 100 岁甚至更长时间的研究	63.4	55.5	19.8	24.9	13.8	8.7	0.4	10.3
精确控制气候的研究	80.2	69.9	7.8	9.8	8.2	2.2	1.7	17.4
新型化学武器、生物武器的研究	29.3	27.4	4.7	14.5	64.2	31.6	0.4	25.8
人体特异功能的研究	35.3	28.1	38.8	30.2	23.3	10.8	0.9	30.0
将人的基因植入动物体内，以生产可移植器官的研究	63.8	41.1	9.9	14.8	22.0	9.0	2.6	34.4
控制和治理污染的研究	98.7	/	0	/	0	/	0	/

A. 2004 年我国地厅级公务员　B. 2001 年我国公众

资料来源：《2001 年中国公众科学素养调查报告》，科学普及出版社 2002 年版，P162。

再将我国地厅级公务员与 2001 年我国公众科学素养调查中的城市公众和大专以上文化程度的公众对重大科研领域支持的程度进行对比，图 3 表明，除“使父母选择子女性别的研究”外，在其他科研领域，我国地厅级公务员的支持程度都高于我国城市公众，与大专以上文化程度的公众相差不多，而对“使父母选择子女性别的研究”的支持程度低于我国城市公众和大专以上文化程度的公众。

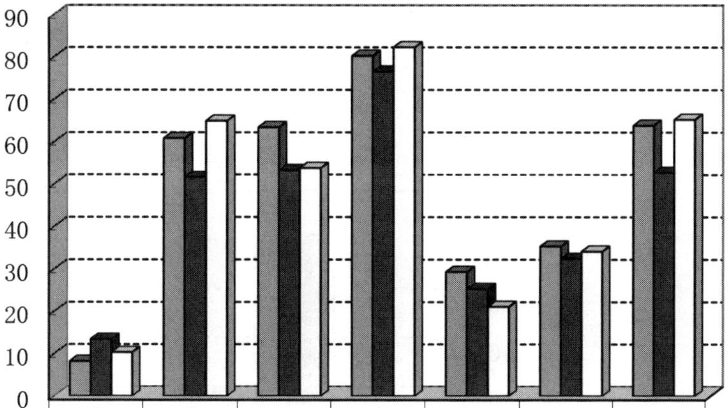

	1	2	3	4	5	6	7
■2004年公务员	8.2	60.8	63.4	80.2	29.3	35.3	63.8
■2001年城市公众	13.4	51.6	53.3	76.5	25.3	32.4	52.7
□2001年大专以上公众	10.3	64.9	53.8	82.2	21.1	34.1	65.2

1. 使父母能选择子女性别的研究
2. 通过基因工程创造新的动植物品种的研究
3. 能使很多人活到 100 岁甚至更长时间的研究
4. 精确控制气候的研究
5. 新型化学武器、生物武器的研究
6. 人体特异功能的研究
7. 将人的基因植入动物体内，以生产可移植器官的研究

图 3　与 2001 年我国城市和大专以上学历公众对重大科研领域支持程度的对比（%）

资料来源：《2001 年中国公众科学素养调查报告》，科学普及出版社 2002 年版，P163、165。

六、对科技新产品的看法比我国公众更理性、谨慎

我国地厅级公务员作为国家决策与管理的重要层次，从某种程度而言，他们对新技术、新产品的态度与认可程度起着至关重要的作用。调查发现，他们对科技新产品或新技术的态度总体上是积极的、比较成熟的，比我国公众更理性、更谨慎，表示“马上用”的人数为零；有 62.1% 的人表示“观察别人用的结果再做决定”，人数比例比公众高 9.2%；有 31% 的人愿意“自己试一试”；“不理会”“拒绝或不相信”和“未答”的人加起来只有 6.9%。

图 4 显示，与我国 2001 年公众科学素养调查中的大专及以上高学历的公众比较，二者间看法的一致程度很高，说明文化程度高的公众对待科技新产品或新技术更加理性。

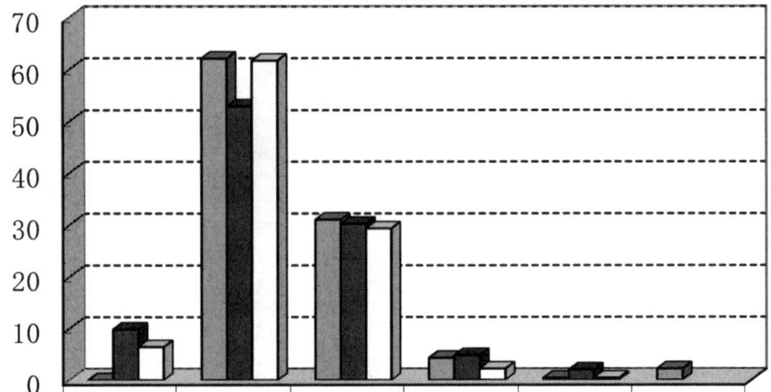

	马上用	观察后再用	自己试一试	不理会	拒绝或不相信	未答
2004年公务员	0	62.1	31	4.3	0.4	2.2
2001年公众	9.8	52.9	30.2	4.8	2	
2001年大专及以上公众	6.4	61.7	29.3	2.2	0.4	

图 4　与 2001 年我国公众对科技新产品或新技术看法的对比（%）

资料来源：《2001 年中国公众科学素养调查报告》，科学普及出版社 2002 年版，P145、149。

七、对风险科技投资持积极支持的态度

我国地厅级公务员对兴建核电站、开展基因工程研究和进行空间探索这几项危险较大、投资巨大的科学技术研究事业，比我国公众持更加积极的态度，分别有 63.4%、66.8% 和 72% 的人认为“利益远远超过危险”，人数比例均高于我国普通公众和大专及以上学历的公众；“说不清楚”的人数比例则均低于我国普通公众和大专及以上学历的公众。

表 5 显示，我国地厅级公务员对风险科技投资的态度与 2001 年我国大

专及以上学历的公众总体趋势一致，与较低学历的公众差别较大，说明作为文化程度较高的我国地厅级公务员，接触科学技术的机会较多，眼界比较宽，更加能体会到科学技术风险投资的重要性，对其可能带来的风险的认识更加理性。

表 5　我国地厅级公务员对风险投资的看法及与我国公众的对比（%）

	兴建核电站			开展基因工程研究			空间探索		
	公务员	公众	大专以上公众	公务员	公众	大专以上公众	公务员	公众	大专以上公众
利益远远超过危险	63.4	31.4	53.8	66.8	33.2	62.8	72.0	36.3	64.9
利益稍微超过危险	14.2	7	12	11.6	7.6	13.2	12.1	6.2	10.5
利益与危险参半	16.4	9.3	17	16.8	7.5	11	11.2	5.9	8.3
危险稍微超过利益	0.4	2.1	1.8	0	3.5	2.1	0	3.1	2.5
危险远远超过利益	2.2	0.8	0.9	0.4	0.6	0.5	0.4	0.4	0.8
说不清楚	3.0	48.7	14.2	3.4	46.9	10.4	3.0	47.3	12.7
未答	0.4	/	/	0.9	/	/	1.3	/	/

资料来源：《2001 年中国公众科学素养调查报告》，科学普及出版社 2002 年版，P151、159、160。

八、对我国科学技术水平的总体评价

（一）对我国科学技术水平的总体评价比我国公众更客观

我国地厅级公务员对我国科学技术水平的总体评价比较理性与客观，有 72.8% 的人认为我国有少数科学技术研究领域处于世界先进水平，分别只有 0.4% 和 7.3% 的人认为我国有“大部分领域处于世界先进水平”和“几乎所有领域处于落后状态”。

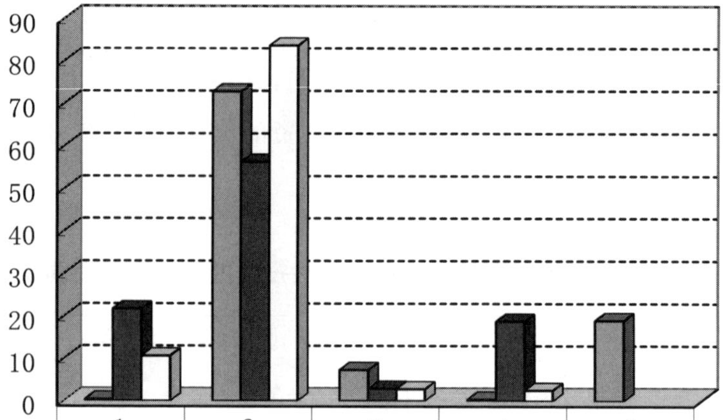

	1	2	3	4	5
■2004年公务员	0.4	72.8	7.3	0.4	19
■2001年公众	21.7	56.3	2.9	18.8	
□2001年大专及以上公众	10.6	83.7	2.8	2.5	

1. 大部分领域处于世界先进水平　2. 少数领域处于世界先进水平
3. 几乎所有领域处于落后状态　4. 说不清楚　5. 未答

图 5　与 2001 年我国公众对我国科学技术水平评价的对比（%）

资料来源：《2001 年中国公众科学素养调查报告》，科学普及出版社 2002 年版，P175。

通过对比可以看出，认为我国有大部分科技领域“处于世界先进水平”的我国公众比地厅级公务员高，而反过来认为我国几乎所有科技领域都“处于落后状态”的我国地厅级公务员比公众高。分析原因，可能与媒体宣传有着重要的和直接的关系。我国公众主要是通过媒体获得我国科技发展水平与世界科技发展水平的信息，而我国地厅级公务员则有更多的直接到世界各国考察、学习的机会，有更多直接接触国际先进科技资料与信息的机会，而且可以通过实地考察、了解、感受与体验，判断发达国家科学技术水平的先进程度与发展程度，因此，对于我国科技水平在世界的位置，他们比公众有更清醒、更客观的认识与评价。同样，我国高学历公众了解国外科技发展水平的渠道也比普通公众更直接，他们的评价与我国地厅级公务员也更接近。

（二）对我国科学技术落后根本原因的看法与我国公众一致

对我国科学技术落后根本原因的看法，我国地厅级公务员与我国公众非常一致，认为“国力薄弱，人口众多，科技经费不足”的人数比例都排在第一位。我国地厅级公务员认为“科学技术与经济建设脱节”的人数比例排在第二位，而我国公众认为“科技教育跟不上科技发展的需要”的人数比例排在第二位，这说明我国地厅级公务员更重视科学技术成果转化为现实生产力推动经济发展的问题，而我国公众则更重视教育问题。人数比例排在第三位的，我国地厅级公务员认为是“全民科学文化素质较低”。这条在2001年我国公众科学素养调查中没有列入，无法比较。接着是“科技政策失误，科研管理不善”。我国公众认为“人才使用不当”的人数比例列居第三位，表现出公众对我国现行人才制度的不满意。详见表6。

从比较可以看出，我国地厅级公务员更关注的是国家政策、管理、机制等比较宏观的问题，我国公众则更关心教育、人才等与个人发展关系比较密切的问题。无论是我国地厅级公务员还是公众都认为“缺乏与国际科学技术的交流”“科技人员流动困难”和“公众对科学技术的价值认识不够”不是我国科学技术落后的根本原因。

表6　我国地厅级公务员对科学技术落后根本原因的看法及与公众的对比（%）

原因	公务员	公众
国力薄弱，人口众多，科技经费不足	55.7	77.7
科学技术与经济建设脱节	40.9	26.5
全民科学文化素质较低	40.4	/
科技政策失误，科研管理不善	36.1	9.4
没有充分调动科技人员的积极性	33.9	21.5
人才使用不当	21.3	30.2
科技教育跟不上科技发展的需要	20.4	31.3
企业缺乏依靠科学技术的动力	18.3	11.5
公众对科学技术的价值认识不够	9.6	19.2
科技人员流动困难	4.3	8.6
缺乏与国际科学技术的交流	3.0	9.1
其他	2.2	1.6

资料来源：《2001年中国公众科学素养调查报告》，科学普及出版社2002年版，P179。

（三）对应该优先发展的科学技术领域的看法与公众基本一致

我国地厅级公务员中有61.5%的人认为应该优先发展“人口健康与环境保护”技术，居第一位。人数比例居第二位的是“国防科学技术”，第三是“信息技术与网络”，第四是“农业与食品技术”，第五是“能源技术”。我国公众认为优先发展人数比例排前五位的是：农业与食品技术、人口健康与环境保护、国防科学技术、交通运输技术和信息技术与网络。

在人数比例较高的前5类认为应该优先发展的科技领域中，有4类地厅级公务员与公众是一致的，只有1类，地厅级公务员认为应该优先发展能源技术的人数比例较高，而公众认为应该优先发展交通运输技术的人数比例较高，这可能与交通运输技术与公众生活的联系更直接一些，而充分、高效利用能源的技术对国家可持续发展的影响更大一些有关。

表7　我国地厅级公务员对优先发展的科学技术领域的看法及与公众的对比（%）

科学技术领域	公务员	公众
农业与食品技术	41.1	64.7
人口健康与环境保护	61.5	57.3
能源技术	39.8	21.9
交通运输技术	2.6	25.4
材料科学技术	11.7	4.6
信息技术与网络	41.6	23.4
自然资源的勘探利用	9.5	10.1
基础科学研究	22.5	8.5
国防科学技术	50.6	38.2
生物工程	35.1	6.3

资料来源：《2001年中国公众科学素养调查报告》，科学普及出版社2002年版，P180。

（四）对我国科学技术尽快赶上世界先进水平应采取主要措施的看法

由于我国地厅级公务员在政府决策与日常社会事务管理中起着承上启下的重要作用，他们对我国科学技术事业发展的作用尤其不可低估，因此，在《我国地厅级公务员科学素养调查问卷》中，针对我国科学技术落后的根本原因，增加了“使我国科学技术尽快赶上世界先进水平的主要措施是什么”的内容。对于这个问题的统计数据表明，我国地厅级公务员认为，从近期看，“改革科研管理体制”“增加科研经费”“培养一批科学技术各领域的专家”是使我国科学技术水平尽快赶上世界先进水平的主要措施；从长远看，“从小学生开始加强科学素养教育”“树立尊重科学、尊重科研人员的风气”“大力推进全民科普工作”和“提高公务员对科学技术重要性的认识”也是使我国科学技术尽快赶上世界先进水平的重要措施。

表8　我国地厅级公务员对我国科学技术尽快赶上世界先进水平主要措施的看法（%）

措　施	比例	措　施	比例
提高公务员对科学技术重要性的认识	22.4	从小学生开始加强科学素养教育	33.8
培养一批科学技术各领域的专家	44.7	大幅度提高科技人员待遇	9.6
增加科研经费	46.1	改革科研管理体制	62.3
树立尊重科学、尊重科研人员的风气	30.7	吸引更多的出国留学优秀人才回国	9.6
杜绝学术腐败	13.2	大力推进全民科普工作	24.6

我国县处级公务员科学素养现状及国内比较①

程 萍

继完成中国科协2003年度科普专项资助项目“我国地厅级公务员科学素养调查及对策研究”之后，在取得初步研究经验的基础上，国家行政学院综合教研部获准开展2004年度科普专项资助项目“我国县处级公务员科学素养调查研究”，在更大的范围对我国公务员的科学素质现状进行调查分析研究，为实施《全民科学素质行动计划纲要》积累基础数据和研究资料。

本次调查问卷以2005年第六次我国公民科学素养调查问卷为主要参考依据。调查内容仍然围绕三个相互关联的重要组成部分进行，即我国县处级公务员的基本科学素养状况、获得科技信息的渠道和方法、对科学技术的看法和态度。

课题组于2006年9月至2006年12月间，在地方行政学院的积极配合组织下，分别在上海、重庆、河北、山西、内蒙古、江苏、江西、福建、广东、湖南、湖北、贵州、青海、甘肃、沈阳、深圳、西安等17个省市自治区和副省级城市行政学院当期县处级公务员培训班发放《我国县处级公务员科学素养调查问卷》945份，回收900份，其中有效问卷为900份，有效回收率约为95.2%。

---

① 本文原载《科普研究》2007年第2期。选自2004年中国科协科普专项资助项目（04060168）成果《我国县处级公务员科学素养调查与分析研究报告》。

以上17个省市自治区和副省级城市是由课题组根据我国目前的区域分类概念，考虑东中西部经济发展水平的代表性、当地行政学院相关职能部门和人员状况等因素，与之协商后确定的。培训班学员是由当地省市自治区和副省级城市组织部等职能部门按照公务员轮训的规定与程序，选调自各省市自治区和副省级城市政府各部门、各县市及省直属事业单位等，不具有特别指向性，因此，本次调查对象的确定，符合分类别不等概率二次抽样方法要求，可保证抽样的随机性与调查结果的代表性、普遍性。问卷数据统计处理由中国农业大学资源环境学院协助完成。使用SPSS 11.5软件系统。

一、调查对象的基本情况

课题组按照《2005年中国公众科学素养调查报告》中的分类标准，对900份有效问卷进行了分类统计。根据统计结果，调查对象的基本情况如下：

（一）性别分布：除59份没有填写性别项外（占6.6%），男性为672人，约占74.7%；女性为169人，约占18.8%。

（二）年龄结构分布：最小的1人为24岁（男，团干部），最大的59岁。35—54岁年龄段的共783人，占87.0%，其中40—49岁年龄段的共为519人，占57.7%。

（三）民族分布：汉族787人，占87.4%；少数民族60人，其中包括满、回、蒙、藏、壮、苗、侗、彝、土家、布依、朝鲜、撒拉、土族等13个少数民族，占6.7%。

（四）学历分布：具有研究生学历的180人，占20.0%；具有大学本科学历的543人，约占60.3%；具有大专及以下学历的123人（其中个别为高中毕业），约占13.7%，即具有大专及以上学历的接近100%。

（五）学位分布：在调查对象中，具有学士及以上学位的333人，约占

37. 0%。其中，博士 10 人，硕士 80 人，双学士 1 人，学士 242 人。没有填写学位的高达 567 人，约占 63.0%。

（六）专业类别分布：毕业于理工农医类专业的 185 人，约占 20.6%；毕业于文史哲经法等文科类专业的 577 人，约占 64.1%；有 138 人未填写所学专业，占 15.3%，在调查对象中，文科毕业的占绝大多数。

（七）区域分布：本次调查分析将被调查的 17 个省市自治区和副省级城市分为三类。第一类为我国东部沿海经济发达地区，包括上海市、江苏省、福建省、广东省和深圳市等三省二市；第二类为经济比较发达地区，包括重庆市、河北省、山西省、江西省、湖南省、湖北省和沈阳市等五省二市；第三类为经济欠发达的西部地区，包括内蒙古自治区、贵州省、甘肃省、青海省和西安市等四省（自治区）一市。这三类地区并不是严格按照我国东中西部地区的地理概念划分的，而是在此基础上考虑经济和社会发展总体水平比较接近而分类的，如将重庆市归入第二类地区。按照这一分类，调查对象的区域分布为：第一类地区占 32.1%，第二类地区占 41.4%，第三类地区占 26.3%。

（八）对现有岗位的自我满意程度：本次调查为了解调查对象对自己岗位的认知情况，问卷设置了这样的题目："过去一年，您的家庭人均收入在您所在的地区处于什么水平？"调查结果显示，有超过半数的县处级公务员认为自己的收入水平在当地属于"中等"，63.3% 的人认为属于中等及以上水平，只有 2.2% 的人认为自己的收入在当地属于低水平，1 人认为自己的收入在当地属于高水平，说明绝大多数县处级公务员对自己收入水平的评价比较客观，也比较满意。

（九）与地厅级公务员基本情况的对比：与 2004 年我国地厅级公务员科学素养调查时调查对象的基本情况进行比较，具有如下特点：

1. 在地厅和县处这两个级别中，男女公务员比例相差不大，女性公务员不超过 1/5。

2. 39 岁以下年龄段的人数比例非常接近，40—44 岁年龄段的县处级高于地厅级9.2%，而45岁以上年龄段的则明显低于地厅级16%，说明县处级公务员总体上比地厅级公务员年轻。

表1　调查对象的年龄结构分布与地厅级公务员的对比（单位：%）

34岁以下		35—39岁		40—44岁		45—49岁		50岁以上		未填写	
地厅	县处	地厅	县处	地厅	县处	地厅	县处	地厅	县处	地厅	县处
3.0	3.3	15.5	14.6	30.2	39.4	30.6	18.2	20.7	17.1	/	7.3

资料来源：《我国地厅级公务员科学素养调查报告》，程萍，2005。

3. 少数民族公务员人数比例县处级高于地厅级，主要是由于调查区域中包括贵州、青海、内蒙古等少数民族聚居的省和自治区。

4. 地厅级公务员学历高于县处级，大专及以下学历的仅占4.3%，县处级公务员大专及以下学历的高出地厅级约10个百分点，而地厅级中研究生毕业的高出县处级14.9%。特别值得注意的是，在具有大学本科学历的地厅级公务员中，没有获得学士学位的人数比例很低，基本接受的是全日制高等教育，而县处级公务员填写本科毕业的543人中，有约65.5%的人没有（或没填写）学士学位。

表2　调查对象的学位分布与地厅级公务员的对比（单位：%）

未填写		学士		双学士		硕士		博士	
地厅	县处	地厅	县处	地厅	县处	地厅	县处	地厅	县处
24.6	63.0	54.3	26.9	1.7	0.1	16.4	8.9	3.0	1.1

资料来源：《我国地厅级公务员科学素养调查报告》，程萍，2005。

二、我国县处级公务员科学素养现状

（一）对科学术语的了解程度

测试县处级公务员对科学术语了解情况的目的是观察他们对媒体传播的科技信息的理解能力。本次调查选择了“分子”“DNA”“Internet”和“纳米”4 个科学术语。

1. 对科学术语的了解程度

在对什么是物质的“分子”的测试中，有 47.2% 的县处级公务员能够选择“物质中能够独立存在并保持该物质一切化学特性的最小微粒”这一正确答案；有 25.1% 的人选择了“与物质的化学性质有关，是构成物质的基本微粒”这一基本正确的答案；有 25.0% 的人选择了“是组成原子的基本微粒，由原子核和核外电子组成”这个完全错误的答案；只有 0.4% 的人选择了“不知道”。另有 2.3% 的人没有做出选择。

在对“DNA”了解程度的测试中，分别有 69.0% 和 25.9% 的人能够做出完全正确或基本正确的选择；有 2.7% 的人做出了完全错误的选择；还有 0.7% 的人选择了“不知道”，1.8% 的人没有选择。

在对“Internet”的测试中，除 1.7% 的人没有选择外，有 46.4% 的人完全了解，49.8% 的人基本了解；只有 2.0% 的人作了错误选择；有 0.1% 的人选择了“不知道”。

对“纳米”这个术语的了解程度显示，有 59.3% 的人选择了“长度计量单位之一”，有 38.9% 的人选择了“一种高科技材料”，但仍然有 0.1% 的人选择了其为“水稻新品种”；有 0.3% 的人选择了“不知道”。另有 1.4% 的人没有选择。

2. 对科学术语了解程度的能力分布

对于测试的 4 个科学术语，县处级公务员能够全部回答“正确”的比例为 14.3%；能正确判断 3 个科学术语的比例为 28.9%；正确判断其中两个和一个科学术语的比例分别为 28.7% 和 20.6%；对于 4 个科学术语均判断错误的比例为 7.6%。判断正确 3 个的人数比例略高于 2 个，从 0 个到 4 个呈倒 U 型曲线。

分析判断“正确”和“基本正确”的人数比例分布为 4 个最高（68.8%），依次是 3 个（26.8%），2 个（2.6%），0 个（1.0%）和 1 个（0.9%）。从 0 个到 4 个基本为直线上升。

参考 2005 年第六次我国公众科学素养调查评价标准，本次调查中对以上 4 个基本科学术语都判断“正确”和“基本正确”的被调查者，称为了解基本科学术语，即我国县处级公务员中有 68.8% 的人了解基本科学术语。

（二）对科学观点的了解程度

对县处级公务员了解科学观点的测试，继续使用国际上普遍采用过的 16 个测试题目。同时，考虑到公务员职责所需的必备知识，保留了部分 2004 年我国地厅级公务员科学素养调查的题目，将地厅级科学素养调查时的 25 个题目，减为 22 个题目。

1. 对 22 个科学观点的了解程度

我国县处级公务员了解 22 个科学观点的情况如下：

（1）8 个题目的正确率很好，在 80% 以上

对“地心的温度非常高”“所有的放射性现象都是人为造成的”“数百万年来，我们生活的大陆一直在缓慢地漂移，并将继续漂移”“就我们目前所知，人类是从早期动物进化而来”“光速比声速快”“热气流上升，冷气流下降”“吸烟会导致肺癌”“含有放射性物质的牛奶经过煮沸后对人体无害”等 8 个题目的了解情况很好，判断正确的人数比例均在 80% 以上，最高的达到 94.6%。

（2）6 个题目的正确率较好，在 60%—80% 之间

“激光因汇聚声波而产生”“E-mail 是指网络”“最早期的人类与恐龙生活在同一个年代”“互联网是电话网和计算机网连接形成的远程通信及信息处理网络”“计算机软件包括磁盘和光盘”和“光伏电池是将太阳能转换

为电能的一种装置”等6个题目的判断正确比例在80%以下，但均超过了60%，了解情况较好。

（3）6个题目的判断正确率在50%以上；

对“父亲的基因决定孩子的性别”“发射火箭等空间探索活动影响气候”“电子比原子小”“抗生素既能杀死细菌也能杀死病毒”“宇宙产生于大爆炸”“地球围绕太阳转一圈的时间为一天”这6个题目有超过一半的人判断正确，但错误比例也比较高。

（4）2个题目的判断正确率较差，在50%以下

判断正确人数比例在50%以下的2个题目是“我们呼吸的氧气来源于植物”和“植物在夜间的呼吸是吸进二氧化碳释放出氧气”。

对这22个题目回答“不知道”和没有填写人数比例最高的是“光伏电池是将太阳能转换为电能的一种装置”，占调查对象的21.9%；其次是“宇宙产生于大爆炸”，占21.3%；第三是“激光因汇聚声波而产生”，占17.9%。

2. 对22个科学观点了解程度的能力分布

分析我国县处级公务员了解22个科学观点的能力分布看出：（1）他们中判断正确17个题目的人数比例最高，为13.9%，以后依次减少；（2）判断正确13—19个题目的人数比例比较集中，占全部人数比例的77.2%，超过了2/3；（3）22个题目全部判断正确的县处级公务员全部为男性、汉族；6人在35—44岁间；大学本科毕业并具有学士学位的5人，研究生1人，1人未填写学历；他们中有5人毕业于理工类专业，1人毕业于文科专业；他们分别来自重庆市、河北省、江苏省、湖北省、湖南省和深圳市。

3. 对16个国际通用科学观点了解程度的能力分布

在22个科学观点题目中，除“E-mail是指网络”“互联网是电话网和计算机网连接形成的远程通信及信息处理网络”“发射火箭等空间探索活动影响气候”“植物在夜间的呼吸是吸进二氧化碳释放出氧气”和“光伏电池

是将太阳能转换为电能的一种装置”6个题目外，其他16个题目均为国际上近年来在同类调查中使用的通用题目。答对13个题目的人数比例最高，为16.4%，答对10—14个题目的人数比例比较集中，为72.8%，超过了2/3。

综合上述对科学术语和科学观点的了解情况，我国县处级公务员掌握基本科学知识（指了解4个基本科学术语并能正确判断16个国际通用科学观点题目中的10个及以上题目）的人数比例为63.4%。

（三）对科学方法的理解程度

本次调查中，该部分采用了包括“科学研究”“对比实验”和“概率”问题在内的三个测试题。

1. 对科学方法的理解程度

县处级公务员能够正确回答“科学研究”一词指的是“观察，推理，实验”的比例达到70.2%；有14.1%的人选择了“引进新技术，推广新技术，使用新技术”，12.4%选择了“观察，解释，结论”这两个错误解释；“不知道”和“未填写”的比例之和仅为3.0%。

能够对“对比实验”方法做出正确选择的县处级公务员比例为53.8%，不能做出正确选择的比例为39.7%，“不知道”和未填写的比例为6.5%。对“概率”方法能够做出正确选择的县处级公务员比例为85.0%，而做出错误判断的比例为7.7%，“不知道”和未填写的比例为7.3%。

显然，我国县处级公务员对“概率”方法的理解程度最好，而对“对比实验”方法的理解程度不是很好。

2. 我国县处级公务员对科学方法理解程度的能力分布

县处级公务员能够全部答对3个题目的人数比例为36.1%；能答对2个题目的人数比例最高，为41.0%；答对其中一个题目的县处级公务员比例为18.6%；对于3个科学方法测试题目均没有答对的县处级公务员比例仅为4.3%。即我国县处级公务员理解基本科学方法的人数比例为36.1%。

（四）对科学与社会之间关系的理解程度

县处级公务员对科学与社会之间关系理解程度的测度主要通过测度他们识别迷信现象的能力来实现。

在2005年我国公众科学素养调查中，将目前比较流行的四种迷信方式（求签、相面、星座预测和周公解梦）设计成一组测试题。被调查者只有选择“不相信”或“不知道”，才被初步确认为不相信迷信者。为了更加准确地测试出真正不相信迷信者的比例，在这组问题之后还设计了一个追问，要被调查者回答“如果以上任何一种预测方法告诉您，您最近将有大灾难，您将如何处理”。

本次调查在识别迷信能力调查部分，完全采用了我国2005年公众科学素养调查时的题目。同时，将“您认为要想过上美好的生活，我们应该怎样对待自然”的题目归入该部分，以考察他们对人与自然关系的理解，进而分析他们对“科学发展观”“人与自然和谐相处”等理念的理解与认识。

1.对迷信的相信程度

调查显示，对于“求签”，被调查者只有0.4%的人选择“很相信”，有5.6%的人选择“有些相信”，选择“不相信”的比例为84.7%。对于“相面”，有0.6%的人选择“很相信”，有27.7%的人选择“有些相信”，选择“不相信”的比例为64.0%。对于“星座预测”，有0.7%的人“很相信”，有13.0%的人“有些相信”，“不相信”的比例为73.9%。对于“周公解梦”，有0.6%的人“很相信”，有17.9%的人“有些相信”，“不相信”的比例为70.4%。

如果将测试选项中“很相信”和“有些相信”合计作为“相信”的情况来分析，县处级公务员自称相信“相面”这种迷信形式的比例最高，为28.3%；自称相信“周公解梦”的人数比例为第二，为18.5%；自称相信“星座预测”的比例为13.7%；自称相信“求签”的县处级公务员人数比例最低，为 6.0%。

对“追问”的调查结果表明，有 67.6% 的县处级公务员选择“不理睬”；分别有 17.6% 和 7.1% 的县处级公务员选择“查询有关的书籍或询问亲友”和“按预测者提供的办法去避灾免灾”；另有 4.2% 的县处级公务员不知道如何对待，3.6% 的人没有回答这个问题。

如果将自称“不相信”和“不知道”四种迷信现象、同时在追问中选择“不理睬”的调查对象作为不相信迷信的县处级公务员来计算，结果显示，本次调查中有 47. 6% 的县处级公务员不相信迷信现象，没有超过半数。也就是说，有一半以上的县处级公务员多少都存在相信以上 4 种迷信现象的情况，并对“预测”的灾难有恐惧心理，至少是持有“宁可信其有不可信其无”的态度。特别值得指出的是，有 5.6% 的人对以上 4 种迷信现象和“灾难预测”持“很相信”和“有些相信”的态度，相当迷信。

2. 对人与自然关系的认识

在“您认为要想过上美好的生活，我们应该怎样对待自然”的题目测试中，有 95.7% 的人认为应该“尊重自然规律，合理开发利用自然”；1.2% 的人选择了“崇拜自然，服从自然的选择和安排”；0.4% 的人认为应该“最大限度地向自然索取，征服自然”；还有 2.6% 的人不知道怎样看待这个问题，选择了“不知道”和没有填写。

其中，1.2% 选择了“崇拜自然，服从自然的选择和安排”的人，分别来自于第一类地区的上海、江苏、福建、广东、深圳和第三类地区的内蒙古、贵州、青海，在两个方向上表明了他们对自然的崇拜与渴望：处于东部经济比较发达地区的人们，在享受更多的人类物质文明的同时，困惑在失去自然的迷茫中，因而更加渴望亲近自然，而处于西部经济欠发达地区的人们，因更深刻地体会到自然的威力与无情而崇拜自然。

综合以上分析，我国县处级公务员中不相信迷信现象，同时认为“要想过上美好的生活，我们应该尊重自然规律，合理开发利用自然”的人数比例为 46.9%，即基本了解科学与社会之间关系的人数比例也没有超过半数。

（五）具备基本科学素养的状况

本次调查结果显示，被调查者了解基本科学知识的比例为 63. 4%，了解科学方法的比例为 36.1%，基本了解科学与社会之间关系的比例为 46.9%。

综合上述三方面的结果，我国县处级公务员具备基本科学素养的人数比例为 12.2%。

在具备基本科学素养的我国县处级公务员中，三类地区的人数比例与总人数的比例分别为，1 比 1.08、1 比 1.16、1 比 0.73。第二类地区最高，第一类地区位居其次，第三类地区排在最后。

三、我国县处级公务员科学素养的国内比较分析

在国内对比分析中，主要选取 2004 年我国地厅级公务员科学素养调查和 2005 年第六次我国公众科学素养调查的数据作为比较依据。

对比中存在的实际问题是，国内调查虽在理论和方法上完全一致，但各个问卷在题目选择和题型设计方面均进行了改进，有许多不同之处，在比较时并不是完全的一一对应关系，不容易得出非此即彼的结论，而是参考性的对比与分析。

（一）对科学术语了解程度的国内比较

1. 与地厅级公务员了解科学术语程度的比较

在科学术语的比较中，本次调查与 2004 年地厅级公务员科学素养调查有三点不同：（1）去掉了“辐射”这个比较难解释和理解的科学术语；（2）将对“科学研究”的理解归入对科学方法的了解程度中进行统计分析；（3）在地厅级公务员科学素养调查中，对科学术语理解程度的调查题型是分两步完成的，首先让被调查者评价自己是否了解这些科学术语，调查他们自我认

识情况，然后再请被调查者用自己的语言写出这些科学术语的含义。显然，用自己的语言写出这些科学术语的含义要比本次调查中给出 ABCD 选项进行判断选择的形式更难。

从表 3 可以看出，地厅级公务员对 4 个科学术语的自我认知情况好于县处级公务员，但由于题型较难，地厅级公务员对 4 个科学术语的实际认识情况大大降低，“了解”和“基本了解”4 个科学术语的人数比例分别比县处级公务员低 14.1%、35.0%、39.3% 和 40.5%。

表 3 我国县处级公务员对科学术语了解程度与地厅级公务员的对比（单位：%）

	分子			DNA			Internet			纳米		
	A	B1	B2	A	B1	B2	A	B1	B2	A	B1	B2
正确	47.2	60.3	9.5	69.0	54.7	35.8	46.4	57.8	52.2	59.3	44.4	4.7
基本正确	25.1	34.5	48.7	25.9	40.1	24.1	49.8	22.4	4.7	38.9	50.0	53
错误	25.0	/	5.2	2.7	/	6.5	2.0	/	0.9	0.1	/	5.6
不知道	0.4	0.9	/	0.7	1.7	/	0.1	1.7	/	0.3	2.3	/
未选择	2.3	4.3	36.6	1.8	3.4	33.6	1.7	5.6	42.2	1.4	3.4	36.6

A 为县处级公务员；B1 为 2004 年地厅级公务员自我认知情况；B2 为 2004 年地厅级公务员实际认知情况。

资料来源：《我国地厅级公务员科学素养调查报告》，程萍，2005。

2. 与 2005 年我国公众了解科学术语程度的比较

这项对比是在题目和题型完全相同的基础上的对比。可以看出，县处级公务员判断“正确”和“基本正确”的人数比例具有绝对优势，而“错误”“不知道”和“未选择”的人数比例之和远远低于公众。

表4　我国县处级公务员对科学术语的了解程度与公众的对比（单位：%）

	分子		DNA		Internet		纳米	
	A	C	A	C	A	C	A	C
正确	47.2	14.6	69.0	17.9	46.4	14.9	59.3	27.6
基本正确	25.1	11.4	25.9	23.7	49.8	20.6	38.9	18.2
错误	25.0	12.3	2.7	7.1	2.0	4.6	0.1	4.0
不知道	0.4	61.7	0.7	51.3	0.1	59.9	0.3	50.2
未选择	2.3	/	1.8	/	1.7	/	1.4	/

A为2006年我国县处级公务员；C为2005年我国公众。

资料来源：《2005中国公众科学素养调查报告》，中国科普研究所，何薇，2006。

3. 了解基本科学术语程度的能力比较

从表5不难看出，地厅级公务员与县处级公务员对科学术语理解程度的能力比较有如下特点：（1）县处级了解4个科学术语的人数比例为68.8%，地厅级了解4个以上科学术语的人数比例为51.3%，县处级高于地厅级；（2）县处级公务员对科学术语理解程度为“0”个的比例仅为1.0%，而地厅级公务员则有25.4%的人没有“正确”和“基本正确”地写出任何一个科学术语的概念；（3）县处级公务员对科学术语理解程度的能力分布基本为直线上升型，了解4个科学术语的人数比例最高，在2/3以上。地厅级公务员对科学术语的理解程度，则呈正“U”型曲线，两边高，中间低。

与2005年我国公众比较，最显著的特点是，县处级公务员了解基本科学术语程度的能力从0个到4个基本呈直线上升趋势，2005年我国公众了解基本科学术语程度的能力从0个到4个基本呈直线下降趋势。

表 5　我国县处级公务员对科学术语了解程度的能力的国内对比（单位：%）

	0 个	1 个	2 个	3 个	4 个	5 个	6 个
县处级公务员	1.0	0.9	2.6	26.8	68.8	/	/
地厅级公务员	25.4	5.6	8.6	9.1	8.2	14.7	28.4
2005 年公众	40.1	14.3	15.3	17.1	13.1	/	/

资料来源：1.《我国地厅级公务员科学素养调查报告》，国家行政学院，程萍，2005。
2.《2005 中国公众科学素养调查报告》，中国科普研究所，何薇，2006。

（二）对科学观点了解程度的国内比较

本次调查去掉了地厅级公务员科学素养调查中的“盐的成分是碳化钙”“光波像无线电波一样可以作为载波传递信息”“在地球上大约 1000—3000 万物种中只有 140 万种被命名或描述过”“钻石是非金属材料”“抛一枚硬币得到国徽面的机会是一半”“干细胞是‘万能细胞’”等 6 个题目，换上了“光速比声速快”“地球围绕太阳转一圈的时间为一天”和“含有放射性物质的牛奶经过煮沸后对身体无害”3 个与 2005 年我国公众科学素养调查一致的题目。从总体上看，难度比地厅级公务员科学素养调查的科学观点部分的题目略有降低。

1. 对科学观点了解程度的比较

表 6 显示，在相同的 19 个题目的对比中，正确率方面地厅级公务员高于县处级公务员的有 14 个题目，低于县处级的有 5 个题目。在“不知道”和没有回答的人数比例中，地厅级低于县处级的有 12 个题目，高于县处级的有 7 个题目。地厅级公务员对科学观点的了解程度好于县处级公务员。

在与 2005 年公众完全相同的 15 个题目的对比中，13 个题目的判断正确率均为县处级公务员高于公众，其中大多数题目高出公众一倍左右。特别是像“所有的放射性现象都是人为造成的”“激光因汇聚声波而产生”“数百万年来，我们生活的大陆一直在缓慢地漂移，并将继续漂移”“最早期的人类与恐龙生活在同一个年代”“电子比原子小”“宇宙产生于大爆炸”“抗生素既能杀死细菌也能杀死病毒”和“含有放射性物质的牛奶经过煮沸后对身体无害”这样难度较大的题目，县处级公务员与公众间判断正确的人数比例悬殊较大，县处级公务员远高于公众。但是，对“我们呼吸的氧气来源于植物”这个问题的理解，县处级公务员的判断正确率低于公众 17.9%，对“吸烟导致肺癌”的正确判断比公众低 0.5%。我国县处级公务员对科学观点的了解程度总体上高于我国公众，个别问题不如公众。

表 6　我国县处级公务员对科学观点了解程度的国内对比（单位：%）

	回答正确			不知道或未填写		
	A	B	C	A	B	C
a. 地心的温度非常高	81.3	78.9	44.9	6.5	12.1	40.1
b. 所有的放射性现象都是人为造成的	94.6	97.0	41.2	3.0	0.8	41.9
c. 我们呼吸的氧气来源于植物	45.2	47.8	63.1	4.2	4.8	20.0
d. 父亲的基因决定孩子的性别	51.8	45.7	47.8	3.9	3.5	25.8
e. 激光因汇聚声波而产生	66.3	62.9	17.6	17.9	22.0	69.7
f.E-mail 是指网络	72.3	73.7	/	8.1	5.6	/
g. 数百万年来，我们生活的大陆一直在缓慢地漂移并将继续漂移	87.6	88.4	43.3	4.9	5.1	48.1
h. 就我们目前所知，人类是从早期动物进化而来的	86.1	89.2	73.8	2.8	1.3	20.7
i. 最早期的人类与恐龙生活在同一个年代	75.2	81.9	31.1	9.5	8.2	47.1
j. 互联网是电话网和计算机网连接形成的远程通信及信息处理网络	61.1	68.5	/	3.4	3.5	/
k. 光速比声速快	93.1	/	72.9	2.4	/	22.3
l. 热气流上升，冷气流下降	85.7	89.2	/	5.5	4.7	/
m. 发射火箭等空间探索活动影响气候	53.4	57.3	/	12.1	9.5	/
n. 吸烟会导致肺癌 / 阳光会导致皮肤癌	84.3	75.4	84.8	2.6	3.0	9.7
o. 计算机软件包括磁盘和光盘	72.4	74.6	/	4.5	1.7	/
p. 植物在夜间的呼吸是吸进二氧化碳释放出氧气	37.4	43.5	/	3.4	2.6	/
q. 电子比原子小	52.4	55.2	21.1	10.4	8.3	60.5
r. 抗生素既能杀死细菌也能杀死病毒	51.0	62.1	19.3	6.6	4.3	35.5
s. 宇宙产生于大爆炸	54.9	62.5	19.4	21.3	18.1	60.5
t. 光伏电池是将太阳能转换为电能的一种装置	67.6	65.5	/	21.9	26.3	/
u. 地球围绕太阳转一圈的时间为一天	59.7	/	37.4	2.8	/	22.6
v. 含有放射性物质的牛奶经过煮沸后对身体无害	83.2	/	31.8	11.1	/	44.4
w. 地球围绕太阳转（对）	/	/	81.8	/	/	10.9

A 为 2006 年我国县处级公务员；B 为 2004 年我国地厅级公务员；C 为 2005 年我国公众。

资料来源：1.《我国地厅级公务员科学素养调查报告》，程萍，2005。

2.《2005 中国公众科学素养调查报告》，中国科普研究所，何薇，2006。

2. 与地厅级公务员对科学观点了解程度的能力分布的比较

在这项比较中，将两次调查中完全相同的 9 个国际通用测试题目进行比较，可以看出这样两个特点：第一，地厅级和县处级公务员都是了解 7 个科学观点的人数比例最高；第二，地厅级和县处级公务员都是了解 5—8 个科学观点的人数比例最多，均超过 10%；第三，以了解 6 个科学观点为界，地厅级公务员了解 6 个、7 个、8 个和 9 个科学观点的人数比例均高于县处级公务员，而了解 5 个至 0 个科学观点的人数比例均低于县处级公务员。这一数据分布说明，我国县处级公务员了解 9 个国际通用科学观点题目的能力低于地厅级公务员。

表 7　我国县处级公务员答对 9 个国际通用科学观点题目的能力分布与地厅级公务员的对比（单位：%）

	9 个	8 个	7 个	6 个	5 个	4 个	3 个	2 个	1 个	0 个
A	7.0	17.4	25.0	20.8	16.7	8.9	1.7	1.0	0.3	1.2
B	9.5	18.1	31.5	22.0	10.8	5.6	0.9	0.9	0.4	0.4

A 为 2006 年我国县处级公务员；B 为 2004 年我国地厅级公务员。
资料来源：《我国地厅级公务员科学素养调查报告》，国家行政学院，程萍，2005。

3. 与 2005 年我国公众对科学观点了解程度的能力分布比较

在这项对比中，16 个题目中有 15 个完全相同，其中“地球围绕太阳转”一题对于县处级公务员来说过于简单，在问卷设计时去掉了，在比较中换成了“热气流上升，冷气流下降”这个国际通用题目。

数据分析显示：（1）我国县处级公务员了解 13 个科学观点的人数比例最高，公众的最高比例为了解 7 个科学观点；（2）县处级公务员了解 10—14 个科学观点的人数比例最为集中，均超过 10%；公众了解 6—9 个科学观点的人数比例比较集中，都超过 10%；（3）县处级公务员了解 16 个科学观点的人数比例比公众高出3%，而了解0个科学观点的人数比例比公众低2.6%。总体上看，我国县处级公务员了解科学观点的能力高于公众。

表8　我国县处级公务员对科学观点的了解程度的能力分布与公众的对比（单位：%）

题数	公务员	公众	题数	公务员	公众	题数	公务员	公众
0	0.7	3.3	6	1.0	10.0	12	15.9	4.7
1	0.2	3.1	7	2.1	11.7	13	16.4	3.6
2	0.4	4.0	8	5.0	10.6	14	13.4	2.0
3	0.0	5.1	9	7.7	10.9	15	5.8	1.0
4	0.6	5.8	10	12.0	9.3	16	3.2	0.2
5	0.4	8.1	11	15.1	6.7	—	—	—

资料来源：《2005中国公众科学素养调查报告》，中国科普研究所，何薇，2006。

（三）对科学方法了解程度的国内比较

本次调查分析采用2005年第六次我国公众科学素养调查的评价标准，将“科学研究”划归该部分进行分析。

1. 对科学方法理解程度的比较

从表9的数据看，对“科学研究”的理解，县处级公务员好于地厅级公务员，事实上，这个题目的测试形式在两次调查中是不同的。在地厅级科学素养调查中，要求调查对象自己描述出科学研究的定义，而在本次县处级科学素养调查中，题目已将选项设置好，由调查对象进行单项选择。由于本次调查的难度较低，数据对比仅作参考。

“对比实验”和“概率”问题在两次调查中设计的题目和题型基本一样，在这项对比中，判断正确的人数比例地厅级显然高于县处级，说明对两个科学方法的理解，地厅级公务员好于县处级公务员。

在完全相同的3个测试题目的对比中可以看到，县处级公务员对科学方法理解的程度好于我国2005年调查时的公众，判断正确人数比例均高于公众，而“不知道”和没有选择的比例之和远远低于公众。但是，在“对比实验”的选择中，县处级公务员选择错误的人数比例高于公众1.2%，说明我国县处级公务员对“对比实验”的理解程度不够高。

表9 我国县处级公务员对科学方法理解程度的国内对比（单位：%）

	正确			错误			不知道			未填写		
	A	B	C	A	B	C	A	B	C	A	B	C
科学研究	70.2	51.7	38.6	26.8	1.7	35.1	0.3	/	26.3	2.7	46.6	/
对比实验	53.8	86.2	17.5	39.7	11.6	38.5	3.8	0.9	44.0	2.7	1.3	/
概率	85.0	94.8	43.0	7.7	3.0	19.9	3.3	0	37.1	4.0	2.2	/

A为2006年我国县处级公务员；B为2004年我国地厅级公务员；C为2005年我国公众。
* 该数据中包括34.9%解释正确的和16.8%解释基本正确的。
资料来源：《我国地厅级公务员科学素养调查报告》，程萍，2005。

2. 与2005年我国公众对科学方法理解程度能力分布的比较

表10的两组数据反映的两条直线，一条从0个到3个基本呈上升趋势，一条从0个到3个直线下降，说明我国县处级公务员对科学方法的理解能力高于我国公众。

表10 我国县处级公务员对科学方法理解程度的能力分布与公众的对比（单位：%）

	3个正确	2个正确	1个正确	0个正确
县处级公务员	36.1	41.0	18.6	4.3
公众	7.4	23.5	29.2	39.2

资料来源：《2005中国公众科学素养调查报告》，中国科普研究所，何薇，2006。

综合以上分析，我国县处级公务员了解“对比法”和“概率”问题的人数比例为48.9%，比地厅级公务员（82.8%）低33.9%。

我国县处级公务员了解包括“科学研究”“对比法”和“概率”问题在内的科学方法的人数比例为36.1%，比2005年我国公众科学素养调查中了解科学方法的比例（7.4%）高28.7%。

（四）对迷信相信程度的国内比较

本次调查的该部分题目与我国地厅级公务员科学素养调查题目设置变化较大，不具有可比性，仅与2005年第六次我国公众科学素养调查数据进行比较。

调查结果表明，虽然我国县处级公务员对“人生预测”4种形式“很相信”的人数比例不高，都没有超过1%，但有两个问题必须引起注意：一是对“相面”“很相信”和“有些相信”的县处级公务员人数比例之和（28.3%）高于公众“很相信”和“有些相信”的人数比例之和（26.7%）；二是对“星座预测”和“周公解梦”“有些相信”的人数比例与公众几乎相等，分别为13.0%和13.8%，17.9%和18.7%。

对“求签”“很相信”和“有些相信”的人数比例，则是公众高于县处级公务员。

表11　我国县处级公务员对“人生预测”的相信程度与公众的对比（单位：%）

	很相信		有些相信		不相信		不知道		未填写	
	A	C	A	C	A	C	A	C	A	C
求签	0.4	4.0	5.6	18.1	84.7	74	4.3	3.9	5.0	/
相面	0.6	4.0	27.7	22.7	64.0	69.7	3.9	3.6	3.9	/
星座预测	0.7	2.9	13.0	13.8	73.9	59.3	7.3	23.9	5.1	/
周公解梦	0.6	3.5	17.9	18.7	70.4	65.3	6.9	12.6	4.2	/

A为2006年我国县处级公务员；C为2005年我国公众。

资料来源：《2005中国公众科学素养调查报告》，中国科普研究所，何薇，2006。

表 12 显示，比较对“追问”的相信程度可以看出，当被告知自己“最近将遇到大灾难时”，我国县处级公务员选择“不理睬”的人数比例（67.6%）高于公众（56.6%），同时，“查询有关书籍或询问亲友”的人数比例（17.6%）也高于我国公众（16.3%）1.3%，并且有 7.1% 的人选择了“按预测者提供的办法去避灾免灾”。

表 12 我国县处级公务员对“预测灾难”追问的相信程度与公众的对比（单位：%）

	不理睬	查询	避灾	不知道	未填写
县处级公务员	67.6	17.6	7.1	4.2	3.6
公众	56.6	16.3	16.2	10.8	/

资料来源：《2005 中国公众科学素养调查报告》，中国科普研究所，何薇，2006。

本次调查有 47. 6% 的县处级公务员不相信迷信现象，比 2005 年我国公众科学素养调查中不相信迷信现象的人数比例（41.5%）仅高出 6.1%。

我国县处级公务员对科技信息感兴趣程度和获取渠道①

程 萍

中国科协科普专项资助项目“我国县处级公务员科学素养调查及分析研究”，采用中国公众科学素养调查模式和指标体系。县处级公务员对科技信息感兴趣的程度和获取渠道是调查的三部分内容之一。

一、我国县处级公务员对科技信息感兴趣的程度

与公众科学素养调查相同，对县处级公务员科学素养影响因素的了解和分析部分的调查主要包括：对科技信息的感兴趣程度、获得科技发展信息的主要渠道和方法、参与科普活动和利用科普设施的情况等。

（一）对科技信息的感兴趣程度

他们对科学新发现感兴趣的人数比例达到 81.8%，高居首位，其次是国家经济发展（79.8%），第三是健康与卫生保健（79.0%）。

对新技术的应用、环境污染与治理和国际与外交政策感兴趣的人数比例

① 本文原载《科普研究》2007 年第 4 期。选自 2004 年中国科协科普专项资助项目（04060168）成果《我国县处级公务员科学素养调查与分析研究报告》。

分别是 74.7%、72.3% 和 71.2%。以后依次是医学新进展（66.7%）、军事与国防（64.4%）、文化与科技教育（63.6%）、体育和娱乐（58.6%）、农业发展（51.0%）。

感兴趣人数比例没有超过一半的项目包括：防灾与减灾（48.3%）、空间探索（44.4%）和生产适用技术（38.4%）。

“不感兴趣”“不知道”和“未填写”三项合计比例最高的是生产适用技术，达到 15.3%，其次是空间探索（14.1%），第三是防灾与减灾（9.7%），第四是农业发展（9.1%），第五是医学新进展（8.6%）。

（二）对科技信息感兴趣程度与地厅级公务员的比较

将地厅级公务员科学素养调查该题目中“很感兴趣”和“比较感兴趣”均认为是“感兴趣”，“不感兴趣”和“毫无兴趣”均认为是“不感兴趣”，据此，在“科学新发现”“新技术的应用”“医学新进展”“国际与外交政策”“文化与科技教育”“国家经济发展”和“环境污染与治理”7 个方面，我国县处级公务员“感兴趣”的人数比例高于地厅级公务员，而在“军事与国防”“农业发展”“空间探索”和“防灾与减灾”4 个方面“感兴趣”的人数比例低于地厅级公务员。

在“不感兴趣”的对比中，地厅级公务员对各问题“不感兴趣”的人数比例几乎均高于县处级公务员。特别值得提出的是，在地厅级公务员中，没有回答各问题的人数比例都在 30% 以上，而县处级公务员中“不感兴趣”“不知道”和没有回答的人数比例之和没有超过 15%。

以上比较说明，我国县处级公务员比地厅级公务员更关注科技信息，在这方面的态度更积极。

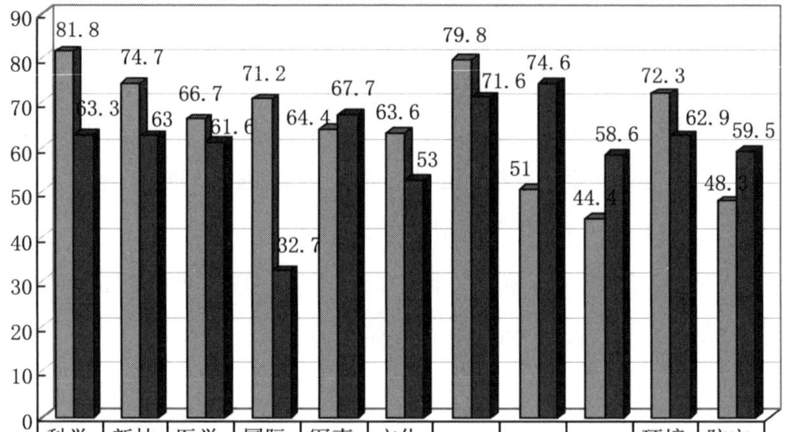

	科学新发现	新技术应用	医学新进展	国际与外交政	军事与国防	文化与科教	经济发展	农业发展	空间探索	环境污染与治	防灾与减灾
县处级公务员	81.8	74.7	66.7	71.2	64.4	63.6	79.8	51	44.4	72.3	48.3
地厅级公务员	63.3	63	61.6	32.7	67.7	53	71.6	74.6	58.6	62.9	59.5

图 1　我国县处级公务员对科技信息“感兴趣”情况与地厅级公务员的对比

资料来源：《我国地厅级公务员科学素养调查报告》，程萍，2005。

（三）对科技信息感兴趣程度与公众的比较

调查结果显示，县处级公务员对大多数科技信息感兴趣的程度均高于公众，但感兴趣的项目与公众有很大不同。公众最感兴趣的是“健康和卫生保健”，“农业发展”排在第二，而县处级公务员对“农业发展”感兴趣的程度则排在倒数第四。对“生产适用技术”和“防灾与减灾”的感兴趣程度公众均高于县处级公务员，因为这两个方面与公众的生产和生活有更直接的关系。

在调查的 14 个项目中，公众“不感兴趣”和“不知道”的人数比例均远高于县处级公务员，他们最不感兴趣的是“空间探索”，占 26.9%，并且还有高达 35.6% 的人“不知道”自己是否对“空间探索”感兴趣。究其原因可能是因为公众对这样离日常生活较远的科学研究的意义并不了解。县处级公务员最不感兴趣的是“生产适用技术”，占 7.2%，并且有 8.1% 的人“不知道”和“未填写”这一项目，这是因为他们主要是社会行政事务、公共事务的管理者，不直接参加生产劳动。

表 1 我国县处级公务员对科技信息感兴趣程度与公众的对比（单位：%）

	感兴趣		一般		不感兴趣		不知道		未填写	
	A	C	A	C	A	C	A	C	A	C
科学新发现	81.8	54.5	13.6	23.0	0.8	10.9	0	11.5	3.9	/
新技术的应用	74.7	50.9	19.6	25.8	1.1	11.3	0.1	12.0	4.6	/
医学新进展	66.7	45.9	24.7	27.6	2.4	13.3	0.4	13.2	5.8	/
国际与外交政策	71.2	34.4	22.2	27.5	1.4	20.7	0	17.5	5.1	/
军事与国防	64.4	39.6	28.2	26.2	2.2	16.9	0	17.3	5.1	/
文化与科技教育	63.6	49.1	28.8	32.8	1.0	9.2	0	8.9	6.7	/
国家经济发展	79.8	53.5	15.6	28.0	0.8	9.0	0	9.4	3.9	/
农业发展	51.0	58.1	39.9	25.1	3.7	11.0	0.2	5.8	5.2	/
空间探索	44.4	15.4	41.4	22.1	6.3	26.9	0.9	35.6	6.9	/
环境污染与治理	72.3	49.2	21.8	28.8	1.1	11.0	0.2	11.0	4.6	/
健康与卫生保健	79.0	73.1	16.0	19.5	0.6	2.8	0.1	4.6	4.3	/
体育和娱乐	58.6	45.8	33.2	30.4	2.2	17.4	0.2	6.4	5.8	/
生产适用技术	38.4	49.7	46.2	27.4	7.2	13.1	0.8	9.9	7.3	/
防灾与减灾	48.3	50.0	42.0	30.3	2.9	9.1	0.1	10.6	6.7	/

A 为 2006 年我国县处级公务员；C 为 2005 年我国公众。

资料来源：《2005 中国公众科学素养调查报告》，中国科普研究所，何薇，2006。

二、我国县处级公务员获得科技信息的主要渠道

我国县处级公务员属于高学历人群，调查结果充分表现出这一群体在当今社会中掌握计算机和使用网络的能力、阅读科技作品的能力、在实践中获得和学习科技信息的能力均高于公众。

（一）获得科技信息的主要渠道

有 69.7% 的县处级公务员通过“报纸杂志”获得科技发展信息；“电视”

的利用的比例为 63.3%；通过“因特网”获得科技发展信息的比例排在第三位，为 61.3%；第四是“科学期刊”（40.3%），第五是“图书”（29.9%）；“广播”和“交谈”分别占 10.7% 和 10.3%。仅有 1.1% 的人通过“其他”渠道获得科技信息。另有 13.3% 的人没有填写该问题。

从以上分析可以看出，我国县处级公务员获得科技信息的主要渠道除“电视”外，均需要有较高的文化程度和阅读能力。

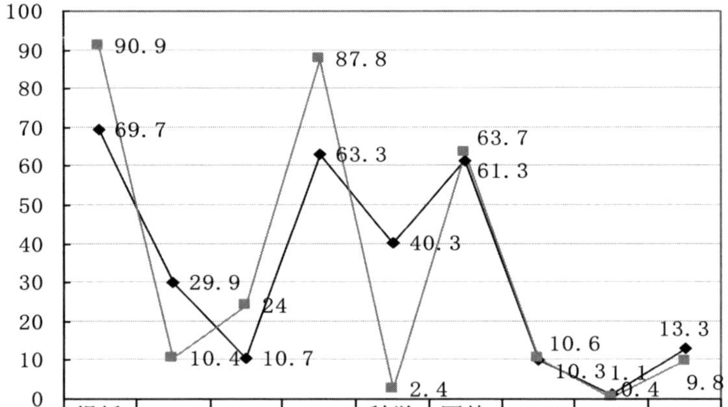

	报纸杂志	图书	广播	电视	科学期刊	因特网	交谈	其他	未填
获得科技信息渠道	69.7	29.9	10.7	63.3	40.3	61.3	10.3	1.1	13.3
获得新闻渠道	90.9	10.4	24	87.8	2.4	63.7	10.6	0.4	9.8

图 2　我国县处级公务员获得科技信息与新闻主要渠道的对比

从图 2 可以看出，我国县处级公务员获得科技信息的主要渠道与获得新闻的主要渠道不仅趋向基本一致，而且获得新闻的主要渠道的人数比例居前三位的仍然是“报纸杂志”“电视”和“因特网”。因“科学期刊”和“图书”不具有新闻性，第四显然是从“广播”中获得新闻。

从这个对比分析中还可以得出一个结论，即“科学期刊”和“图书”在向文化程度较高的人群传播科学技术信息中仍然起着不可忽视的作用。

（二）获得科技信息主要渠道与地厅级公务员的比较

地厅级公务员科学素养调查问卷中没有“科学期刊”一项。在相同项目的对比中可以看到，通过“报纸杂志”“电视”“因特网”和“图书”（或“科学期刊”）均是他们获得科技信息的主要渠道。其中，对因特网的利用，县处级公务员高于地厅级，其他各项县处级公务员均低于地厅级公务员。县处级公务员使用因特网的能力更强。

（三）获得科技信息主要渠道与公众的比较

数据显示，我国县处级公务员获得科技信息主要渠道与公众比较，有两个特点：

1. 通过“报纸杂志”“图书”“科学期刊”和“因特网”等必须具有较好阅读能力的形式获得科技信息的县处级公务员的人数比例显然高于2005年公众科学素养调查时的公众人数比例。相反，通过“电视”“广播”和“交谈”等不需要具有较高文化水平的形式获得科技信息的人数比例则是公众高于县处级公务员。

2. 通过“因特网”“科学期刊”“报纸杂志”和“图书”获得科技信息的县处级公务员人数比例比公众高出很多，其中“因特网”高出约8.3倍，“科学期刊”高出约4.2倍，“报纸杂志”高出约65%，“图书”也高出约2.9倍。

表2 我国县处级公务员获得科技信息主要渠道与地厅级公务员的对比（单位：%）

	报纸杂志	图书	广播	电视	科学期刊	因特网	交谈	其他	未填
A	69.7	29.9	10.7	63.3	40.3	61.3	10.3	1.1	13.3
B	82.7	45.5	14.7	65.4	/	55.0	14.3	13	/
C	44.9	10.2	22.4	91.0	9.5	7.4	48.7	7.9	/

A为2006年我国县处级公务员；B为2004年我国地厅级公务员；C为2005年我国公众。

资料来源：《我国地厅级公务员科学素养调查报告》，国家行政学院，程萍，2005。

《2005中国公众科学素养调查报告》，中国科普研究所，何薇，2006。

三、我国县处级公务员接触各种媒体的频率

接触媒体的频率（天数 / 周）是了解公众获取科技信息量的重要指标，本次调查就这个问题对我国县处级公务员进行了测度。

（一）接触各种媒体的频率

我国县处级公务员接触媒体频率最高的是电视。在他们每天接触的媒体中，选择电视的比例高达 72.3%；其次是报纸杂志（66.4%）；第三是因特网（44.7%）；广播、图书分别为 16.9%、5.7%，科学期刊的比例最低，为 3.2%。在每周有三至五天接触的媒体中，比例最高的是图书（29.7%），其次是科学期刊、因特网、报纸杂志和广播，比例最低的是电视。每周有一至两天接触的媒体中，比例最高的是因特网（17.8%）。

县处级公务员每周不接触的媒体比例最高的是广播，为 12.6%；除了没有填写的，没有“不接触”“报纸杂志”和“电视”的；“不接触”“因特网”的人数比例仅为 1.7%。

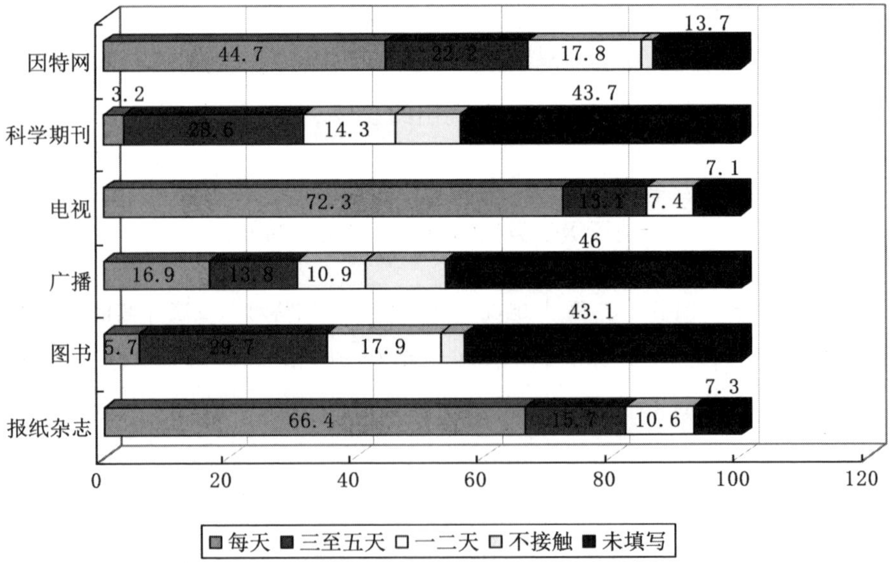

图 3　我国县处级公务员接触各种媒体的频率

（二）接触各种媒体频率与公众的比较

在每天都接触的媒体中，除“电视”为公众的人数比例略高于县处级公务员，其他各项均为县处级公务员高于公众，特别是“报纸杂志”和“因特网”，县处级公务员的人数比例分别比公众高出3.6倍和11.8倍。

在“一二天”就要接触一次的媒体中，县处级公务员接触较多的是“图书”“因特网”和“科学期刊”，公众则是“报纸杂志”“图书”和“广播”。

在“三至五天”就有接触的媒体中，在县处级公务员中“图书”的人数比例最高，为29.7%，“科学期刊”不相上下，为28.6%，第三是因特网；而公众是“报纸杂志”的人数比例最高，为23.5%，图书为16.1%，电视为第三。

从以上分析可以看出，除电视均为我国各阶层人士获得科技信息的主要渠道，我国县处级公务员还主要通过报纸杂志、因特网、图书、科学期刊等需要有较强阅读能力的媒体获得科技信息，我国公众则更多的是通过报纸杂志、广播等大众媒体获得科技信息。

表3　我国县处级公务员接触各种媒体频率与公众的对比（单位：%）

	每天		三至五天		一二天		不接触		未填写	
	A	C	A	C	A	C	A	C	A	C
报纸杂志	66.4	18.7	15.7	23.5	10.6	18.7	0	39.2	7.3	/
图书	5.7	3.3	29.7	16.1	17.9	14.7	3.7	65.9	43.1	/
广播	16.8	15.1	13.8	12.8	10.9	14.3	12.6	57.7	46.0	/
电视	72.3	76.2	13.1	13.3	7.4	7.8	0	2.7	7.1	/
科学期刊	3.2	1.6	28.6	12.7	14.3	10.4	10.2	75.3	43.7	/
因特网	44.7	3.8	22.2	5.0	17.8	4.3	1.7	86.9	13.7	/

A为2006年我国县处级公务员；C为2005年我国公众。

资料来源：《2005中国公众科学素养调查报告》，中国科普研究所，何薇，2006。

四、我国县处级公务员参加科普活动的情况

参与和了解科普活动是获取科技信息的重要手段。在对我国县处级公务员科学素养的调查中，根据他们的职责需要等实际情况，比 2005 年第六次我国公众科学素养调查增加了“听取科技工作汇报”一项内容。

（一）参加科普活动的情况

调查数据显示，他们中有 50.4% 的人参加过科普讲座，人数比例超过了一半；有 39.6% 的人参加过科技培训，31.2% 的人参加过科技咨询，人数比例在 1/3 左右；有 28.0% 的人由于工作需要，听取过科技工作汇报，28.7% 的人参加过科技周活动，还有 13.7% 的人参加过科普宣传车活动。

虽然没参加过但听说过各项科普活动的人数比例均超过了 1/3，其中没参加过但听说过科普宣传车的人数比例最高，为 59.4%。

（二）参加科普活动情况与公众的比较

比较发现，我国县处级公务员参加各项科普活动的人数比例均高于公众，特别是参加科普讲座的机会较多，不仅人数比例最高，而且超过公众一倍以上；参加科技周（节）的人数比例也超过公众近 1.5 倍；在参加科技培训、科技咨询和科普宣传车方面，与公众的机会差不多，人数比例略高于公众。在“没参加过但听说过”的科普活动中，县处级公务员与公众相同，都是科普宣传车的人数比例最高，县处级公务员略高于公众 0.5 个百分点，其他各项不相上下。“没听说过”“不知道”和“未填写”各项科普活动的公众人数比例均高于县处级公务员。

表 4　我国县处级公务员参加科普活动情况与公众的比较（单位：%）

	参加过		没参加过但听说过		没听说过		不知道		未填写
	A	C	A	C	A	C	A	C	A
科技周（节）	28.7	11.9	48.4	43.6	10.2	24.8	3.2	19.7	9.4
科普宣传车	13.7	11.6	59.4	58.9	9.1	14.2	4.8	15.3	13.0

续表

	参加过		没参加过但听说过		没听说过		不知道		未填写
科技咨询	31.2	30.4	48.9	42.6	5.6	12.0	3.1	15.0	11.2
科技培训	39.6	30.8	42.0	45.2	4.9	10.9	3.1	13.2	10.4
科普讲座	50.4	23.9	35.0	43.1	4.3	13.8	2.8	19.2	7.4
听取科技工作汇报	28.0	/	39.8	/	10.6	/	7.6	/	14.1

A 为 2006 年我国县处级公务员；C 为 2005 年我国公众。

资料来源：《2005 中国公众科学素养调查报告》，中国科普研究所，何薇，2006。

五、我国县处级公务员利用科普设施的情况

本次调查该部分比 2005 年第六次我国公众科学素养调查中增加了“考察高新区或高技术企业”“审批高新技术项目”两项。

（一）利用科普设施的情况与比较

1. 利用科普设施的情况

在过去的一年中，参观过动物园、水族馆、植物园的县处级公务员比例最高，为 68.0%；其次是“考察高新区或高技术企业”，为 63.5%；有 62.8% 的人去过图书阅览室，55.6% 的人去过公共图书馆。他们中参观过科普画廊或宣传栏的有 50.5%，47.8% 的人去过科技馆，45.9% 的人去过美术馆，44.0% 的人参观过科技展览，还有 17.8% 的县处级公务员因为工作职责原因，审批过高新技术项目。他们中去过自然博物馆的人数比例最低，为 34.9%，其中有 31.4% 的人认为本地没有自然博物馆是没有去过的最主要原因。

在县处级公务员中，认为各类场馆或展览“门票太贵”的人数比例最低，认为“交通不便”的人数比例也很低；认为“缺乏展品”和“不知在哪里”的人数比例相差不多，也不是主要原因。对于科技馆等科技类场馆、自然博物馆、科技展览、美术馆或展览馆而言，“当地没有”是没有去过的最主要原因，“不感兴趣”的人数比例列居第二。

2. 利用科普设施的区域比较

数据分析呈现突出特点：

（1）没有去过这些科普场馆的主要原因，处于东部经济比较发达的第一类地区“不感兴趣”的人数比例较高，而处于西部经济欠发达地区的第三类地区则是认为“本地没有”的人数比例较高。

（2）科普设施和各类科普资源从第一类地区到第三类地区，随着经济水平的降低，基本呈降低趋势，越来越缺乏，特别是科技场馆。在西部地区，认为“本地没有”自然博物馆的人数比例高达 42.2%，认为“本地没有”科技展览的占 24.5%，认为“本地没有”科技馆的占 22.8%。

（3）由于科普资源不平衡，对参观这些场馆和展览“不感兴趣”的人数比例，从第一类地区到第三类地区呈下降趋势，也就是说，资源越贫乏的地区对参观这些场馆和展览越有兴趣。

表 5　我国县处级公务员利用科普设施情况的区域对比（单位：%）

	本地没有			门票太贵			缺乏展品			不感兴趣		
	一	二	三	一	二	三	一	二	三	一	二	三
a	3.5	8.6	13.1	1.4	1.9	2.1	1.4	2.7	3.8	13.1	5.1	4.2
b	7.3	18.2	22.8	1.0	2.4	2.5	6.9	8.6	8.0	9.3	4.3	3.4
c	21.8	32.1	42.2	0.3	1.6	1.3	6.6	3.7	4.6	9.7	2.7	0.8
d	10.0	21.7	24.5	1.7	2.1	1.3	4.5	6.1	6.8	8.3	3.2	2.1
e	4.2	4.8	6.3	0.4	1.1	0.8	3.1	5.6	3.0	11.1	8.3	7.6
f	8.3	17.1	17.7	2.4	1.1	1.7	4.2	6.1	3.4	13.1	10.7	8.4
g	5.5	9.1	8.9	0.3	0.8	1.7	5.9	4.0	3.8	12.5	4.8	8.4
h	5.2	5.3	3.8	0.7	0.8	0.8	1.4	3.7	3.8	6.6	5.6	4.2
i	4.5	6.7	13.1	0.7	0.8	0.8	1.7	0.5	0.8	9.3	3.7	3.8

a. 动物园、水族馆、植物园　b. 科技馆等科技类场馆　c. 自然博物馆　d. 参观科技展览　e. 公共图书馆　f. 美术馆或展览馆　g. 科普画廊或宣传栏　h. 图书阅览室　i. 考察高新区或高技术企业

（二）利用科普设施情况与地厅级公务员比较

我国县处级公务员对利用各种科普设施更有热情、更积极，去过这些场馆和参观过展览的人数比例均比地厅级公务员高；我国地厅级公务员掌握公共资源的权利更大、更多，他们不仅考察过高新技术开发区和高新技术企业的人数比例比县处级公务员高 16.2%，而且审批过高新技术项目的人数比例比县处级公务员高 1.6 倍，其中审批过 3 次以上高新技术项目的人数比例比县处级公务员高 2.3 倍。

表 6 我国县处级公务员利用科普设施情况与地厅级公务员对比（单位：%）

		a	b	c	d	e	f	g	h	i	j
3 次以上	A	17.6	7.6	4.9	7.4	23.2	30.9	15.2	11.0	20.9	5.8
	B	7.3	6.0		6.0	17.2		6.0	/	25	13.4
1–2 次	A	50.4	40.2	30.0	36.6	32.4	31.9	35.3	34.9	42.6	12.0
	B	78.0	71.1		59.5	45.3		55.2	/	54.3	15.9
未填写	A	8.7	11.7	13.4	13.4	14.9	15.0	15.8	14.9	12.1	35.7
	B	2.6	3.9		6.0	3.4		9.1	/	3.0	8.2

a. 动物园、水族馆、植物园 b. 科技馆等科技类场馆 c. 自然博物馆 d. 参观科技展览 e. 公共图书馆 f. 美术馆或展览馆 g. 科普画廊或宣传栏 h. 图书阅览室 i. 考察高新区或高技术企业 j. 审批高新技术项目

A 为 2006 年我国县处级公务员；B 为 2004 年我国地厅级公务员。

资料来源：《我国地厅级公务员科学素养调查报告》，国家行政学院，程萍，2005。

（三）利用科普设施情况与公众的比较

比较结果表明，我国县处级公务员利用科普设施的情况显然好于公众，

主要表现在三个方面：第一，在所有调查项目中，县处级公务员去过的人数比例均高于去过的公众；第二，县处级公务员去过的人数比例最低值与公众去过人数比例的最高值相差无几；第三，在去过科技馆、自然博物馆、美术馆或展览馆这些当地可能没有的场馆的人数比例上，县处级公务员与公众相差悬殊。

表 7　我国县处级公务员没去过原因与公众的对比（单位：%）

	本地没有		交通不便		门票太贵		缺乏展品		不知在哪		不感兴趣	
	A	C	A	C	A	C	A	C	A	C	A	C
a	8.1	47.1	1.8	2.6	1.8	4.6	2.6	0.6	0.7	2.4	7.4	7.5
b	15.9	56.0	2.6	3.1	2.0	1.8	7.9	1.0	5.8	8.2	5.7	10.7
c	31.4	60.3	2.6	2.6	1.1	1.6	4.9	1.0	6.0	7.6	4.4	9.9
d	18.7	/	2.7	/	1.8	/	5.8	/	7.8	/	4.6	/
e	5.0	34.9	6.6	3.2	0.7	0.7	4.1	1.5	2.0	6.6	9.0	17.8
f	14.4	46.9	2.2	2.0	1.7	1.3	4.8	1.5	4.0	7.3	10.9	18.3
g	7.9	26.8	1.6	1.7	0.9	0.5	4.6	2.0	9.0	6.8	8.2	15.0
h	4.9	30.9	3.3	2.9	0.8	0.4	3.0	1.2	2.9	7.0	5.6	18.8

a. 动物园、水族馆、植物园　b. 科技馆等科技类场馆　c. 自然博物馆　d. 参观科技展览　e. 公共图书馆　f. 美术馆或展览馆　g. 科普画廊或宣传栏　h. 图书阅览室

A 为 2006 年我国县处级公务员；C 为 2005 年我国公众。

资料来源：《2005 中国公众科学素养调查报告》，中国科普研究所，何薇，2006。

表 7 显示，在没有去过的原因比较中，县处级公务员和公众都认为“本地没有”是最主要原因，“不感兴趣”占第二位，他们都认为票价不是问题。可见，提高各种场馆的利用率，关键是展品及其展出方式应该更有创意，更富于参与性，以吸引更多的参观者。

六、我国县处级公务员使用信息技术的情况

国家公务员掌握电脑和使用网络的程度，不仅影响其科学素养水平的提高，还直接影响其政府电子政务的实施与运行，影响政府的决策与管理水平，影响政府的日常办事效率与准确程度，是公务员队伍科学文化素质程度的外在表现。

（一）使用电脑的情况及与地厅级公务员的对比

当今社会，在各级政府的日常决策与管理中，电脑已不仅仅是信息处理系统，还担当起网络信息交换和电子政务平台终端的角色。能否熟练使用电脑，不再只是公务员个人专业技能的表现，而越来越成为衡量公务员个人包括科学文化素质在内的综合素质的标准之一，成为每一名公务员在庞大的政府管理系统中上传下达、沟通左右的重要手段，成为科学行政、科学管理的重要影响因素。

本次调查显示，我国县处级公务员使用电脑的情况比较好，有 76.8% 的人“总在用”和“经常用”电脑，超过 2/3，比 2004 年调查时我国地厅级公务员使用电脑的情况还要好一些。

表 8　我国县处级公务员使用电脑的情况及与地厅级公务员的对比（单位：%）

	总在用	经常用	偶尔用	从不用	未填写
县处级公务员	41.7	35.1	12.8	0.4	10.0
地厅级公务员	40.9	31.5	26.7	0.9	/

资料来源：《我国地厅级公务员科学素养调查报告》，国家行政学院，程萍，2005。

在实际使用电脑情况的调查中，我们发现，有22.4%的县处级公务员没有填写这个项目，虽然他们中让“秘书操作”的人数比例略低于地厅级公务员，而他们中“自己操作”和“有时自己操作”的人数比例也低于地厅级公务员。

结合表9的数据分析，虽然随着各级政府办公现代化、无纸化程度的提高，县处级公务员在工作中使用电脑的频率也在提高，但他们中自己操作电脑即实际使用电脑能力较强的人数比例低于地厅级公务员。

表9　我国县处级公务员实际操作电脑的能力及与地厅级公务员的对比（单位：%）

	自己操作	有时自己操作	秘书操作	未填写
县处级公务员	61.9	13.5	2.2	22.4
地厅级公务员	70.7	25.4	3.4	0.4

资料来源：《我国地厅级公务员科学素养调查报告》，国家行政学院，程萍，2005。

进一步了解我国县处级公务员使用电脑、掌握各种办公软件的情况，我们可以看到，他们中有高达84.9%的人会使用word软件，分别有59.7%和35.3%的人会使用Excel和Power point软件。尽管Photoshop软件有一定难度，仍然有21.1%的人会使用。

表10　我国县处级公务员对常用电脑软件的熟悉程度

	Word	Excel	Power point	Photoshop	其他
人数	764	537	318	190	34
比例（%）	84.9	59.7	35.3	21.1	3.8

（二）使用网络的情况及与地厅级公务员的对比

除 7.3% 的人没有回答“您有 E-mail 地址吗”这个问题，县处级公务员中有 74.9% 的人有电子邮箱地址，只有 17.8% 的人还没有建立自己的电子邮箱。

在有 E-mail 地址的县处级公务员中，有 41.4% 的人“总在用”和“经常用”，比地厅级公务员低 9.5%。如果将“从不用”和“未填写”的人都视作“不使用电子邮箱”，那么，县处级公务员中有 31.0% 的人“不使用电子邮箱”，高出地厅级公务员 12.5%，因此，县处级公务员使用电子邮箱的情况比地厅级公务员差。

表 11　我国县处级公务员使用 E-mail 的情况及与地厅级公务员的对比（单位：%）

	总在用	经常用	偶尔用	从不用	未填写
县处级公务员	16.1	25.0	27.8	3.4	27.6
地厅级公务员	25.0	25.9	30.6	8.2	10.3

资料来源：《我国地厅级公务员科学素养调查报告》，国家行政学院，程萍，2005。

在县处级公务员工作的单位中，86.2% 已经联网，仅有 6.1% 没有联网。他们中“每天上网”的人数比例为 16.1%，“有时间就上网”的人数占 1/4，“偶尔上”的人数比例为 27.8%，但“从不上网”和“未填写”的人数比例合计为 30.8%，将近 1/3。由于问题设置不同，该问题无法与地厅级公务员进行比较。

进一步了解县处级公务员上网的原因，最主要的是浏览新闻和各种信息，其次是查找资料，第三是收发邮件。当然，他们在工作之余，也上网玩游戏，以这种方式放松身心、缓解情绪的人占 13.4%。上网交朋友、发帖子和消磨时间的人数比例很低。

治理官员迷信，两个对策很重要[①]

程 萍

近年来，官员迷信事件屡见报端，如河北高邑县委大院门口飞机堵路事件，江苏宿迁“骆马湖”更名事件，长春某法院辟邪宝剑事件，山东泰安“岱湖桥”事件……这些荒诞的迷信事件无不折射出我国贪官的种种丑态，反映了个别领导干部放松思想修养，精神空虚，信仰缺失，更重要的是败坏了党风、政风和社会风气，成为腐败的精神温床。

一、官员“迷信”问题成为近期热点话题的起因

2007 年 4 月，由我主持完成的“我国县处级公务员科学素养调查”数据公布后，在社会上引起很大反响，针对县处级公务员有 47.6% 的人不相信迷信问题，媒体大肆炒作，认为这一数据反映出不相信迷信的县处级公务员没有超过半数，说明超过半数的县处级公务员迷信，相信“求签”“相面”“星座预测”和“周公解梦”等迷信现象。对此，媒体文章、互联网转载、网友文章等在短时间内迅速达到 6100 多条，成为社会议论的热点问题之一。

事实上，关于县处级公务员是否迷信问题的调查数据和评价标准是“我

---

① 本文原载《中国改革》2007 年第 11 期。获中组部 2007 年优秀调研成果奖。

国县处级公务员科学素养调查”中“对科学与社会之间关系的理解程度”部分的一个题目，《我国县处级公务员科学素养调查报告》中关于这部分数据和分析的主要内容如下：

“县处级公务员对科学与社会之间关系理解程度的测度，与2005年对我国公众的测度基本相同，主要通过测度他们识别迷信现象的能力来实现。

在2005年我国公众科学素养调查中，根据我国实际情况，将目前比较流行的四种迷信方式（求签、相面、星座预测和周公解梦）设计成一组测试题。被调查者只有选择“不相信”或“不知道”，才被初步确认为不相信迷信者。为了更加准确地测试出真正不相信迷信者的比例，在这组问题之后还设计了一个追问，要被调查者回答“如果以上任何一种预测方法告诉您，您最近将有大灾难，您将如何处理”。

本次调查在识别迷信能力调查部分，完全采用了我国2005年公众科学素养调查时的题目。同时，根据我国县处级公务员实际，设计了“您认为要想过上美好的生活，我们应该怎样对待自然”的题目，以考察他们对人与自然关系的理解，进而分析他们对“科学发展观”“人与自然和谐相处”等理念的理解与认识。

调查显示，对于“求签”，被调查者只有0.4%的人选择“很相信”，有5.6%的人选择“有些相信”，选择“不相信”的比例为84.7%。对于“相面”，有0.6%的人选择“很相信”，有27.7%的人选择“有些相信”，选择“不相信”的比例为64.0%。对于“星座预测”，有0.7%的人“很相信”，有13.0%的人“有些相信”，“不相信”的比例为73.9%。对于“周公解梦”，有0.6%的人“很相信”，有17.9%的人“有些相信”，“不相信”的比例为70.4%。

如果将测试选项中“很相信”和“有些相信”合计作为“相信”的情况来分析，县处级公务员自称相信“相面”这种迷信形式的比例最高，为28.3%；自称相信“周公解梦”的人数比例为第二，为18.5%；自称相信“星座预测”的比例为13.7%；自称相信“求签”的县处级公务员人数比例最低，为6.0%。

表 1　我国县处级公务员对“人生预测”的相信程度（单位：%）

	很相信	有些相信	不相信	不知道	未填写
求签	0.4	5.6	84.7	4.3	5.0
相面	0.6	27.7	64.0	3.9	3.9
星座预测	0.7	13.0	73.9	7.3	5.1
周公解梦	0.6	17.9	70.4	6.9	4.2

表 2 反映了“追问”的情况。结果表明，有 67.6% 的县处级公务员选择“不理睬”；分别有 17.6% 和 7.1% 的县处级公务员选择“查询有关的书籍或询问亲友”和“按预测者提供的办法去避灾免灾”；另有 4.2% 的县处级公务员不知道如何对待，3.6% 的人没有回答这个问题。

表 2　我国县处级公务员对“预测灾难”的追问的相信程度（单位：%）

	不理睬	查询	避灾	不知道	未填写
县处级公务员	67.6	17.6	7.1	4.2	3.6

如果将自称“不相信”和“不知道”四种迷信现象、同时在追问中选择“不理睬”的调查对象作为不相信迷信的县处级公务员来计算，结果显示，本次调查中有 47. 6% 的县处级公务员不相信迷信现象，没有超过半数。也就是说，有一半以上的县处级公务员多少都存在相信以上 4 种迷信现象的情况，并对“预测”的灾难有恐惧心理，至少是持有“宁可信其有不可信其无”的态度。特别值得指出的是，有 5.6% 的人对以上 4 种迷信现象和“灾难预测”持“很相信”和“有些相信”的态度，也就是说，有 5.6% 的县处级公务员相当迷信。

二、部分官员“迷信”的主要原因

客观地分析我国县处级公务员对以上 4 种迷信现象和“灾难预测”“有些相信”和“很相信”的心理基础产生影响的因素非常复杂，涉及政治、经济、社会、文化、心理等诸多研究领域，值得各领域专家学者进行深入研究分析。我认为，从逻辑递进关系上考虑，这些官员“迷信”的主要原因有三点：首先是几千年中国传统文化根深蒂固的影响，其次是信仰危机，第三是担心失去既得利益的恐惧。这三点，从历史渊源、现实背景和个人利益三个方面直接影响着他们的世界观和行为准则，而部分人面对历史的争论、现实变革带来的失范和个人利益的得失，陷入了唯心主义的世界观，科学精神缺失，从而步入迷信的误区。

（一）中国传统文化背景的复杂与无所不在的影响

回溯中国几千年的文明史和文化史，事实上，精华与糟粕共存，理想与迷信同源。例如，被中国传统文化视为经典的《山海经》《封神榜》等，谁能否认它们在人类认识世界、社会发展进步和文化传承中的重要作用？而谁又能证实历史上有如书中所描述的史实，证实远古有神、人、魔的分界？它们到底是宝贵的文化遗产还是迷信的宗师，这恐怕不是一个简单的定论问题，也不是一个能够简单断代的问题。再如被奉为“经”的《周易》，更没有多少人能够说得清它那玄妙的预测、占卜与算卦、抽签有怎样的区别抑或联系。

迷信还与一些文化现象有直接关系，而这些文化现象又与经济发展紧密相关。随着改革开放的深入，市场经济逐步成为我国经济的主要模式。在发展市场经济的过程中，一些地方官员过分注重 GDP 增长，认为不管采用什么方式，只要 GDP 上去了，就是政绩。在这样的背景下，忽视了经济发展过程中的非正常文化现象。比如近年来各地纷纷将文化搭台、带动旅游、发展经济的思路变为现实，把菩萨、神仙甚至鬼魅都请出来，塑造地方的“特色”文化。中国传统文化的精粹与糟粕在发展经济的大旗下，被大规模地相互渗透着重新发掘、包装，传统文化发扬光大的同时难免沉渣泛起，从不同程度上不恰当地宣传了迷信。

（二）“官场潜规则”和高心理压力带来的信仰缺失

官员迷信与共产主义信仰缺失有很大关系。信仰缺失，并不仅仅是某些官员的个人问题，与我国社会变革的大背景和运行机制有着密不可分的联系。我国逐步走上市场经济的发展道路之后，在一部分人中，理想、道德被腐朽的金钱观所替代，导致信仰出现危机，甚至缺失。这些歪风影响到官场，权力经济盛行，买官卖官腐败日益严重，在有些地方和部门，权钱交易使得正气反而受到压抑，许多官员痛感不能把握自己的前途和命运。一些所谓“官场潜规则”告诉他们，一个官员能否升迁，主要并不取决于他的能力和业绩，也不取决于他在百姓中有什么样的口碑，而更多地取决于他有什么样的人脉和背景，以及是否敢于并善于“出血”“投资”等等，形成了一套“送（行贿）了可能有希望，不送绝对没希望”的“潜规则”。

在如此“潜规则”的暗示下，一些官员必然会产生沉重的焦灼感、迷茫感和无力感，觉得自己实在不能把握自己的“命运”，便把升迁的希望寄托在宁可信其有、不可信其无的鬼神身上。一些有能力、有追求的官员，原本通过正当的努力就能够获得升迁，但为了增加“保险系数”，也会自觉不自觉地进行不正当的“投资”，或者祈求神鬼保佑。

另一方面，由于职责要求，他们既要对上级负责，更要对老百姓负责，工作压力和心理压力都很大。有心理学家指出，他们属于典型的高心理压力群体。在这一群体中，面对工作中无法回避的矛盾与压力，有时难以解脱，精神上找不到出路，有些人就转而相信鬼神，试图为自己寻找一种释放的方式。

（三）担心失去既得利益的恐惧

对于既得利益，有两种完全不同的解释范畴。首先是正常的、合理的既得利益。无论是一般公务员，还是县处级、地厅级公务员，甚至更高级别的官员，他们都有一定的地位和权力，有与自己职权相符合的政治、经济利益。要维护和保障这些合理合法的既得利益，本来不必有太多的顾虑，但由于官场的不确定性，使得很多人对自己已经获得的利益并不具有稳固感，反而时时感到风险的威胁。在这种心理支配下，一些人希望有神灵佑护自己不受或少受损害。

更为严重的情况是，由于职权的便利，有些人采用不正当手段谋取非法利益，而要保住这些非法利益，却是颇费脑筋的。这里我们所说的“采用不正当手段谋取的非法利益”，实际上就是指贪污腐败行为。可以说，贪污腐败和迷信有着必然的因果关系，贪污腐败是官员迷信的根源。对于那些贪污腐败的官员来说，由于国家的打击力度不断加大，安全就成了他们获得非法物质利益同时的另一个主要需求。贪污腐败之后能否确保安全，也是一个不确定性很高的事情。因此，贪污腐败官员也就会有很大的迷信动机，希望那些神秘力量能为自己所用，希望通过祈求神鬼保佑自己不受到惩处。

三、官员“迷信”问题的解决思路

如何解决官员迷信问题？这不是一个发布几个命令，制定几条规定，在一朝一夕中就可以见效的问题，由于它有着如上所述的复杂生成背景与原因，其解决难度可想而知。但无论存在怎样的困难，迷信在公务员队伍中的盛行和肆虐，必须引起我们的高度重视，坚定共产主义理想，弘扬科学精神，强化为人民服务宗旨刻不容缓。

思路一：“约束”与“教育”并重。

约束就是要对公务员实行严格的纪律要求，凡发现有利用封建迷信操作行政工作的领导干部，一律撤职；即便是怀着善意为民“求神拜佛”“求天拜地”的做法，也需要严肃处理；“公祭”等大型活动，只应由社会团体来操作，公务员不得参与。教育就是通过大规模的培训，提高领导干部素质，就是要与党中央保持高度一致，深入贯彻《干部教育条例》和“十一五”全国干部教育培训《规划》，增强做好新形势下干部教育培训工作的责任感和使命感，采取超常规的做法，把“大规模培训”的数量要求与“大幅度提高”的质量要求兼顾得更好，以实现干部教育培训效益的最大化。

思路二：“深化干部选拔任用制度改革”和“深化反腐败制度改革”非常重要。

要治理官员迷信，两个对策很重要：深化干部选拔任用制度改革；深化反腐败制度改革。假如所有干部选拔任用都是以公开竞争的方式进行的，规则在先，通过群众评议、实绩考核以及科学的能力素质测评来决定，且所有的评议、考核、测评结果信息都完全公开，那么，在决定任命这件事上，所有候选人都能明确地知道他们是否会成功，被淘汰者也知道今后应当如何去努力，根本就犯不着去问鬼神。同样，如果反腐败制度改革可以做到“伸手必被捉”，腐败官员也犯不着去问鬼神，他们很容易就知道为确保安全自己该怎么去做了。

理想、信念以及科学素质教育可以起一定作用，但存在不可靠性。因此，治理的对策应更多地求助于制度建设，而不应是教育活动。

思路三：“建立高效的体制让高素质的人从政”。

有学者认为，中国正在经历一个“民智维新”的时代，不仅普通民众要学会做自己命运的主人，每位官员更应为理智与心灵的双重独立担起责任。从这方面说，官员迷信为我们提出的仍不过是中国人将如何完成自己的心灵重建与制度重建这一论题。对于后者来说，改进既有评价体系显然比提高官员素质更重要。或者说，我们应该建立起一种高效的体制让高素质的人去从政，对选民负责，而不是对上司负责，待做了官、迷了信、见了鬼后再去提高素质。透过“县处级公务员不相信迷信的人数不足半数”这一现象，我们不难看出，当下中国的民主建设与政府建设有着怎样真实的现状与艰难的前景。

德国科技人才评价怎样做到公开公平公正[①]

程 萍

德国的科研管理和技术创新工作在西方发达国家中独具特色，体现在科研政策、科技体制、科研和开发活动、科研成果的归属和评定、科技人才评价等诸多方面，建立了完善的教育、科研和技术开发体系，伦琴、普朗克、爱因斯坦等世界著名科学家、诺贝尔奖获得者均出自德国。目前，除了美国，德国是诺贝尔奖得主人数最多的国家之一，德国的科技创新能力居全球领先地位。

一、德国科技人才评价的主要特点

本人自2007年11月—2008年11月间，在德国比勒菲尔德大学社会学系做访问学者，其间正值担负中国科协“我国科技人才评价指标体系研究”（科协调发政字200724号）任务。为更好地完成该课题，我调研了若干所德国的著名大学，除比勒菲尔德大学，还包括慕尼黑工业大学、多特蒙德大学、帕德伯恩大学等，对德国高等教育体系中的人才甄选、评价和培养做了

① 本文原载2009年9月7日《学习时报》。选自2007年中国科协招标项目（科协调发政字2007第24号）成果《我国科技人才评价指标体系研究报告》。

实地考察和梳理。

（一）大学在科技人才评价中享有较高的自主权

在德国，大学和科研院所有较高的自主权，围绕本校（院所）的教学和科研定位制定相应的评价指标，选择相应的评价方法，评聘各级人才，政府不过多干预。各大学对教授的选聘控制非常严格，教授职位根据专业需要和师生比例设置为固定数额，只有当教授因故空出职位后，才考虑招聘。这种做法保证了教授的质量，控制了教师的数量，保证高校具有较为合理的教师结构和师生比例。

（二）科技人才选聘和评价的标准与过程具有公开性

不仅是在德国，公开性是发达国家科技人才选聘和评价制度中一个显著的共同特点。大学一经决定选聘教授，便会向其他院校及有关专业学会发出选聘信息，同时在全国专业报刊上刊登广告，在世界范围内面向全社会广泛遴选。通过应聘、竞争、评价，有利于选贤任能，有利于大学间、大学与社会之间不同学术流派、学术观点和不同学风的交流，活跃了学术思想，促进了创新和国家整体科学技术的发展。

（三）严格的科技人才评价条件及评价程序

德国与其他发达国家高校对教师（教授）都有着明确的评聘条件（指标），还具有一套严格的考核制度，通过相应的程序实现评价，以确保选聘教师的"名副其实"。如果没有严格的评价程序，标准的实施只能流于形式。这种评价和考核不仅停留在选聘教师（教授）时，而且用于教师（教授）的日常管理、晋升评价过程，同时，用于各级各类科研项目的申请中。

（四）规范、系统的科研与教学成果统计管理体系

德国许多大学都有一套行之有效的教师（教授）管理评价体系，包括相应的指标体系、数据库和组织机构，并且正在逐步同教师（教授）的选聘、评价工作相结合。其特点是制度化、规范化、多样化、管理专业化。这套管理评价体系，主要依靠专业的管理部门，通过网络和计算机系统得以实现，而并非由院系或教师（教授）个人填报和认定。

（五）评奖少而精

在德国和一些发达国家，科技人才评价指标及其方法之所以能够比较有效地发挥相应作用，究其原因还包括：不搞“照顾”、“平衡”、“资历”性评聘，必须是学术水平和品德境界都达到一定高度的人才有可能进入精英层次；评奖少而精，由权威的学术机构评选，而非由政府评选；有比较完整、严格的评价监督机制，并体现在整个评价过程中等。

二、德国科技人才评价的启示

德国科技人才评价的特点与德国社会整体实现了功能分化有关。德国著名社会学家尼克拉斯·卢曼提出的全社会功能分化理论和科学系统功能理论从一个全新的视角阐释了为什么在已经和基本实现社会功能分化的国家，科技人才评价能够基本实现公开公平公正，也解释了在尚没有实现社会功能分化的国家中，科技人才评价中出现种种问题的根本原因。

（一）功能分化系统理论视角下的科技人才评价体系

根据功能分化系统理论，社会中的每个功能系统都会进行系统内部的“反射性”观察，对系统内部的活动、沟通进行观察、评估和判断。卢曼认为，每个社会系统内部都存在着一种非对称的行动者和观测者关系，比如政治系统内部的政治家和选民，教育系统内部的老师和学生，法律系统内部的法官和法庭旁听观众等。科学系统内部的主要行动者和观测者的关系有别于其他社会系统，主要行动者是科学研究人员和科学工作者，而主要的观测者还是科学研究人员和科学工作者。在科学系统内部，只有科学家能够评价科学家，科研人员能够评价科研人员，观测者是同一科学研究领域的研究者和科学家，行动者则通过学术行为（出版学术专著、发表学术论文、组织或参加学术会议、参与学术讨论等）接受观测者的评估、评价和判断，并且与观测者进行科学范围内部的互动，按照科学规律进行沟通。这就是同行评议。

卢曼理论认为，认识现代社会中组织机构的重要作用是理解功能分化社会的关键。在阶层分化的社会，特别是历史上的封建王朝时期，或是在没有实现功能分化社会的国家，人与人之间的“阶层属性”和“人际关系藕联”是解决社会问题的重要手段。比如，在司法争端中，人们首先寻求的是人际关系、人情网络和社会网络，而在发达的功能分化国家，人们依赖的是对制度的信任，特别是对现代社会组织机构的信任。人们常以这样的描述区别中美两个国家：“中国人打官司是找关系，美国人打官司是找律师”。一个词的差异，反映出两个国家体制的重大差异和两个国家不同的功能分化程度。

卢曼认为，现代社会的沟通必须通过组织机构来完成和实现，而组织机构本身是“非人格化”和“非人际关系化”的，组织内部的沟通只能按照制度要求和每个功能系统的基本规律和编码来进行运作。比如对于某个学术奖项的评价以及对于某个教授职位应聘的评审，在功能分化的社会里，这样的评价体系总是由特定的组织机构来完成，或者说是由一个中立的团体机制来评判；而在非功能分化的社会里，“人际关系藕联”往往取代了机构和制度本身的评价，也取代了功能系统本身的规律和观察符码，最后的结果是人情关系取代机制理性，关系网络取代了组织判断，个体非正当利益取代了功能系统的独立封闭操作，导致的结果是走样的，是以损害制度理性为成本代价的。一个缺乏现代组织机构的社会，远远不是功能分化的社会，即使表面上拥有现代组织机构，但是人情关系的藕联和人的因素能够时时干预组织独立运作，这样的社会，距离功能分化社会还相当遥远。当在一个社会中民众基本上不信任组织机构的运作的时候，就是一种变相地对制度理性的否定，也是一种功能分化社会尚未形成的制度表征。

（二）科技人才评价指标体系的重要规律

运用社会功能分化理论分析德国科技人才评价机制，可以在理论层面上发现一些总体性的重要规律：

1. 科技人才评价指标体系的研究和评价是通过科学系统的“纲要计划”（如学术讨论、科学论文、科学出版物、科研项目等）来实现对科学系统内部主要行动角色——科研人员的观察，进而实现科学系统对自身的反射性观测，达到科学系统“评估”、“内省”、“反思”、“改革”和“创新”的目的。任何系统都必须实现系统对本身内部沟通和操作的观察和评估，才能实现内部运作的透明化，才可能实现系统内部的可控制性管理。没有这样的检验和评估体系，科学就可能是任意的、无法进行自主控制和检验的。

2. 科技人才评价指标体系既然是科学系统内部的观察和检验，也体现着“科学形塑科学”的基本社会规律，这样的观测和评价必然是通过科学内部制度化的机制来完成的。离开制度化的机制，就不可能系统地、全面地和有组织、有架构地达到科学系统自我反省的基本社会功能。因此，必须形成一个制度化的指标体系，来进行综合的、广泛的预测和评估，使科学系统能够更深刻地实现自我认识和自我反省，进而能够不断地进行科学系统内部的改革和创新。

3. 由于科学系统是功能分化、自我形塑的社会系统，科学系统内部的运行只能按照科学系统的二元符码存真 / 验误来进行沟通，科技人才的评价作为科学系统内部的沟通，也必须严格按照科学研究领域的学术标准和学术规范来评价，任何外在的媒介和编码比如权力和货币对科技人才评价进行直接或间接干预都必将以扭曲科学求真的过程为代价。

4. 科学系统内部也高度分化成为各个不同的学科，卢曼称这一分化为“分节分化”（如经济学、法律学、哲学、历史学、社会学等），每个学科和学术研究方向都因为其内部规律和运行逻辑不同而大相径庭，比如，社会学和经济学都属于科学系统内部范畴，都以真 / 非真为主体价值取向，但双方运用的理论和研究手段却是相异的。因此，每个学科内部的评价都必须由学术方向最接近的科学研究人员组成专业的评审团队和专业评价体系完成。“同行评议”正是体现了现代科学高度分化和高度复杂的特征的一种评价方法。

5. 由于现代社会功能系统得以实现的前提条件是独立运行的现代组织机构，因此任何科学人才评价都离不开现代社会的组织架构和机构体系。为了对科学系统内部的活动实现评价，就离不开高校、学术研究机构和学院等科学系统内部的基础组织机构，同时为了建立科学的人才评价体系，就必须在机构内部建立相应的从属机构或是附属机构（比如评审委员会），通过组织化的机制来实现专业化的评价和判断。

6. 任何评价体系都是系统内不同观察者进行的观察和评价，因此评价系统必须保持客观、中立的原则。只要是在学术同行内部进行评判，评审委员可以是来自世界各地的同行专业人士。卢曼认为，在科学系统沟通逐步在世界范围内扩展后，世界性的科学系统正在形成，科学的“真”是全球科学系统范围内的“真”，是超过狭隘地域限制的。因此，评审委员的选择是可以脱离地域、地区和国籍限制的，只要归属于学术同行，任何地区的评委都可以参加科学技术人才的评价。

7. 卢曼认为，一个系统本身的“合法化”必须通过程序来完成，没有程序正义，就谈不上结果“合法化”，而组织的存在是产生程序和尊重程序的前提条件。程序也意味着设计严格的规则、条例和规章制度，每个行动者都必须遵守程序中的规则和规章制度。在科学人才评价体系中，也必须遵守程序性正义的基本原则，只有当人们严格遵守组织化的“程序”时，才能做到评审结果具有公信力，具有基础的合法性，为科学系统内部的主要行动者所信赖。

科技人才评价是束缚创新型人才成长的枷锁吗？①

程 萍

近两年，对“科技人才评价指标体系”及我国科技人才评价现状做了一些思考，发现这是一个非常庞大和研究难度很高的问题。

首先，“科技人才”的界定就是一个难题。目前我国并没有明确的界定标准，国家现行统计标准中的“R&D 人员”和“科技活动人员”并不能等同这个概念。从科学研究和技术开发类别的角度审视，“科技人员”至少可以分为基础类研究人员、应用类研究人员、开发类研究人员，还有科技管理人员。从科技人员的分布角度考察，高校、科研院所是科技人员集中的地方，而企业甚至政府机关都不同程度的有科技人员存在，高新技术企业更是高层次科技人才汇聚的又一个平台。这些科技人员达到什么标准可以算是“科技人才”？或者按照科技人员的职称等级，高级职称还是中级以上职称算是“科技人才”？这又是一个没有统一界定的问题。我国的高校、科研院所在管理体制上基本属于条块分割状态，情况千差万别，科技人员或人才评价中存在的问题有很大不同，行业间的科技创新内容与重点也有很大不同，对高新技术企业科技人才的评价重点更是有别于高校和科研院所，界定如何以一概全？

① 本文原载 2010 年 7 月 14 日《科学时报》。选自 2007 年中国科协招标项目（科协调发政字 2007 第 24 号）成果《我国科技人才评价指标体系研究报告》。

另一个突出问题是“评价指标体系”的内涵是什么。经过反复思考，我认为，“评价指标体系”不仅仅说的是“指标”，更重要的是强调了“体系”。这个“体系”可以从两个方面理解，一是“一套”指标；二是至少应该包含指标的内容，评价的方式方法、评价的程序以及评价结果的社会影响等因素在内的全过程系统。显然，课题所指的“指标体系”是科技人才评价的全过程系统，对于一个系统的研究，是一个非常庞大和复杂的问题，其中牵涉到的体制机制问题，更不是短期内可以解决的。从哪里入手才能把这个纵横交错、外延和内涵都不甚明确且十分庞大的指标体系梳理清楚，并使思考有所突破?

第三个问题是，我们可以从两个层面去理解和分析“科技人才评价指标体系”，一个是“科技人才评价”，另一个是“指标体系”。这二者间虽然有着千丝万缕、密不可分的联系，却是内涵和外延都有着各自界限范围的两个层次的概念。“科技人才评价”的实质是指一种活动，是科学技术系统内部的一种评价活动，这个活动不仅包括了以参与活动的人为主的各种要素，特别要注意和强调的是也包括了活动的全过程。“指标体系”则是“科技人才评价”这一活动需要遵循的依据、标准和制度规范。由于二者间既有联系又有区别，人们往往被他们之间的联系迷惑了双眼，而忽略了二者的区别：在科技人才评价中反映出来的问题，一方面是“指标体系”的问题，另一方面其实不是“指标体系”本身的问题，而是整个评价“活动”的问题，人们把“活动”过程中的问题误解为“指标体系”的问题。

在中国现阶段，对科技人才的评价活动由于评价目的、评价主体和评价客体等的不同，采用的评价指标体系和方法可以说是千差万别，无论是政府、高校、科研院所，还是企业，都没有统一的评价标准、方法和程序，每一个层次、每一个行业、每一个项目，直至每一个单位的评价指标和过程都不尽相同。分析近年我国科技界对科技人才评价反映最强烈、最集中的问题，并不是选择怎样的指标体系问题，更多的是由于评价方法、程序等不严谨，不够公开透明，甚至舞弊，没有形成第三方客观评价的机制等导致的结果不公和资源占有部门的权力寻租等负面问题而产生的不满，是对多头评价、重复评价、不尊重科学研究和技术创新自身规律为评价而评价，甚至影响创新等无效评价和过度评价的反感。

对科技人才评价的不满与指责无论是在科技和教育界还是在学术领域直至整个社会，虽议论批评之声甚高，言辞甚激，但深入分析人们罗列的种种弊端，却发现引发争论与不满的焦点并不全是问题本身，很大部分是由于评价带来的结果不公和造成的压力对人们精神、心理、利益的影响甚至损害。至于说到评价是否有利于创新人才、拔尖人才的产生，是否有利于创新成果的产出，结论没有那么简单。如果我们回过头去观察和思考，也可以这样提出问题：在过去的 30 年中，如果没有科技人才评价，没有科技人才评价指标体系的“硬性”牵引，我国就一定出现创新型人才辈出、创新性成果卓著的局面吗？我国建设创新型国家的目标就有可能提前实现吗？我们还可以这样思考：目前，世界主要发达国家都实行科技人才评价制度，很多国家的评价指标比我国严格，但为什么这些国家的科技发展并没有因此而受阻滞呢？如果以国人关心和常用以自励的诺贝尔奖为例，这个奖项本身就是一种评价，虽然它表现的是对科技成果的评价，但实质能说不是对世界顶级人才的评价吗？众所周知，获得诺贝尔奖科学家数量最多的美国以及德国等发达国家都实行科技人才评价制度，美国和德国的教授聘任制度比我们严格，指标比我们苛刻，程序比我们复杂，竞争比我们激烈，但这些国家并没有因此而阻碍科学技术的进步，至少至今他们仍然走在前列。可以肯定地说，在我国，科技人才评价及其指标体系存在和反映出的问题，并不是阻碍创新人才涌现、创新成果产出和创新型国家建成的最主要障碍，把这样一顶大帽子扣到科技人才评价及其指标体系的头上，不能不说是人们由于压力和不满而对科技人才评价活动及其指标体系的评价的不公。

那么，引起人们强烈不满的科技人才评价及其指标体系中存在和反映出的问题的根源是什么？我国近几十年没有出现拔尖科技人才，还没有站到世界科技前沿的根源是什么？我们不能简单地归结为体制、机制的原因，必须为之寻找解释的理由和理论支撑。德国著名社会学家尼克拉斯·卢曼的全社会功能分化理论为我们提供了解释的理论依据和分析问题的新视角。卢曼认为，在实现功能分化的现代社会，各个社会系统在操作上是完全封闭的，是依照系统自身的特有规律运行的，系统间的相互服务、相互联结有一个根本的铁律不能突破，那就是任何系统都不能干预其他系统的内部操作，都不能用自己的沟通媒介"侵入"其他系统。也就是说，科技系统必须依照自身特有的规律运行，政治系统、经济系统等在为其提供服务的同时，不能以本系统的特定"符码"——"权力"或者"金钱"干扰科技系统的运行。比如政治权力营造出稳定的社会秩序和公共环境服务于包括科技系统在内的每个社会系统，但是政治权力绝不能对科技系统中的求真过程进行干预，政治系统不能以"权力"，经济系统也不能以"金钱"影响科技系统的运行。在功能分化的现代社会，人们依赖的是一种对制度的信任和对秩序的遵从。

在我国，自改革开放以来，在由计划经济向市场经济过渡转型的过程中，科技体制、教育体制、人才评价选拔培养机制及薪酬制度、人们的价值观等，都在这个改革中发生了巨大变化，并随之改革、调整和重组，整个社会体制、制度和利益格局处于大分化、大调整的重构过程中。在打破原有秩序的同时，新的秩序不仅远远没有建立，不同利益群体间、社会不同功能系统间原有和新生的规则、秩序相互碰撞、作用、渗透、干扰，导致包括科技与教育系统在内的全社会各功能系统都处于重新寻找新的定位与秩序的动荡和转型过程之中。我国科技人才评价及其指标体系的研究与实践，处于这样一个历史背景之下，就不可避免地带有鲜明的时代特征。一方面，由于科技和教育系统与其他社会系统一样处在实现功能自我形塑、自我完善的过程中，过程的动态性、探索性、阶段性导致科技人才评价及其指标体系不可能不同样地具有动态性、探索性、阶段性等特征；另一方面，科技和教育系统受到除自身之外其他系统有形或无形的干扰和干涉，出现违背系统自身运行规律的问题与弊端，在评价方法、评价程序、评价指标等方面产生不够公开公平公正，甚至舞弊，资源占有部门权力寻租，多头评价、重复评价、不尊重科学研究和技术创新自身规律为评价而评价，甚至影响创新的无效评价和过度评价等负面问题。

由经济体制转型带来的全社会系统的功能分化转型，是一个交织着震荡与痛苦、探索与迷茫、否定与再生的复杂而长期的过程。在全社会各功能系统进行新的分化与重塑中显现出的矛盾和弊端，是我们这代人必须面对和接受的现实，也是必须承受的压力与责任。在这个过程中，科技人才评价及其指标体系不仅仅承担着对科技和教育系统内部的自身反射性观察，达到系统自身“评估”、“内省”、“反思”、“改革”和“创新”的目的，同时也承担着促进科学与教育系统自身功能转变，进而促进全社会各系统功能分化和转变，逐步完成功能形塑的重任。在这样的时代要求面前，科技人才评价及其指标体系的作用，远远超出了评价本身的意义，承载着人们本质性的期望——实现人类社会公开公平公正的最高境界。理想与现实间的差距，使得科技人才评价及其指标体系成为人们对现实和社会转型中的制度弊端不满的社会现象之一，遭到质疑与非议。从这样的角度思考，对于科技人才评价及其指标体系存在的问题，以及带给科技和教育界的强烈不满，我们应该寻找到新的认识和解释途径。

对我国科技人才评价的几点思考①

程 萍

对科技人才评价，无论是学术界还是管理界，褒贬不一。学术界更多的是批评和怀疑，甚至将其视为制约我国科技创新人才冒尖和成长的罪魁祸首。管理界则更倾向于从不同角度提出评价指标，作为甄选科技人才、分配科技资源、奖励科技创新与贡献的手段。

归纳我国社会各界对科技人才评价的争论，集中在几个方面，一是要不要评价，支持者和反对者各执一词；二是谁来评价，争论的焦点是专家评价的利与弊；三是评价什么，关注的是评价内容，使用怎样的指标体系；四是怎样评价，强调的是采用怎样的评价方法和程序；五是在评价程序与结果的选择中，到底是程序重要还是结果重要。

一、有科技活动，就有科技人才评价

科技人才评价是科技评价中不可分割和不可或缺的组成部分，是人类社会发展现阶段的客观存在。在我国，科技人才评价不仅具有激发科技人员创

---

① 本文原载《中国科技论坛》2011 年第 1 期。选自 2007 年中国科协招标项目（科协调发政字 2007 第 24 号）成果《我国科技人才评价指标体系研究报告》。

造性的作用，实际上是与科技资源分配联系在一起的，还具有科技资源再分配的重要作用。支持也好，反对也罢，这是不可回避的现实。如果没有这样的评价，也就意味着失去了标准和秩序，更加难以做到公开公平公正。正如我国目前实行的高考制度，虽存在种种争议，但在中国的现实社会背景下，起码是一条相对公开公平公正的竞争之路。

有学者认为，对科技成果的评价与科技人才评价是两码事。关于什么是科技人才评价，普遍认可的定义是："科技人才评价是受托方根据委托方的目的，按照规定的原则、程序和标准，对科技人员的业绩、品德、知识、技能等方面所进行的综合评价。"这一定义至少可以说明，对科技人才的评价，既体现在对其业绩（主要是成果）的绩效评价上，又体现在对其品德、知识和技能等自身素质的评价上。对科技人才自身素质和能力的评价，特别是品德、人格特征的评价，由于难以测量和标准化，成为评价的难点。而对科技成果的评价，是通过对比较容易测量、被物化了的成果，间接地对科技人才的知识水平、思维模式、研究和创新能力进行评价，虽然有重结果轻能力的倾向，却便于操作。从这样的角度思考，科技人才评价贯穿于整个科技活动的始终——从资源分配到成果的鉴定和使用，由此我们可以认为，只要有科技活动，就需要对科技人才进行直接的或间接的评价。因此，对于科技人才评价，不是要不要评价的问题，而是掌握怎样的评价标准问题，不仅要有一般性标准，还要有反映各类科技人才特性的特殊标准（差异化标准），有一定弹性。我国出不了大师，问题就在于注重标准化评价，缺乏差异化评价，压抑了人才个性和创造性的发展。

二、社会转型带来的社会功能系统的分化与重组，是我国科技人才评价中不正之风形成的根本原因

社会各界对科技人才评价意见最集中的问题是学霸垄断、评议专家舞

弊、暗箱操作等不正之风，多头评价和重复评价带来的“评价疲劳症”，也使得科技人员极为不满，建立第三方评价机制的呼声甚高。对于科技人才评价中的不正之风，仅仅是由谁来评价的问题吗？将科技人才评价放到国际背景下比较，我们发现，在许多发达国家，科技人才评价具有一套严密、规范、稳定的制度作为保证，而我们缺乏的，一是在社会转型过程中，制度本身显现出的不适应；二是在社会普遍的价值观中，对制度在建立和实行过程中其权威性的蔑视。德国社会学家尼克拉斯·卢曼提出的社会功能分化理论，为我们指出了原因。

卢曼认为，在基本实现功能分化的现代社会，各个子系统在操作上是完全封闭的，是依照系统自身的特有规律运行的，系统间的相互服务、相互联结有一个根本的铁律不能突破，那就是任何子系统都不能干预其他子系统的内部操作，都不能用自己的沟通媒介“侵入”其他子系统。也就是说，科技系统必须依照自身特有的规律运行，以“求真/验误”为价值符码，政治、经济等子系统在为其提供服务的同时，不能以本系统的特定符码——“权力”或者“金钱”干扰科技系统的运行。比如政治权力营造出稳定的社会秩序和公共环境，服务于包括科技系统在内的每个社会子系统，但是政治权力绝不能对科技系统中的求真过程进行干预，政治系统不能以“权力”，经济系统也不能以“金钱”影响科技系统的运行。

从卢曼的理论中我们可以看到，在功能分化的现代社会，人们依赖的是一种对制度的信任和对秩序的遵从。在我国，自改革开放以来，在由计划经济向市场经济过渡转型的过程中，科技体制、教育体制、人才评价选拔培养体制和机制以及薪酬制度、人们的价值观等，都在改革中发生了巨大变化，随之改革、调整和重组，整个社会体制、机制和利益格局处于大分化、大调整的重构过程中。在打破原有秩序的同时，新的秩序不仅远远没有建立，不同利益群体间、社会不同功能系统间原有和新生的规则、秩序相互碰撞、作用、渗透、干扰，导致包括科技与教育系统在内的全社会各功能系统都处于重新寻找新的定位与秩序的动荡和转型过程之中。

我国科技人才评价处于这样一个历史背景之下，不可避免地带有鲜明的时代特征。一方面，由于科技和教育系统与其他社会系统一样处在实现功能自我形塑、自我完善的过程中，过程的动态性、探索性、阶段性导致科技人才评价不可能不同样的具有动态性、探索性、阶段性等特征；另一方面，科技和教育系统受到除自身之外其他系统，特别是政治、经济系统“权力”和“金钱”符码有形或无形的干扰和干涉，难免不出现违背系统自身运行规律的问题与弊端。所以，纠正和避免科技人才评价中的不正之风这一问题的关键，并不是选择谁是评价主体的问题。无论是“同行专家评价”还是“领导评价”，或者“中介机构评议”，在没有完成社会各系统的功能分化，没有相应的制度保证的前提下，都有可能成为不正之风的煽风点火者，或者跟风助燃者。问题的关键，是如何加强和完善制度建设，使科技人才评价真正按照科学和教育系统自身的价值准则和规律运行。

三、只有遵循程序正义原则，才可能实现评价结果的合法性和公信力

在科技人才评价中，到底是结果重要还是程序重要？有观点认为，结果当然更重要，无论使用怎样的程序，都是为了获得更好的结果。这一观点显然忽视了程序中包含的“合法化”内涵。

卢曼认为，在功能分化的法治国家，一个系统本身的“合法化”必须通过一定的程序来完成，没有程序正义，就谈不上结果的“合法化”。也就是说，无论评价结果如何“正确”，也不具有合法的地位，不能够得到公认，因为它很可能是“人为”的结果。

程序意味着设计严格、合理的规则、条例和规章制度，组织的存在是产生程序和尊重程序的前提条件。程序的履行与完成，必须依照组织化的规则

来实现，而不是依赖人为的因素，每个参与履行程序的行动者，都必须遵守程序中的规章制度。当然，规则是可以通过集体共识进行修改的，但是，在新的规则产生前，人们必须遵守既定的、已经存在的规则。

现代社会中各功能系统得以实现各自目标的前提条件，是具备独立运行的现代组织机构，科技人才评价离不开现代社会的组织架构体系，离不开高校、学术研究机构等科学与教育系统内部的基础组织机构，并通过组织化的机制（而不是通过领导个人的好恶）来实现专业化的评价。在科技人才评价过程中，只有当人们把评价交给专业的组织机构，严格遵循程序正义的基本原则，认真履行组织化的“程序”过程，才有可能真正做到评价结果具有合法性和公信力，为科技系统内部的行动者们所信赖，实现“非人为化”的制度理性。

我国科技人才评价存在的突出问题[①]

程 萍

近年来，由于科技人才评价活动的规模与力度不断加强，并直接与科技人员的工资、奖金、职称、晋升等利益挂钩，与项目资助挂钩，在科研院所、高校、高新技术企业等相关领域的科技人员甚至是科学家中引起反弹，针对评价指标体系和评价过程中存在的问题，质疑、批评的声音不绝于耳。

认真分析我国科技人才评价活动及其指标体系存在的问题，大致可以归为两类：一类是指标体系本身存在的问题；另一类是围绕指标体系的应用和评价活动，在机制、制度设计和管理等方面存在的问题。

一、指标体系本身存在的问题

“科技人才评价指标体系研究”可以从两个视角入手，一个是“科技人才评价”，另一个是“指标体系”。在此，侧重对指标体系本身存在的问题进行分析。

---

① 本文原载 2011 年 9 月 19 日《学习时报》。选自 2007 年中国科协招标项目（科协调发政字 2007 第 24 号）成果《我国科技人才评价指标体系研究报告》。

（一）定性指标与定量指标之间缺少内在联系

我国科技人才评价指标体系仍处于在实践中不断探索完善的阶段，现有的各层次各类别的评价指标体系虽然都考虑了从德、能、勤、绩几个方面选择指标，但多以定性指标为主。这种以定性为主、定量为辅的指标体系，尽管在寻求定性评价与定量评价相结合方面做了有益的尝试，但仍然存在着定性指标主观随意性较大、评价标准不统一、不易操作、能力与业绩难以准确衡量等问题，导致凭印象、靠人缘、论关系现象普遍存在。同时，由于学历、资历、论文数量、外语、计算机水平等指标容易量化和标准化，操作比较简便，定量评价结果比较明确清晰，易于横向比较，在实际评价过程中，依据定量指标决定评价结果的情况也比较普遍，导致人们产生过于强调量化指标的印象。一方面，由于定性指标缺乏刚性，使得评价结果难以被认同；另一方面，又由于定量指标缺乏弹性，而被认为人才评价失之偏颇。怎样挖掘定性指标和定量指标之间的内在联系，使它们在逻辑关系范畴内互相补充、完善，而不只是将它们进行简单的组合，这是使整个评价指标体系实现评价最佳结果的关键性问题之一。

（二）缺乏差异化评价指标及其相关研究

无论个体的科技人才还是群体的科技创新团队，由于每个人的人格特质、个性特征等有很大不同，其思维模式、行为方式、价值判断、团队风格与文化等存在较大差异，而目前的科技人才评价指标体系则是针对某一特定的目标群体的，构建的出发点是衡量标准的普遍适用性，这虽然体现了标准统一的公平性，却抹杀了人的差异性和特殊性，而差异性和特殊性往往是产生特殊的科技创新人才的最基本条件。我国难以产生诺贝尔奖获得者，出不了大师，不能不说与只注重标准化评价，缺乏差异化评价，导致特殊人才难以露头有关。对科技人才差异化及其评价问题的研究，不仅仅涉及指标体系的问题，还涉及我国的教育模式、传统文化背景等深层次问题，就评价的指标体系而言，仅有一般性评价标准，不能满足甄拔创新性科技人才的需要。

（三）缺乏科研能效比评价的相应指标及其研究

在科技人才评价实践中，存在这样的现象：由于评价指标的导向，评价结果往往青睐在组织中地位高、资历深、学历学位高、能够获得较大数量科研项目或经费资助的“权威”研究人员，使得没有接受多少经费资助但科研成果颇为丰厚、资历尚浅或学历学位不高的青年科技工作者因得不到及时认可而丧失工作热情，乃至造成严重的人才流失。这主要是由于在科技人才评价指标体系中缺乏对科研成果质量与数量的“科研能效比”进行评价的相应指标造成的结果偏差。

在我国目前的科技人才评价指标体系及其研究中，如何对科研成果的质量进行评价不仅是争论较多的问题，确实也是个难点。反映质量状况的指标被标准化后，往往就形成“科学引文数量”“获奖数量和等级”“专利数量”“成果产业化后的直接经济收益”甚至“学术职务”等定量和标准化指标，而这些指标只能从某个角度和一定程度上反映科研成果的质量，并不一定能体现成果的真正价值，特别是对专业性很强、比较前沿的、基础性的研究成果的质量反映尤为不敏感、不确切甚至不真实。如何对科研成果的质量进行评价，怎样确定科研成果的数量和质量的能效比，评价指标体系在这方面带来的负面影响怎样解决，这些问题还有待于在实践过程中通过不断的深入研究来予以完善。

（四）缺乏对长远绩效和发展潜质的相关评价指标及其研究

目前的科技人才评价指标体系由于数据和信息的采集主要限定和集中于最近 3 年或 5 年，而且缺少用于评价发展、成长过程的长效评价指标，会使人们将评价的注意力集中在当期绩效上，既忽略了对以往积累（成果成效的滞后效应）的科学认可，又忽略了对科技人才个人发展潜质的关注。对科技人才的选拔和资助不能只看其当期绩效和表现，尤其对于青年科技人才，应该允许有一个培养和成长过程，在评价指标体系中如何体现对发展潜质的评价，同样是科技人才评价指标体系构建的难点。目前，对这个问题的研究比较薄弱，与我国科技界追求短平快效应、忽视积累和长远绩效的风气有关，应该引起重视。

（五）缺乏对科技成果转化情况进行描述的指标及其相关研究

在我国，科技成果脱离市场、脱离企业、转化率较低是一个有目共睹的问题，除体制上的原因外，反映到科技人才评价指标体系中，就是不重视对成果转化指标的研究与构建，目前的各类科技人才评价指标体系中，很少有相关的评价指标。对科技人才的评价，特别是对应用研究领域和企业的科技人才的评价，科技成果转化情况的指标应该作为重点评价的指标，但由于反映这类指标状况的数据采集比较困难，一般也就以获得专利数来进行表达，对成果的产业化程度、获得的直接和间接经济效益、市场占有率等方面的评价，很难设置指标，数据采集也比较困难，如果用定性指标进行描述，则很难客观、科学、合理地进行评价。这种缺乏科技成果转化指标的评价导向，往往导致科研人员特别是高校中的科研人员为科研而科研，对科技成果的市场转化率关注不够，其结果就是科研成果的市场转化率低，甚至被束之高阁，浪费了大量人力物力。加强这类指标的研究和应用，应该得到重视和鼓励。

二、机制、制度设计和管理等方面存在的问题

在科技人才评价活动中，“指标体系”产生的这些问题并不仅仅是“指标”本身的问题，而是涉及到科技人才评价中的机制、制度设计和高校、科研机构在科技创新及科技人才管理等方面的深层次问题。

（一）科研管理不规范、不到位，没有实现全过程管理

科技人才评价指标体系的应用，是建立在规范的、全过程的科研管理基础之上的，没有规范的、全过程科研管理，就无从保障指标信息和数据采集的客观性、准确性和标准化，也就失去了使用指标体系进行评价的原本意义。在我国，无论是高校系统，还是研究院所系统，或是企业，都缺乏对科技人才的规范化、专业化管理，或者是管理很不到位，仅从各种科技人才的评

价都需要本人填写繁琐的表格就可以看出，这些无谓的重复劳动，是各种评价不仅干扰了科研人员的正常工作、还使得科研人员不胜其烦的一个重要原因。事实上，只要下功夫建立规范化、专业化的管理系统，配备专业管理人员，对科技人员实施规范化的全过程管理，这些问题都可以通过计算机数据库得到很好的解决，有效避免评价活动带来的“疲劳症”和“厌烦症”，解决评价指标信息和数据采集的真实性、准确性问题，为实现客观评价打好基础。

（二）评价监督约束机制不健全

监督约束机制作为评价程序中的一个重要环节，也是评价指标体系的重要组成部分，缺乏监督机制的评价指标体系不能说是一个完整的指标体系。在我国的科技人才评价指标体系构建中，往往忽略了这个环节，或者由于缺乏对监督约束组织、职责、内容、方式的具体设计或规定，使其成为“聋子的耳朵”，不能发挥应有的监督约束作用。在科技人才评价活动中建立监督约束机制不能只是一句空话，要有切实的组织形式、职责范围、运作程序和检查方式，在评价的每个阶段，相应的组织都应以规定的形式对阶段性结果进行监督检查。通过对评价过程的监督控制，保证最终结果的公正性。在构建指标体系过程中，这些思路和内容都应考虑并设计进去。这个问题不解决，科技人才评价中的“腐败综合症”毒瘤将很难被割除。

（三）缺乏专业评价机构，没有形成独立评价机制

科技人才评价不仅具有激发科技人员创造性的作用，实际上是与科技资源分配联系在一起的，具有科技资源再分配的作用。由于我国科技资源目前仍有很大部分由政府掌握，分配仍然保留条块分割局面，造成我国科技人才评价中计划经济的痕迹仍然较重，评价也是以政府为主导，不给科学共同体以更多的成熟机会，社会性的专业人才评价机构缺乏，难以得到健康发展，权威的评价机构更是寥寥无几，没有形成专业评价机构进行独立评价的氛围、机制和社会条件。在这样的背景下，尽管已经有很多科技人才评价指标体系可供选择和使用，至少可以作为组织评价活动的参考，但在很多高校、科研院所和企事业单位，科技人才评价仍然是领导说了算，根本就没有委托专业评价机构依据评价指标体系进行科学评价的意识。在中国，改变科技人才评价政府主导的现状，发展、完善和壮大科技人才评价的专业机构，形成科技人才评价由专业机构承担的氛围和机制，是一个必须引起重视的问题。

（四）“官本位”导向不利于科技人才成长和队伍建设

科技人才评价的目的之一是选拔优秀的科技人才，为培养和使用提供合格的人才资源。科技领军人才是创新人才队伍的中流砥柱，是自主创新活动的路标与榜样，但目前在对科技领军人才的激励与管理方面出现很多问题，特别是采用“官本位”激励措施造成的弊端，不容忽视。优秀科技人才的“官本位”现象一方面扼杀了大批科技领军人才的创新力和科研生命，另一方面造成大批一线科技人员因为没有官职和相应的行政级别而得不到应有的重视和科技资源，使科研工作难以展开，致使科技人员的精力不能专心集中于科研，而是想方设法弄个官当，严重败坏了科研风气，腐蚀了科技人才队伍。周光召曾痛斥科研系统“官本位”现象：“要搞科研就不要当官，要当官就不要搞科研，当了官就要好好为科研工作者服务，既想当官又想搞科研肯定什么都做不好。”

要选拔、培养更多的科技领军人才，推动科技领军人才在我国自主创新工作中发挥更大的作用，就必须摒弃“官本位”的激励思路。要真正打破“官本位”思想对科技领军人才的影响，需要积极落实人才政策，为科技领军人才发挥才能提供足够的空间，特别是要出台相关政策，以保证科技领军人才的权益，规范他们的行为，如上海出台的《关于加强上海领军人才队伍建设的指导意见》中就规定了“发挥领军人才充分自主的领衔作用。在人员配备、设备配置、经费使用等方面给予领军人才充分的自主权”，“建立科学的领军人才考核评价办法，突出创新能力和业绩贡献；实行向领军人才倾斜的分配制度，倡导知识产权、人才资本等要素参与分配；表彰奖励优秀领军人才”等内容，提出了很好的思路与办法。

以制度理性规范科技人才评价①

程 萍

多年来，社会上对我国科技人才评价及其指标体系的批评之声不断，甚至上升到压抑人才成长的高度。德国著名社会学家尼克拉斯·卢曼的全社会功能分化理论，为审视我国科技人才评价及其指标体系存在的突出问题，提供了新的理论工具。从这一视角出发，笔者认为，我国正处于改革开放和向现代化迈进的进程中，社会体制、机制和利益格局尚处于大分化、大调整中，没有实现功能分化的全社会系统。处于这样一个历史背景之下，我国科技人才评价及其指标体系不可避免地带有转型期的鲜明时代特征。一方面，由于科技和教育系统与其他社会子系统一样处在实现功能自我形塑、自我完善的过程中，过程的动态性、探索性、阶段性导致科技人才评价及其指标体系同样具有动态性、探索性、阶段性等特征；另一方面，科技和教育系统受到除自身之外其他社会子系统，特别是政治、经济系统“权力”和“金钱”符码有形或无形的干扰和干涉，难免不出现违背系统自身运行规律的问题与弊端、这才是人们之所以对我国科技人才评价活动及其指标体系不满的根本原因，因此，我国科技人才评价及其指标体系中存在的问题，不是指标体系的问题，而是由于在评价活动中缺乏制度化机制和正当程序，出现违背科技和教育系统自身运行规律而带来的问题。

---

① 本文原载2012年3月12日《中国社会科学报》。

卢曼认为，在功能分化的现代社会，人们依赖的是对制度的信任和对秩序的遵从，其内涵主要是指“社会各子系统的运作是封闭的、依照子系统自身的特有规律运行，各子系统间的相互服务、相互联结有一个铁律不能突破，即任何子系统都不能干预其他子系统的内部操作，不能用自己的沟通媒介‘侵入’其他系统”。比如政治系统或经济系统，在服务于包括科技系统在内的其他社会子系统时，所起作用是提供稳定的社会秩序、公共环境和经济基础。从卢曼理论的视角思考，从属于科技系统的科技人才评价活动及其指标体系具有如下一些规律。

一、通过组织理性实现非人格化的制度理性

任何社会子系统都必须通过对自身的观察和评估，实现内部运作透明化，以实现系统内部的可控制性管理，提高系统内部效率。科技人才评价及其指标体系的运用，实际上是通过科技系统内部的主要行动角色（即科技人员）的观察，实现科技系统对自身的反射性观测，达到科技系统“评估”“内省”“反思”“改革”和“创新”的目的。如果没有这样的检验和评估体系，科技系统就可能是任意的、无法进行自主控制和检验的失灵系统。但这样的观测和评价必然通过科学技术系统内部制度化的机制来完成，离开制度化的机制，就不可能系统地、全面地和有组织有架构地实现科技系统自我反省的基本社会功能。

社会各子系统功能得以实现的前提是依托独立运行的现代组织机构。对科技人才进行评价，离不开高校、科研院所、高新技术企业等科技系统内部的基础组织机构，同时需要在机构内部建立相应的附属机构（比如评审委员会），通过组织化的机制实现专业化的评价和判断。通常采用的评审委员会和受评者所在机构合作的评价机制，是现代社会“组织理性”的体现，也是

实现“非人格化”制度理性的重要手段。

二、按照科学研究和技术创新的内在逻辑进行沟通

由于科技系统是能够进行功能分化、实现自我形塑的社会子系统，其内部运行必须按照科技系统特有的二元符码“存真 / 验谬”进行沟通。科技人才评价作为科技系统内部的沟通，也必须按照科学研究和技术创新的内在逻辑来实现，通过“学术自由”和“自主创新”等普遍的社会共识进行表达，任何行政指令和非科学技术的因素都不能指挥和干预科技系统内部的运行和沟通，否则，必然以扭曲科学技术求真求新的过程为代价。

卢曼认为，科技系统的“真”和“新”是全球科技系统范围内的“真”和“新”，是超越狭隘地域限制的。世界性的科技系统正在形成，科技人才逐渐生活在一个全球性的功能系统里，因此，系统内部的同行评价可以脱离地域和国籍限制，以确保评价体系遵循客观、中立原则。距离受评者直接利益越远的评价越具有客观性和真实性这一事实说明，科技系统在全球范围内的沟通更为有效。

科技系统内部也高度分化成为不同的学科，卢曼称其为“分节分化”，每个学科和学术研究方向都因其内部规律和运行逻辑不同而大相径庭。比如社会学和经济学都是以“存真 / 验谬”为主体价值取向，但双方运用的理论工具和研究方法却很不相同。因此，每个学科内部的评价都必须由专业方向最接近的科技人员组成的评价体系完成，离开“同行评议”就很难真正尊重科技运行的规律。

三、以程序的公开化实现结果的合法化

卢曼认为，没有程序的正义，就谈不上结果的合法化。程序意味着设计严格的规则、方法和步骤，组织的存在是产生程序和尊重程序的前提条件。程序一旦确定，就必须依照组织化的规则来完成，每个行动者都必须遵守程序所制定的规则，而不是依赖个人认知等人为因素。在科技人才评价及其指标体系的运用中，也必须遵守程序正义的基本原则。只有严格遵守组织化的程序公开，通过公开保证接受系统内部和广泛的社会监督，才有可能将“权力”“金钱”等本不属于科技和教育系统观察“符码”的干扰与干涉降到最低，促进结果的公平公正，做到评价结果具有公信力，具有基础的合法性，被科技和教育系统内部的主要行动者所信赖，体现科技人才评价的本质意义。

在功能分化社会，科技人才评价一般是由中立的团体机制通过严格的程序得以实现，而在尚未实现功能分化的社会，“人际关系耦联”往往取代了机构、制度、程序等要素，也取代了科技系统本身的观察“符码”，破坏了系统内在的运行规律，导致人情取代机制理性，关系网络取代了组织判断，不仅产生出畸形、走样的结果，更重要的是以损害制度理性为成本代价，导致制度理性的弱化和难以确立。

科技系统作为封闭的社会子系统并不是一成不变的，其功能分化过程与整个社会的功能分化过程紧密相连，随着社会大系统的变化不断产生相应的变化，在不断实现自我形塑的同时不断接受外部大系统的形塑，在这样的环境“刺激”下不断进行改革和创新。在不断的变化中，牢固不变的是科技系统自治、大学自治、学术自由、企业自主创新等基本原则，这些原则通过改革不断得到巩固和深化，系统边界不断清晰，功能不断完善，形成科技系统的本质特征，在表现出科技系统内部操作封闭性的同时，展示了科技系统认知体系的高度开放，形成成熟的现代功能分化社会的基本表征，实现全社会系统的有序运行。

从卢曼理论看科技人才评价①

程 萍

提高我国科技创新效率，就要重视“人”的主观能动性的发挥，重视科技人才的选拔与培养，优化科技创新体系中“人”的评价激励机制等问题。面对我国科技人才评价及其指标体系存在的问题和争论，德国著名社会学家尼克拉斯·卢曼的全社会功能分化理论，为我们提供了解释的理论依据和分析问题的新视角：在基本实现功能分化的全社会系统中，科技系统必须依照自身特有的规律运行，其他子系统在提供服务的同时，不能随意干扰科技系统的自治和自我形塑。

一、对我国科技人才评价及其指标体系的基本认识

科技人才评价是科技评价中不可分割和不可或缺的组成部分，在我国，不仅具有激发科技人员创造性的作用，实际上是与科技资源分配联系在一起的，还具有科技资源再分配的重要作用。从卢曼的理论视角分析我国科技人才评价及其指标体系，可获得一些基本认识。

---

① 本文原载 2012 年 4 月 30 日《学习时报》。选自 2007 年中国科协招标项目（科协调发政字 2007 第 24 号）成果《我国科技人才评价指标体系研究报告》。

（一）评价指标和方法与国际实践及发展趋势基本一致

我国科技人才评价及其指标体系的构建、指标遴选、评价方法等与国际发展趋势和实践基本一致，伴随我国科技体制改革、全球科技一体化、科技人才评价需求的发展不断发展完善，是我国科技成果快速增长、转化不断加快的重要推动力之一。科技人才评价及其指标体系已经实质性地促进着我国科技系统向自我管理、自我形塑、自我评价和自我构建的过程发展，科技系统的内部沟通也逐步开始向尊重科技系统规律的方向发展。

（二）对科技人才评价公开公平公正性的扭曲，是人们对评价不满的根本原因

分析近年对我国科技人才评价及其指标体系反映最强烈的问题，主要不是指标体系的问题，更多的是由于缺乏制度化机制，评价方法、程序等不够科学严谨，评价过程不够公开透明甚至舞弊等导致的结果不公和资源占有部门权力寻租等负面问题而产生的不满，是对多头评价、重复评价、不尊重科学研究和技术创新自身规律为评价而评价，甚至影响创新等无效评价和过度评价的反感。其根本是由于评价结果不公和带来的利益变化对人们的精神、心理造成了不平衡甚至损害。由于科学系统内部的自我评价被过多的潜规则和不确定的人为因素所影响，人们不可避免地产生了对评价公正性的疑问。

我国科技人才及其指标体系反映出的问题根源在于：在30余年的改革进程中，科技体制、教育体制、人才评价、选拔、培养机制及薪酬制度、人们的价值观等发生了巨大变化，并随之改革、调整和重组，整个社会体制、制度和利益格局处于大分化、大调整的重构过程中，不同利益群体间、社会不同功能系统间原有和新生的规则、秩序相互碰撞、作用、渗透、干扰、重整，全社会各功能系统都处于重新寻找新的定位与秩序的动荡和转型过程中。处于这样一个历史背景之下，我国科技人才评价及其指标体系的研究与实践，不可避免地带有鲜明的时代特征。一方面，科技和教育系统自我形塑、自我完善过程的动态性、探索性、阶段性，导致科技人才评价及其指标体系同样具有动态性、探索性、阶段性等特征；另一方面，科技和教育系统由于受到其他系统有形或无形的干扰和干涉，出现违背系统自身运行规律的问题与弊端，扭曲了科技人才评价的本质含义，使评价结果遭到质疑。

科技人才评价及其指标体系不仅承担着对科技和教育系统内部的自身反射性观察，达到系统自身“评估”“内省”“反思”“改革”和“创新”的目的，同时也承担着通过促进系统自身功能转变，进而促进全社会各系统功能分化和转变，逐步完成功能形塑的重任。在这样的时代要求面前，科技人才评价及其指标体系的作用，远远超出了评价本身的意义，承载着人们本质性的期望——实现社会公开、公平、公正的最高境界。理想与现实间的差距，使得科技人才评价及其指标体系成为人们对现实和社会转型中的制度弊端不满的社会现象之一。

（三）全社会系统功能分化、重塑的过程，决定了科技人员必须承受转型期造成的评价压力

科技人才评价伴随着科技活动而存在，这是无可否认的客观现实和科学系统自身运行规律所决定的，不是想不想评价、要不要评价的问题。由经济体制转型带来的全社会系统的功能分化转型，是一个交织着震荡与痛苦、探索与迷茫、否定与再生的复杂而长期的过程，科技人才评价及其指标体系在全社会各功能系统进行新的分化与重塑中显现出的矛盾和弊端，是我们这代人必须面对和接受的现实，也是必须承受的压力与责任。基于这样的认识，在科技人才评价活动中，评价指标体系在短期内难以取消，其结果无论是利大于弊，还是弊大于利，都与“高考”性质类似，在一定范围内和一定程度上起到甄拔、促进作用，具有相对公平性。

二、依靠程序正义，实现“非人为化”的制度理性

归纳我国社会各界对科技人才评价及其指标体系的争论，集中在几个方面：一是要不要评价，支持者和反对者各执一词；二是谁来评价，争论的焦点是专家评价的利与弊；三是评价什么，关注的是评价内容，使用怎样的指标体系；四是怎样评价，强调的是采用怎样的评价方法和程序；五是在评价程序与结果的选择中，到底是程序重要还是结果重要。

根据卢曼的理论，在功能分化的法治国家，一个系统本身的“合法化”必须通过一定的程序来完成，才可能避免“人为”的结果。“非人为化”的制度理性问题，直接涉及的是科学技术系统的“自治”和科学共同体的成熟与“自治”问题，循着这一思路，对科技人才评价及其指标体系的研究被推向更深层次的思考与探索——以程序公开合理促进评价结果公平公正。

我国尚没有实现全社会系统功能分化，尚处在改革、探索、转型的过程中，科技人才评价及其指标体系只有依据和借鉴现有国际经验，逐步完善指标体系，争取制度保证，实现程序公开，以制度保证下的程序公开、合理，把社会其他子系统的干扰降到最低，以促进结果的公平公正，体现科技人才评价的本质意义。

将卢曼的全社会功能分化理论引入对我国科技人才评价及其指标体系的研究，无论理论界怎样评价，事实上都起到了丰富我国相关理论，开阔研究视野，打开对我国科技人才评价及其指标体系认识新思路的作用，为我国科技人才评价及其指标体系的理论与实践研究做出了有益的探索和创新。尽管这一研究刚刚起步，我国科技人才评价及其指标体系的完善，还是一个尚无标准答案的难题，这些都不妨碍科研人员展开创新思维的翅膀，在探索的道路上蹒跚前行。

后 记

2022年悄悄地来了。时间如流水一样，毫不懈怠地从指缝中溜走。从申请出版这本论文集到完成清样，跨越了三个年头。此间国内新冠肺炎疫情此起彼伏，国际大事波诡云谲。就是在这样不寻常的日子里，东方出版社编辑们对书稿精益求精的态度、敬业精神和专业水准，每每令我慨叹和自省。在自媒体野性生长、不负责任的信息满天飞的今天，还有字斟句酌、一个可疑数字和标点符号都不放过的编辑和出版社，不能不令人欣慰和肃然起敬。

何传启研究员是我钦佩的老师，是一位真正的学者。十几年来，我在“中国现代化战略研究课题组”参加课题研究，跟着何老师学到了太多，最重要的不是现代化研究的理论体系、知识体系和研究方法，而是何老师治学的严谨和坚持，做人的真实和坚守，深深地影响了我。他二十余年心无旁骛，专心在他和团队开创的中国现代化理论研究的艰难道路上开拓前行，成果卓著，在世界现代化研究领域独树一帜。正因何老师在学术研究上高屋建瓴的研究方法和严谨踏实的治学态度，我踌躇了许久，才怀着忐忑的心情请他为本书作序。衷心感谢何老师在百忙之中写下《迈向创新制胜新征程》一文，将本书立意引领到新的境界和高度。感谢何传启老师十几年来的信任和帮助。

本书的出版，得益于“中央党校（国家行政学院）离退休人员科研成果资助出版”项目的资助。感谢离退休干部局的全体同志，在做好离退休人员服务和管理工作的同时，为发挥离退休人员的既有优势和专业特长，搭建起各种学术平台，其中学术出版资助是非常受欢迎的项目。他们为此付出了大量心血和汗水，默默地为离退休人员架设通往理想高峰的桥梁，托起一个又一个梦想。他们那一张张熟悉、亲切的笑脸，是激励我行动的力量，更是温暖我心灵的甘泉。

近几年，在连续遭受失去至亲的重击下，我的情绪和心理都曾处于恍惚状态，是儿子给了我最大的理解和支持，成为我最强大的支撑。他不动声色地把家庭责任扛到肩上，在拼搏的路上品尝了比同龄人更多的艰辛，付出了更多的汗水，是一位真正的男子汉。35 年来，是儿子的成长不断激励我进步，书中收录的每一篇文章的背后，都有我和儿子的故事。感谢儿子让我更深刻地懂得了人生的意义，更深入地懂得了自觉自律，更深切地懂得了亲人的价值——我每取得的一点点进步，都是他们无私付出的结果。

谨以此书告慰爸爸妈妈和丈夫。我没有停下前行的脚步。

作者：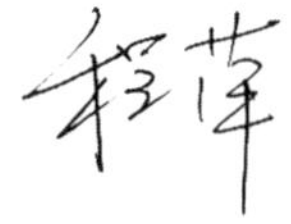

二〇二二年一月七日凌晨